高职高专"十二五"规划教材

高 等 数 学

（附练习册）

杜晓梅　李景龙　陈玄令　主　　编
李国军　冯大雨　于兴甲　副主编

化学工业出版社
·北京·

本书是根据教育部制定的《高职高专教育基础课程教学基本要求》和《高职高专教育专业人才培养目标及规格》，在深入总结多年高职高专《高等数学》教学经验和教学改革的基础上，并充分考虑高职高专专业教学改革的需要而编写的。

全书共十章，包括函数、极限与连续；导数与微分；导数的应用；不定积分；定积分及其应用；微分方程；向量与空间解析几何；多元函数微分学；二重积分及其应用；无穷级数。

本书说理浅显，便于自学，既适合作为高职高专教育《高等数学》教材，也可以作为成人高等教育工科类各专业学生的教材或工程技术人员的参考书。

图书在版编目（CIP）数据

高等数学／杜晓梅，李景龙，陈玄令主编. —北京：化学工业出版社，2015.8（2024.8重印）
附练习册
ISBN 978-7-122-24486-4

Ⅰ.①高⋯ Ⅱ.①杜⋯②李⋯③陈⋯ Ⅲ.①高等数学-高等职业教育-教材 Ⅳ.①O13

中国版本图书馆CIP数据核字（2015）第146582号

责任编辑：蔡洪伟　　　　　　　　　　　装帧设计：关　飞
责任校对：吴　静

出版发行：化学工业出版社（北京市东城区青年湖南街13号　邮政编码100011）
印　　装：北京虎彩文化传播有限公司
787mm×1092mm　1/16　印张16½　字数432千字　2024年8月北京第1版第8次印刷

购书咨询：010-64518888　　　　　　　　售后服务：010-64518899
网　　址：http://www.cip.com.cn
凡购买本书，如有缺损质量问题，本社销售中心负责调换。

定价：45.00元　　　　　　　　　　　　　　　　　　　　版权所有　违者必究

前　言

　　本书是根据教育部制定的《高职高专教育基础课程教学基本要求》和《高职高专教育专业人才培养目标及规格》，在深入总结多年高职高专《高等数学》教学经验和教学改革的基础上，并充分考虑高职高专专业教学改革的需要而编写的。本教材编写人员遵循"强化能力、注重应用"的编写原则，在内容安排上，追求体系整体优化，注重与初等数学的衔接，注重数学思想和数学方法的介绍，在编写过程中，编者根据教育部制定的《高职高专教育高等数学课程教学基本要求》，在充分研究当前中国高职高专教育现状、发展趋势的情况下，认真总结、分析高职高专院校高等数学教学改革的经验，在"以应用为目的，以必需够用为度"的原则指导下完成的。本书从概念的引入、内容的选择、例题的选编求解都考虑到了技能型人才培养的要求；对基本概念、基本定理，尽量用几何意义、物理意义与实际背景直观解释，深入浅出，论证简明，加强基本运算，力求做到教材内容"易学、易教、实用"。

　　本教材，力图体现以下特色。

　　(1) 精选内容，构架新的课程体系，使受教育者学会运用数学方法与工具分析问题、解决问题，达到高职教育的人才培养目标。同时，考虑到以"必需够用"为度的原则，因而必须对数学的"系统性"和"严密性"赋予新的认识。

　　在尽可能满足数学知识在教学时能够衔接的基础上，对教学内容进行了精简、删去与高职层次不符的内容，淡化理论性、完整性及逻辑推理，体现适应、实用、简明的要求。本书中对教学内容的严密性和论证的简化处理就是一种较好的处理方法。

　　(2) 新的课程体系充分体现"以应用为目的"的要求。众所周知，数学的产生和发展就是从实践中来再到实践中去的，我们理应取其精髓，还其本来面目，使受教育者明其应用背景，知其应用方法。因此本书的目的就是使学生学会如何应用数学方法解决实际问题。于是，本书大量的篇幅是数学应用，而不是公式的推导或定理的证明。

　　(3) 考虑到高职高专教育学制和学生基础实际情况，本书在内容安排上尽量做到重点突出，难点分散；在问题的阐述上，尽力做到开门见山、简明扼要、循序渐进和深入浅出；并注重几何解释、抽象概括与逻辑推理有机结合，以培养学生数学应用的意识、兴趣和综合能力。

　　本书既适合高职高专院校各专业（特别是建筑类相关专业）使用，也适合作为同层次的成人教育教材以及工程技术人员作为参考书。为了便于教师更好地使用本教材，我们充分考虑到高等教育大众化对教学设计多样性和学生发展个性化的要求以及不同专业的不同需要，并根据多年的教学经验，提出如下几套教学方案，以供参考。

　　(1) 对于安排 120 学时左右的专业，可以完成第一至第十章（第七章及带"﹡"的内容除外）。

　　(2) 对于仅给 80 学时左右的专业，可以完成第一至六章（带"﹡"的内容除外）和第八、九章的部分内容。

　　书中标有"﹡"的部分，教师可根据专业特点与学生实际需要选用，或供有余力的学生课外阅读。

　　该书由杜晓梅、李景龙、陈玄令担任主编。辽宁建筑职业技术学院陈玄令编写第一、二、四章；辽宁建筑职业技术学院杜晓梅编写第六、七、八章；辽宁建筑职业技术学院李景龙编写第三、九、十章；辽宁建筑职业技术学院李国军编写第五章；辽宁建筑职业技术学院于兴甲、冯大雨编写练习册。此外，金丽、杜娟、唐守宪参加了本书部分内容的编写和书稿整理工作。

在本书编写过程中，得到了辽宁建筑职业技术学院基础部全体数学教师的大力支持，并提出了许多修改建议。辽宁工程技术大学职业技术学院张效仁教授也对书稿提出了许多宝贵的建议，在此一并致谢。

由于作者水平所限，书中不妥之处在所难免，敬请各位同仁与读者批评指正。

编者

2015 年 5 月

目 录

第一章 函数、极限与连续 ... 1

第一节 函数的概念 ... 1
  一、函数的定义及其定义域的求法 ... 1
  二、函数的表示法 ... 3
【习题1-1】 ... 4
第二节 函数的几种性质 ... 4
  一、函数的单调性 ... 4
  二、函数的奇偶性 ... 5
  三、函数的有界性 ... 5
  四、函数的周期性 ... 6
【习题1-2】 ... 6
第三节 初等函数 ... 6
  一、基本初等函数 ... 6
  二、复合函数 ... 8
  三、初等函数 ... 9
  四、建立函数关系举例 ... 9
【习题1-3】 ... 10
第四节 函数的极限 ... 11
  一、数列的极限 ... 11
  二、函数的极限 ... 12
  三、无穷小量 ... 15
  四、无穷大量 ... 15
  五、无穷小量的性质 ... 16
【习题1-4】 ... 17

第五节 极限的四则运算法则 ... 17
  一、极限的四则运算法则 ... 18
  二、极限的四则运算法则应用举例 ... 18
【习题1-5】 ... 20
第六节 两个重要极限 ... 21
  一、第一个重要极限 $\lim\limits_{x \to 0} \dfrac{\sin x}{x} = 1$ ... 21
  二、第二个重要极限 $\lim\limits_{x \to \infty} \left(1 + \dfrac{1}{x}\right)^x = e$ ... 22
【习题1-6】 ... 23
*第七节 无穷小量的比较 ... 24
  一、无穷小量的比较 ... 24
  二、无穷小量的等价代换 ... 25
【习题1-7】 ... 26
第八节 函数的连续性 ... 27
  一、函数连续性的概念 ... 27
  二、连续函数的运算 ... 29
  三、初等函数的连续性 ... 30
  四、函数的间断点 ... 30
  五、闭区间上连续函数的性质 ... 31
【习题1-8】 ... 32
【复习题一】 ... 32

第二章 导数与微分 ... 35

第一节 导数的概念 ... 35
  一、导数的概念 ... 35
  二、求导数的步骤 ... 37
  三、导数的几何意义 ... 39
  四、可导与连续的关系 ... 40
【习题2-1】 ... 41
第二节 导数的四则运算法则 ... 42
  一、导数的四则运算法则 ... 42
  二、导数的四则运算法则的应用举例 ... 43
【习题2-2】 ... 44
第三节 复合函数的求导法则 ... 45
【习题2-3】 ... 47
第四节 初等函数的导数 ... 47

【习题2-4】 ... 50
*第五节 高阶导数 ... 51
【习题2-5】 ... 52
第六节 隐函数及参数方程所确定的函数的导数 ... 52
  一、隐函数求导法 ... 52
  *二、对数求导法及求幂指函数的导数 ... 54
  *三、由参数方程所确定的函数的求导法 ... 54
【习题2-6】 ... 55
第七节 微分及其应用 ... 56
  一、微分的概念 ... 56
  二、微分的基本公式和微分法则 ... 58

*三、微分在近似计算中的应用 …………… 59
　　【习题 2-7】 ………………………………… 59
　　【复习题二】 ………………………………… 60

第三章　导数的应用 ………………………………………………………………………… 64

　第一节　微分中值定理 ……………………… 64
　　一、罗尔定理 ………………………………… 64
　　二、拉格朗日中值定理 ……………………… 65
　　*三、柯西中值定理 …………………………… 65
　　【习题 3-1】 ………………………………… 66
　第二节　洛必达法则 ………………………… 66
　　【习题 3-2】 ………………………………… 69
　第三节　函数的单调性及其极值 …………… 69
　　一、函数单调的判定法 ……………………… 69
　　二、函数的极值及其求法 …………………… 71
　　【习题 3-3】 ………………………………… 73
　第四节　函数的最大值和最小值 …………… 74

　　一、极值与最值的关系 ……………………… 74
　　二、最大值和最小值的求法 ………………… 74
　　三、最大值、最小值的应用 ………………… 75
　　【习题 3-4】 ………………………………… 77
　*第五节　曲线的凹凸及函数图形的
　　　　　　描绘 ………………………………… 78
　　一、凹凸性的概念 …………………………… 78
　　二、曲线凹凸性的判定 ……………………… 78
　　三、渐近线 …………………………………… 79
　　四、描绘函数图形的一般步骤 ……………… 80
　　【习题 3-5】 ………………………………… 80
　　【复习题三】 ………………………………… 81

第四章　不定积分 …………………………………………………………………………… 84

　第一节　不定积分的概念 …………………… 84
　　一、原函数与不定积分 ……………………… 84
　　二、不定积分的基本性质 …………………… 86
　　三、基本积分公式 …………………………… 86
　　四、不定积分的几何意义 …………………… 87
　　【习题 4-1】 ………………………………… 88
　第二节　不定积分的性质和直接积分法 …… 88
　　一、不定积分的性质 ………………………… 88
　　二、不定积分的基本积分法 ………………… 89
　　【习题 4-2】 ………………………………… 91

　第三节　换元积分法 ………………………… 91
　　一、第一换元积分法 ………………………… 91
　　二、第二换元积分法 ………………………… 95
　　【习题 4-3】 ………………………………… 98
　第四节　分部积分法 ………………………… 98
　　【习题 4-4】 ………………………………… 101
　第五节　有理函数的积分 …………………… 101
　　【习题 4-5】 ………………………………… 103
　　【复习题四】 ………………………………… 104

第五章　定积分及其应用 …………………………………………………………………… 106

　第一节　定积分的概念与性质 ……………… 106
　　一、两个实例 ………………………………… 106
　　二、定积分的定义 …………………………… 108
　　三、定积分的几何意义 ……………………… 110
　　四、定积分的性质 …………………………… 111
　　【习题 5-1】 ………………………………… 113
　第二节　微积分的基本公式 ………………… 113
　　【习题 5-2】 ………………………………… 115
　第三节　定积分的换元积分法与分部积
　　　　　　分法 ………………………………… 115
　　一、定积分的换元积分法 …………………… 115
　　二、定积分的分部积分法 …………………… 118

　　【习题 5-3】 ………………………………… 119
　*第四节　广义积分 …………………………… 120
　　一、无穷限广义积分 ………………………… 120
　　二、无界函数的广义积分 …………………… 121
　　【习题 5-4】 ………………………………… 123
　第五节　平面图形的面积 …………………… 123
　　一、定积分的微元法 ………………………… 123
　　二、平面图形的面积 ………………………… 125
　　【习题 5-5】 ………………………………… 126
　第六节　旋转体的体积 ……………………… 127
　　【习题 5-6】 ………………………………… 129
　　【复习题五】 ………………………………… 130

第六章　微分方程 …………………………………………………………………………… 132

　第一节　微分方程的基本概念 ……………… 132
　　一、微分方程的概念 ………………………… 132
　　二、微分方程的解 …………………………… 133

　　【习题 6-1】 ………………………………… 133
　第二节　可分离变量的微分方程与齐次
　　　　　　方程 ………………………………… 133

一、可分离变量的微分方程 …………… 133
　　二、齐次微分方程 …………………… 134
　　【习题 6-2】 …………………………… 135
*第三节　线性微分方程 ………………… 135
　　一、线性微分方程 …………………… 135
　　二、齐次线性微分方程的解法 ……… 135
　　三、非齐次线性微分方程的解法 …… 136
　　四、可降阶的高阶方程 ……………… 137
　　【习题 6-3】 …………………………… 138
　　【复习题六】 …………………………… 139

第七章　向量与空间解析几何 …………………………………………………………… 140

第一节　空间直角坐标系 ……………… 140
　　一、空间直角坐标系 ………………… 140
　　二、空间两点间的距离公式 ………… 141
　　【习题 7-1】 …………………………… 141
第二节　向量的概念及其坐标表示法 … 142
　　一、向量的概念及线性运算 ………… 142
　　二、向量的坐标表示法 ……………… 143
　　【习题 7-2】 …………………………… 145
第三节　向量的数量积与向量积 ……… 145
　　一、向量的数量积 …………………… 145
　　二、两向量的向量积 ………………… 146
　　【习题 7-3】 …………………………… 148
第四节　平面的方程 …………………… 148
　　一、平面的点法式方程 ……………… 148
　　二、平面的一般方程 ………………… 149
　　三、两平面的夹角 …………………… 150
　　【习题 7-4】 …………………………… 151
第五节　空间直线的方程 ……………… 151
　　一、空间直线的点向式方程和参数
　　　方程 ………………………………… 151
　　二、空间直线的一般方程 …………… 152
　　三、空间两直线的夹角 ……………… 152
　　【习题 7-5】 …………………………… 153
第六节　二次曲面 ……………………… 153
　　一、曲面方程的概念 ………………… 153
　　二、常见的二次曲面及其方程 ……… 154
　　【习题 7-6】 …………………………… 156
　　【复习题七】 …………………………… 156

第八章　多元函数微分学 ………………………………………………………………… 158

第一节　二元函数的极限与连续 ……… 158
　　一、多元函数的概念 ………………… 158
　　二、二元函数的极限 ………………… 160
　　【习题 8-1】 …………………………… 161
第二节　偏导数 ………………………… 161
　　一、偏导数的概念及其运算 ………… 161
　　二、偏导数的几何意义 ……………… 163
　　三、二元函数的连续性 ……………… 164
　　【习题 8-2】 …………………………… 164
第三节　全微分及其应用 ……………… 165
　　一、全微分的概念 …………………… 165
　　二、全微分的应用 …………………… 166
　　【习题 8-3】 …………………………… 167
第四节　多元复合函数的微分法 ……… 167
　　一、链导法则 ………………………… 167
　　二、全导数 …………………………… 171
　　【习题 8-4】 …………………………… 171
　　【复习题八】 …………………………… 171

第九章　二重积分及其应用 ……………………………………………………………… 173

第一节　二重积分的概念与性质 ……… 173
　　一、二重积分的概念 ………………… 173
　　二、二重积分的定义 ………………… 174
　　三、二重积分的几何意义 …………… 175
　　四、二重积分的性质 ………………… 175
　　【习题 9-1】 …………………………… 176
第二节　二重积分的计算方法 ………… 176
　　一、直角坐标系中的累次积分法 …… 177
*　二、极坐标系中的累次积分法 …… 181
　　【习题 9-2】 …………………………… 183
*第三节　二重积分的应用 ……………… 184
　　【习题 9-3】 …………………………… 185
　　【复习题九】 …………………………… 185

第十章　无穷级数 ………………………………………………………………………… 187

第一节　数项级数的概念及其基本性质 … 187
　　一、数项级数的概念 ………………… 187
　　二、无穷级数的基本性质 …………… 189
　　【习题 10-1】 ………………………… 189
第二节　数项级数的审敛法 …………… 189
　　一、比较审敛法 ……………………… 190
　　二、比值审敛法 ……………………… 190
　　【习题 10-2】 ………………………… 191
第三节　幂级数 ………………………… 191
　　一、函数项级数的概念 ……………… 191

二、幂级数及其收敛性 …………… 192
　　三、幂级数的运算 ………………… 193
　【习题 10-3】……………………………… 194
　第四节　函数的幂级数展开 …………… 194
　　一、麦克劳林展开式 ……………… 194
　　二、函数展开成幂级数的方法 …… 195
　【习题 10-4】……………………………… 197
　【复习题十】……………………………… 197

习题参考答案 ……………………………………………………………………………… 199

参考文献 …………………………………………………………………………………… 217

第一章 函数、极限与连续

函数是数学的基本概念,是现实世界中量与量之间的依存关系在数学中的反映,也是高等数学的主要研究对象.在科技领域以及日常生活中,函数有着广泛的应用.本章将在中学学习函数的基础上,进一步学习有关函数的知识.本章将重点对函数的形态做出概括,包括函数的概念、性质、常见的函数以及初等函数等.

第一节 函数的概念

一、函数的定义及其定义域的求法

1. 函数的定义

定义 设 D 是一个非空数集,如果当自变量 x 在数集 D 内任意取定一个实数时,按照一定的对应法则 f,都有惟一确定的实数 y 与之相对应,则称变量 y 是 x 的函数,记为 $y = f(x)$,$x \in D$. 数集 D 称为函数的定义域,x 称为自变量,y 称为函数(也称为因变量).

对于函数 $y = f(x)$,当自变量 x 在定义域 D 内取定某一值 x_0 时,按照对应法则 f,函数 y 有惟一确定的实数 y_0 与之对应,则称 y_0 为函数 $y = f(x)$ 在 x_0 处的函数值,记为 $f(x_0)$、$f(x)|_{x=x_0}$ 或 $y|_{x=x_0}$. 当 x 取遍 D 中的一切实数值时,与它对应的函数值的集合称为函数的值域,记为 M.

需要说明的是:在函数的定义中,并没有要求自变量变化时函数值一定要变,只要求对于自变量 $x \in D$ 时,都有惟一确定的 $y \in M$ 与它对应,因此,常量 $y = C$ 也符合函数的定义.因为对于任意的 $x \in \mathbf{R}$ 时,所对应的只有 y 值是惟一的,都是确定的常数 C.

【例1】 设函数 $f(x) = x^2 - 3x - 1$,求 $f(-1)$,$f\left(\dfrac{1}{a}\right)$,$f(a^2)$,$[f(a)]^2$,$\dfrac{1}{f(a)}$ [其中 $a \neq 0, f(a) \neq 0$].

解 $f(-1) = (-1)^2 - 3 \times (-1) - 1 = 3$;

$$f\left(\dfrac{1}{a}\right) = \left(\dfrac{1}{a}\right)^2 - 3\left(\dfrac{1}{a}\right) - 1 = \dfrac{1 - 3a - a^2}{a^2}$$

$$f(a^2) = (a^2)^2 - 3a^2 - 1 = a^4 - 3a^2 - 1$$

$$[f(a)]^2 = (a^2 - 3a - 1)^2$$

$$\dfrac{1}{f(a)} = \dfrac{1}{a^2 - 3a - 1}$$

【例2】 设 $f\left(1 + \dfrac{1}{x}\right) = \dfrac{1}{x} + \dfrac{1}{x^2}$ ($x \neq 0$),求 $f(x)$.

解 方法一:令 $1 + \dfrac{1}{x} = t$,于是 $\dfrac{1}{x} = t - 1 (t \neq 1)$,代入已知关系式,得

$$f(t) = t - 1 + (t - 1)^2 = t^2 - t,\text{ 所以 } f(x) = x^2 - x$$

方法二：因 $f\left(1+\dfrac{1}{x}\right)=\dfrac{x+1}{x^2}=\dfrac{x+1}{x}\times\dfrac{1}{x}=\dfrac{x+1}{x}\times\left(\dfrac{x+1}{x}-1\right)$

所以 $f(x)=x(x-1)=x^2-x$

【例3】 ［股票曲线］股票在某天的价格和成交量随时间的变化常用图形表示，图1-1为某一股票在某天的走势图．从股票曲线，我们可以看出这只股票当天的价格和成交量随时间的波动情况．

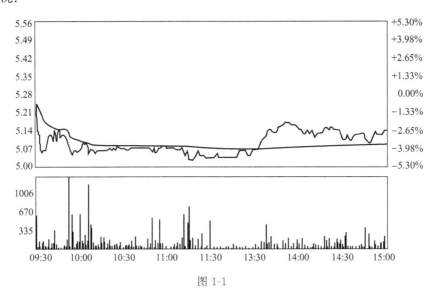

图 1-1

从函数的定义看到，确定一个函数有两个要素，即定义域和对应法则．如果两个函数的定义域和对应法则都相同，那么它们就是同一函数．

需要说明的是，通常情况下我们用字母 y 表示函数，用字母 x 表示函数的自变量，函数记为 $y=f(x)$．但是实际上对于一个函数，其自变量选用什么字母是没有关系的，确定一个函数主要是定义域和对应法则，与自变量和对应法则用什么字母来表示无关．

如函数 $y=f(x)=x^3-2x$，如果自变量用 t 时，函数就可写成 $f(t)=t^3-2t$，虽然表示自变量的字母不同，但函数的定义域和对应法则没有发生变化，所以它们还是同一个函数．但是如果在同一问题中，需要讨论几个不同的函数，为区别起见，就要用不同的函数记号来表示，如 $g(x),h(x),F(x),\phi(x)$ 等，有时也用记号 $y=y(x),s=s(t)$ 等．

当我们研究函数时，必须注意函数的定义域．在考虑实际问题时，应根据问题的实际意义来确定定义域．对于用解析式表示的函数，它的定义域是使解析式有意义的自变量的一切实数值．

2．函数定义域的求法

【例4】 圆的面积 S 是半径 r 的函数，即 $S=\pi r^2$，求此函数的定义域．

解 根据本题的实际意义，圆的半径不能为负值，因此，所求定义域为 $[0,+\infty)$．我们知道，就其解析式 $S=\pi r^2$ 本身，如果不考虑实际意义，其定义域为 $(-\infty,+\infty)$．

【例5】 求下列函数的定义域．

(1) $y=2x^2+5x-3$； (2) $y=\dfrac{1}{4-x^2}+\sqrt{x+2}$；

(3) $y=\lg\dfrac{x}{x-1}$； (4) $y=\arcsin\dfrac{x+1}{3}$．

解 (1) 因为当 x 取任何实数时 y 都有确定的值与它相对应，所以函数的定义域为

$(-\infty,+\infty)$ 一般的,当函数是多项式时,其定义域为 $(-\infty,+\infty)$.

(2) 因为 $4-x^2\neq 0$ 且 $x+2\geqslant 0$ 时函数 y 才有意义,解得 $x\geqslant -2$ 且 $x\neq 2$,所以函数的定义域为 $(-2,2)\cup(2,+\infty)$.

(3) 因为 $\dfrac{x}{x-1}>0$ 且 $x-1\neq 0$,y 才有意义,解得 $x<0$ 或 $x>1$,所以函数的定义域为 $(-\infty,0)\cup(1,+\infty)$.

(4) 因为 $\left|\dfrac{x+1}{3}\right|\leqslant 1$ 时,函数 y 才有意义,解得 $-4\leqslant x\leqslant 2$,所以函数定义域为 $[-4,2]$.

由此得出常见的定义域的求法要点如下:
(1) 分式中,分母不为零;
(2) 根式中,负数不能开偶次方根;
(3) 对数中,真数不能为零和负数;
(4) 反三角函数中,要符合反三角函数的定义域;
(5) 正切函数自变量不能取 y 轴上的角,余切函数自变量不能取 x 轴上的角;
(6) 同时含有上述五项时,要取各部分定义域的交集.

二、函数的表示法

表示函数的方法,常用的有图像法、表格法和公式法三种.

(1) **图像法** 图像法就是用坐标平面上的点集表示函数.图像法的优点是直观形象,且可看到函数的变化趋势.如气象站的温度记录器记录了温度与时间的一种函数关系,它是借助仪器自动描绘在纸带上的一条连续不断的曲线.图像法在物理学和工程技术上经常使用.

(2) **表格法** 表格法就是把一系列自变量值与其对应的函数值列成表格表示函数的方法.如大家所熟知的对数表、三角函数表等.表格法的优点是所求的函数值容易查得.表格法在自然科学与工程技术上也用得很多.

(3) **公式法** 公式法也叫做解析法,就是用数学式表示函数的方法.我们讨论的函数常用公式法表示,公式法的优点是形式简明,表达清晰、紧凑,便于推理和计算.

函数用公式法表示时,经常遇到这样的情形,自变量在定义域的不同范围内具有不同的表达式.我们把能用两个或两个以上表达式表达的函数关系叫分段函数.

如 (1) $f(x)=|x|=\begin{cases} x, & x\geqslant 0 \\ -x, & x<0 \end{cases}$; (2) 符号函数 $\operatorname{sgn}x=\begin{cases} 1, & x>0 \\ 0, & x=0 \\ -1, & x<0 \end{cases}$.

在具体问题中,函数的表达形式是各种各样的.如在方程 $x+y-\mathrm{e}^{xy}=0$ 中,给变量 x 一个实数值零,通过这个方程,都能确定惟一的 y 值——1.即当 $x=0$ 时,$y=1$,所以虽然不能将 y 用 x 的明显公式表示出来,y 仍是 x 的函数.所以我们给出如下定义:

一般的,凡是能由方程 $F(x,y)=0$ 确定的函数关系,称为隐函数.

若变量 x,y 之间的函数关系是通过参数方程

$$\begin{cases} x=\varphi(t) \\ y=\phi(t) \end{cases},\quad (t\in I)$$

给出的,这样的函数称为由参数方程确定的函数.注意变量 t 不是这个函数的自变量,而是参数方程的参数.

如物体作斜抛运动时,运动的曲线表示的函数,可写作由下面参数方程确定的函数:

$$\begin{cases} x = v_0 t\cos\alpha \\ y = v_0 t\sin\alpha - \frac{1}{2}gt^2 \end{cases}$$

其中，α 为初速度与水平方向的夹角；v_0 为物体初速度的大小.

有时根据需要还要求某个函数的反函数.

求反函数时一般是由 $y = f(x)$ 解出 x，得到 $x = \varphi(y)$；将 $x = \varphi(y)$ 中的 x 和 y 分别换成 y 和 x，就得到反函数 $y = \varphi(x)$.

【例6】 求函数 $y = 1 - \ln(2x-1)$ 的反函数.

解 由 $y = 1 - \ln(2x-1)$ 可解得 $x = \frac{1}{2}(e^{1-y}+1)$，将上式 x 和 y 互换，得反函数的关系式 $y = \frac{1}{2}(e^{1-x}+1)$，根据指数函数的性质，其定义域为全体实数.

【思考题】 举出生活中你知道的几个函数例子.

【习题 1-1】

1. 判断下列各组中函数是否相同.

   (1) $y = x$ 与 $y = \sqrt{x^2}$；
   (2) $y = x$ 与 $y = (\sqrt{x})^2$；
   (3) $y = \ln x^3$ 与 $y = 3\ln x$；
   (4) $y = \sin^2 x + \cos^2 x$ 与 $y = 1$.

2. 设函数 $y = \begin{cases} 0, & x < 0 \\ 2x, & 0 \leqslant x < \frac{1}{2} \end{cases}$，求 $f\left(-\frac{1}{2}\right), f\left(\frac{1}{3}\right)$.

3. 求下列函数的定义域.

   (1) $y = \sqrt{3x^2+4x+1}$；
   (2) $y = \sqrt{2+x} + \frac{1}{\lg(1+x)}$；
   (3) $y = \arccos\frac{x-1}{2}$；
   (4) $y = \frac{\sin(\ln x)}{\sqrt{2-x}}$.

第二节 函数的几种性质

为了了解函数的特性，以便掌握某些函数的变化规律我们从以下几个几方面讨论函数的性质.

一、函数的单调性

定义1 设函数 $y = f(x)$ 在定义区间 (a,b) 内的任意两点 x_1, x_2，若当 $x_1 < x_2$ 时，都有 $f(x_1) \leqslant f(x_2)$ 成立，则称 $y = f(x)$ 在区间 (a,b) 内为单调增加，用符号 ↗ 表示，有时也称单调上升. 如果等号恒不成立，则称为严格单调增加，相应的区间 (a,b) 称为函数 $f(x)$ 的单调增加区间；设函数 $y = f(x)$ 在区间 (a,b) 内的任意两点 $x_1 < x_2$，都有 $f(x_1) \leqslant f(x_2)$．则称 $y = f(x)$ 在区间 (a,b) 内为单调减少，用符号 ↘ 表示，有时也称单调下降. 如果等号恒不成立，则称为严格单调减少，相应的区间 (a,b) 称为函数 $f(x)$ 的单调减少区间.

函数的递增、递减统称函数是单调的. 从直观的几何图形上来看，单调递增函数的图像沿 x 轴正向而上升，单调递减函数的图像沿 x 轴正向而下降（图 1-2）. 上述定义也适用于其他有限区间和无限区间的情形.

如函数 $y = x^2$ 在区间 $(0,+\infty)$ 是单调增加的，在区间 $(-\infty,0)$ 是单调减少的；函数

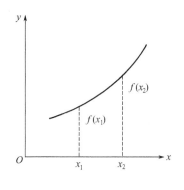 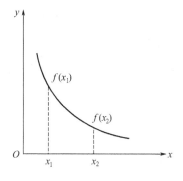

图 1-2

$y=x$、$y=x^3$ 在区间内 $(-\infty,+\infty)$ 内都是严格单调增加的；函数 $y=\tan x$ 在 $(k\pi-\dfrac{\pi}{2},k\pi+\dfrac{\pi}{2},)k\in \mathbf{Z}$ 内是单调增加的；函数 $y=\mathrm{arccot}\,x$ 在 $(0,\pi)$ 内是单调减少的.

二、函数的奇偶性

定义 2 若函数 $y=f(x)$ 的定义域关于原点对称，且对定义域中的任何 x，都有 $f(-x)=-f(x)$，则称 $f(x)$ 为奇函数；若函数 $y=f(x)$ 的定义域关于原点对称，且对定义域中的任何 x，都有 $f(-x)=f(x)$，则称 $f(x)$ 为偶函数. 如果函数 $y=f(x)$ 既不是奇函数也不是偶函数，那么称函数 $y=f(x)$ 为非奇非偶函数.

奇函数的图像是关于原点对称的；偶函数的图像是关于 y 轴对称的.

如 $f(x)=x^3$，$g(x)=\sin x$ 在定义区间上都是奇函数，$f(x)=x^2$，$g(x)=x\sin x$ 在定义区间上都是偶函数，$y=0$ 既是奇函数又是偶函数.

【例 7】 判断函数 $f(x)=\ln(x+\sqrt{x^2+1})$ 的奇偶性.

解 因为
$$\begin{aligned}f(-x)&=\ln(-x+\sqrt{(-x)^2+1})\\&=\ln(\sqrt{x^2+1}-x)\\&=\ln\frac{(\sqrt{x^2+1}-x)(\sqrt{x^2+1}+x)}{\sqrt{x^2+1}+x}\\&=\ln\frac{1}{\sqrt{x^2+1}+x}\\&=\ln(\sqrt{x^2+1}+x)^{-1}\\&=-\ln(\sqrt{x^2+1}+x)\\&=-f(x)\end{aligned}$$

所以函数 $f(x)=\ln(x+\sqrt{x^2+1})$ 是奇函数.

判断函数的奇偶性，主要的方法就是利用定义，其次是利用奇偶的性质，即：奇（偶）函数之和仍是奇偶（函）数；两个奇函数之积是偶函数；两个偶函数之积仍是偶函数；一奇一偶之积仍是奇函数.

三、函数的有界性

定义 3 如果存在正数 M，使函数 $f(x)$ 在区间 (a,b) 内恒有 $|f(x)|\leqslant M$，则称 $f(x)$ 是有界函数；否则称 $f(x)$ 是无界函数.

如 $y=\sin x$，$y=\cos x$，$y=\arctan x$ 都是有界函数. 因为对任意实数 x 恒有 $|\sin x|\leqslant 1$，

$|\cos x| \leqslant 1$,$|\arcsin x| \leqslant \dfrac{\pi}{2}$;而 $y = \tan x, y = \cot x$ 都是无界函数.

四、函数的周期性

定义 4 对于函数 $y = f(x)$,如果存在一个非零常数 T,对定义域内的一切的 x 均有 $f(x+T) = f(x)$,则称函数 $y = f(x)$ 为周期函数,T 称为 $f(x)$ 的周期.

显然,如果 $y = f(x)$ 以 T 为周期,那么 $2T$,$3T$ 等也是它的周期. 应当指出的是,通常讲的周期函数的周期是指最小的正周期(如果存在的话).

如三角函数,$y = \sin x$,$y = \cos x$ 是以 2π 为周期的周期函数;$y = \tan x$,$y = \cot x$ 则是以 π 为周期的周期函数;$y = A\sin(\omega t + \varphi)(\omega > 0)$ 是以 $\dfrac{2\pi}{\omega}$ 为周期的函数.

对于函数的性质,除了有界性与无界性之外,单调性、奇偶性、周期性都是函数的特殊性质,而不是每一个函数都一定具备的.

【思考题】 周期函数的定义域可能是有界集吗?

【习题 1-2】

1. 判断下列函数的单调性.

    (1) $y = 3x + 2$;
    (2) $y = \log_2 x$;
    (3) $y = \left(\dfrac{1}{2}\right)^x$;
    (4) $y = \dfrac{1}{x}$,$x \in (0, +\infty)$.

2. 判断下列函数的奇偶性.

    (1) $y = x\sin x$;
    (2) $y = x + 4$;
    (3) $y = a + b\cos x$;
    (4) $\operatorname{sgn} x = \begin{cases} 1, & x > 0 \\ 0, & x = 0 \\ -1, & x < 0 \end{cases}$;
    (5) $y = x \times \dfrac{(a^x - 1)}{(a^x + 1)}$;
    (6) $y = \dfrac{1}{2}(e^x - e^{-x})$.

3. 下列函数中哪些函数在 $(-\infty, +\infty)$ 内是有界的?

    (1) $y = \cos^2 x$;
    (2) $y = 1 + \tan x$.

第三节 初等函数

一、基本初等函数

我们学过的幂函数、指数函数、对数函数、三角函数和反三角函数统称为基本初等函数. 这些基本初等函数在以后的学习和生活中都很重要,因此这里将主要内容再概括地叙述一下.

1. 幂函数 $y = x^\alpha (\alpha \in \mathbf{R})$

幂函数的定义域和值域依 α 的取值不同而不同,如当 $\alpha = 2$ 时,$y = x^2$ 的定义域是 $(-\infty, +\infty)$;当 $\alpha = \dfrac{1}{2}$ 时,$y = x^{\frac{1}{2}}$ 的定义域是 $[0, +\infty)$;当 $\alpha = -1$ 时,$y = x^{-1}$ 的定义域是 $(-\infty, 0) \cup (0, +\infty)$. 当 $\alpha \in \mathbf{N}$ 或 $\alpha = \dfrac{1}{2n-1}$,$n \in \mathbf{N}$ 时,定义域为 $\mathbf{R}$. 但是无论 α 取何值,幂函数在 $x \in (0, +\infty)$ 内总有定义. 常见的幂函数的图形如图 1-3 所示.

2. 指数函数 $y = a^x (a > 0, a \neq 1)$

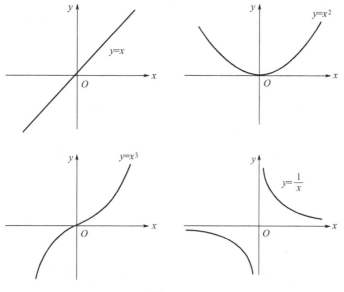

图 1-3

指数函数的定义域为 $(-\infty,+\infty)$，值域为 $(0,+\infty)$．当 $a>1$ 时，函数 $y=a^x$ 单调增加；当 $0<a<1$ 时，函数 $y=a^x$ 单调减少．当 $x=0$ 时，$y=a^0=1$．所以指数函数的图形总在 x 轴上方且过点（0，1），图形被形象地比喻成"一撇一捺"（图 1-4）．

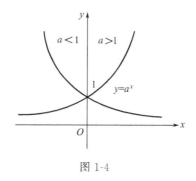

图 1-4

3. 对数函数 $y=\log_a x\ (a>0,a\neq 1)$

对数函数的定义域为 $(0,+\infty)$，值域为 $(-\infty,+\infty)$．当 $a>1$ 时，函数 $y=\log_a x$ 单调增加；当 $0<a<1$ 时，函数 $y=\log_a x$ 单调减少，且不论 a 为何值（$a>0,a\neq 1$），总有 $\log_a 1=0$，所以指数函数的图形总在 y 轴右侧且过点（1，0）（图 1-5）．

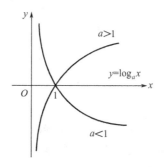

图 1-5

对数函数与指数函数互为反函数.

常用的有以 10 为底的对数,称为常用对数,记为 $y=\lg x$;以 e 为底的对数,称为自然对数,记为 $y=\ln x$,其中底数 $e=2.7182818\cdots$.

4. 三角函数

这里主要介绍 $y=\sin x$,$y=\cos x$,$y=\tan x$,$y=\cot x$. $y=\sin x$,$y=\cos x$ 的定义域为 $(-\infty,+\infty)$,值域为 $[-1,1]$;$y=\tan x$ 的定义域为 $\left(k\pi-\dfrac{\pi}{2},k\pi+\dfrac{\pi}{2}\right),k\in\mathbf{Z}$,值域为 $(-\infty,+\infty)$;$y=\cot x$ 的定义域为 $(k\pi,k\pi+\pi),k\in\mathbf{Z}$,值域为 $(-\infty,+\infty)$. $y=\sin x$,$y=\cos x$ 的周期 2π;$y=\tan x$,$y=\cot x$ 的周期 π. $\cos x$ 是偶函数;$\sin x$,$\tan x$,$\cot x$ 是奇函数. 如图 1-6 所示. 三角函数中自变量 x 一般均以弧度为单位.

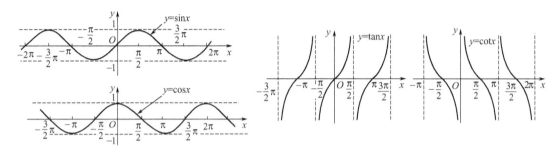

图 1-6

5. 反三角函数

三角函数中:$y=\sin x$,$x\in\left[-\dfrac{\pi}{2},\dfrac{\pi}{2}\right]$;$y=\cos x$,$x\in[0,\pi]$;$y=\tan x$,$x\in\left(-\dfrac{\pi}{2},\dfrac{\pi}{2}\right)$;$y=\cot x$,$x\in(0,\pi)$. 上述三角函数的反函数称为反三角函数. 反正弦函数记作 $y=\arcsin x$,定义域为 $[-1,1]$,值域为 $\left[-\dfrac{\pi}{2},\dfrac{\pi}{2}\right]$;反余弦函数记作 $y=\arccos x$,定义域为 $[-1,1]$,值域为 $[0,\pi]$;反正切函数记作 $y=\arctan x$,定义域为 $(-\infty,+\infty)$,值域为 $\left(-\dfrac{\pi}{2},\dfrac{\pi}{2}\right)$;反余切函数记作 $y=\operatorname{arccot}x$,定义域为 $(-\infty,+\infty)$,值域为 $(0,\pi)$(图 1-7).

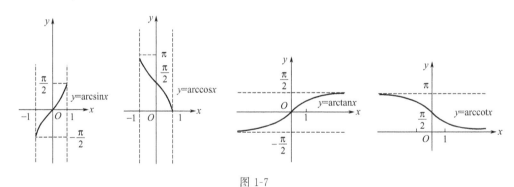

图 1-7

二、复合函数

定义 1 若函数 $y=f(u)$ 的定义域为 U_1,而函数 $u=\varphi(x)$ 的定义域为 D,值域为 U_2,并且 U_2 与 U_1 的交集为非空集合时,则 y 经过中间变量 u 由 x 惟一确定,于是 y 经过中间变量 u 而成为 x 的函数,记为 $y=f[\varphi(x)]$,这种函数称为复合函数.

由复合函数概念可知,构成复合函数的关键是:后一个函数的值域至少要有一部分含于前一函数的定义域中. 如 $y=\arcsin u, u=2+x^2$ 不能复合成一个函数, 因为无论 x 取什么值, $u=2+x^2 \geqslant 2$, 而 $y=\arcsin u$ 的定义域为 $[-1,1]$, 相应的 u 值不能使 $y=\arcsin u$ 有意义.

【例8】 求 $y=2u^2+1$ 与 $u=\cos x$ 构成的复合函数.

解 将 $u=\cos x$ 代入 $y=2u^2+1$ 中, 即为所求的复合函数 $y=2\cos^2 x+1$, 定义域为 $(-\infty,+\infty)$.

【例9】 指出下列各个复合函数的复合过程.

(1) $y=\sqrt{1+x^2}$; (2) $y=\arctan\ln(3^x-\cos x)$; (3) $y=\arctan 2^{\sqrt{x}}$.

解 (1) $y=\sqrt{1+x^2}$ 是由 $y=\sqrt{u}$ 和 $u=1+x^2$ 复合而成的.

(2) $y=\arctan\ln(3^x-\cos x)$ 是由 $y=\arctan u$, $u=\ln v$, $v=3^x-\cos x$ 复合而成的.

(3) $y=\arctan 2^{\sqrt{x}}$ 是由 $y=\arctan u$, $u=2^v$, $v=\sqrt{x}$ 复合而成的.

三、初等函数

定义 2 由基本初等函数和常数经过有限次四则运算和有限次复合并能用一个数学式子表示的函数称为初等函数.

如, $y=e^{\sqrt{x+2}}-\dfrac{\ln 3x+\sin^2 x}{x^3\tan x}$ 就是一个初等函数.

四、建立函数关系举例

1. 工程设计问题

工程设计问题是指运用数学知识对工程的定位、大小、采光等情况进行合理布局、计算的一类问题.

【例10】 要在墙上开一个上部为半圆, 下部为矩形的窗户(如图1-8所示), 在窗框为定长 l 的条件下, 要使窗户透光面积最大, 窗户应具有怎样的尺寸?

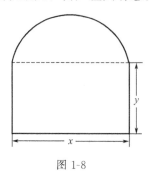

图 1-8

解 设半圆的直径为 x, 矩形的高度为 y, 窗户透光面积为 S, 则:

窗框总长 $$l=\frac{\pi x}{2}+x+2y$$

∴ $$y=\frac{2l-(2+\pi)x}{4}$$

$$S=\frac{\pi}{8}x^2+xy=\frac{\pi}{8}x^2+x\cdot\frac{2l-(2+\pi)x}{4}$$
$$=-\left(\frac{4+\pi}{8}\right)\left(x-\frac{2l}{4+\pi}\right)^2+\frac{l^2}{2(4+\pi)}$$

当 $x=\dfrac{2l}{4+\pi}$ 时, $S_{\max}=\dfrac{l^2}{2(4+\pi)}$,

此时，
$$y=\frac{l}{4+\pi}=\frac{x}{2}$$

所以，窗户中的矩形高为 $\frac{l}{4+\pi}$，且半径等于矩形的高时，窗户的透光面积最大．

说明：应用二次函数解实际问题，关键是设好适当的一个变量，建立目标函数．

【**例 11**】 要使火车安全行驶，按规定，铁道转弯处的圆弧半径不允许小于 600m，如果某段铁路两端相距 156m，弧所对的圆心角小于 180°，详见图 1-9 所示．试确定圆弧弓形的高所允许的取值范围．

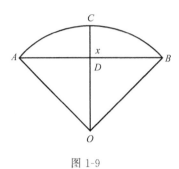

图 1-9

解 设圆的半径为 R，圆弧弓形高 $CD=x$(m)．
在 Rt△BOD 中，$DB=78$，$OD=R-x$，$\therefore (R-x)^2+78^2=R^2$

解得，
$$R=\frac{x^2+6084}{2x}$$

由题意知 $R\geqslant 600$

$\therefore$
$$\frac{x^2+6084}{2x}\geqslant 600$$

得 $x^2-1200x+6084\geqslant 0(x>0)$，解得 $x\leqslant 5.1$ 或 $x\geqslant 1194.9$（舍）

$\therefore$ 圆弧弓形高的允许值范围是 $(0,5.1]$．

2. 营销问题

这类问题是指在营销活动中，计算产品成本、利润（率），确定销售价格，考虑销售活动的赢利、亏本等情况的一类问题．在营销问题中，应掌握有关计算公式：利润＝销售价－进货价．

【**例 12**】 将进货价为 8 元的商品按每件 10 元售出，每天可销售 200 件，若每件售价涨价 0.5 元，其销售量就减少 10 件．问应将售价定为多少时，才能使所赚利润最大，并求出这个最大利润．

解 设每件售价提高 x 元，则每件得利润 $(2+x)$ 元，每天销售量变为 $(200-20x)$ 件，所获利润为
$$\begin{aligned}y&=(2+x)(200-20x)\\&=-20(x-4)^2+720\end{aligned}$$

当 $x=4$ 时，即售价定为 14 元时，每天可获最大利润为 720 元．

【**思考题**】 符号函数 $y=\mathrm{sgn}x=\begin{cases}1 & (x>0)\\ 0 & (x=0)\\ -1 & (x<0)\end{cases}$ 是初等函数吗？

【**习题 1-3**】

1. 指出下列函数的复合过程．

(1) $y = \sqrt{x^2 - 1}$； (2) $y = \cos^3(2x+1)$；
(3) $y = \sin 3x$； (4) $y = \sin e^{3x}$；
(5) $y = \ln\arctan\sqrt{1+x^2}$； (6) $y = \arctan 2^{\sqrt{x}}$.

2. $y = \ln|x|$ 函数的图像是（   ）．

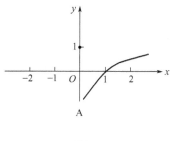
A

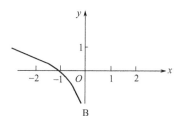
B

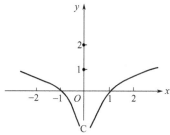
C

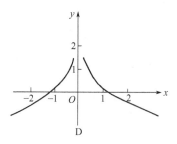
D

3. 将直径为 d 的圆木锯成截面为矩形的木材，求矩形截面的两条边长之间的函数关系（图 1-10）．

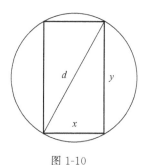

图 1-10

4. 一物体作直线运动，已知阻力大小与物体运动的速度成正比，但方向相反，当物体以 1m/s 速度运动时阻力为 2×10^{-2} N，试建立阻力与速度间的函数关系式．

第四节 函数的极限

极限概念是由于对某些实际问题的精确解答而产生的．它是在进一步研究当函数的自变量在按某种方式变化时，函数随之变化的变化趋势过程中引入的；极限是数学的一个重要概念，也是高等数学特别是微积分的基本推理工具．

一、数列的极限

1. 数列极限的概念

观察下面数列：

(1) $\dfrac{1}{2}, \dfrac{2}{3}, \dfrac{3}{4}, \cdots, \dfrac{n}{n+1}, \cdots$；

(2) $1, 2+\dfrac{1}{2}, 2-\dfrac{1}{3}, \cdots, 2+\dfrac{(-1)^n}{n}, \cdots$；

(3) $1, 2, 4, 8, \cdots, 2^{n-1}, \cdots$；

(4) $2, 0, 2, 0, \cdots, 1+(-1)^{n+1}, \cdots$.

其中，数列（1）是随着 n 的无限增大，数列 $\dfrac{n}{n+1}$ 与常数 1 无限接近；数列（2）是随着 n 的无限增大，数列 $2+\dfrac{(-1)^n}{n}$ 中的项虽然有时大于 2，有时小于 2，但数列能与常数 2 无限接近；但数列（3）和数列（4）不能.

定义 1 如果当 n 无限增大时，数列 x_n 的取值能无限趋近于常数 A，我们就称 A 是数列 x_n 当 $n\to\infty$ 时的极限，记作 $\lim\limits_{n\to\infty} x_n = A$ 或当 $n\to\infty$ 时，$x_n \to A$，此时称数列收敛.

数列（1）和数列（2）的极限可分别表示为 $\lim\limits_{n\to\infty}\dfrac{n}{n+1}=1$，$\lim\limits_{n\to\infty}\left[2+\dfrac{(-1)^n}{n}\right]=2$.

并非所有数列都是有极限的. 例如：数列（3）和数列（4），当 $n\to\infty$ 时，它们均不能与一个常数 A 无限接近，所以这些数列没有极限.

【例 13】 观察下列数列的变化趋势，并求出它们的极限.

(1) $x_n = \dfrac{1}{2^n}$；　　　　　　　　(2) $x_n = -3$.

解 (1) $x_n = \dfrac{1}{2^n}$：$\dfrac{1}{2}, \dfrac{1}{2^2}, \dfrac{1}{2^3}, \cdots, \dfrac{1}{2^n}, \cdots$；

(2) $x_n = -3$：$-3, -3, -3, \cdots$.

根据数列极限的定义知：

(1) $\lim\limits_{n\to\infty}\dfrac{1}{2^n}=0$；　　　　　　(2) $\lim\limits_{n\to\infty}(-3)=-3$.

2. 数列极限的存在准则

定理 单调有界数列必有极限.

利用上述结论可以证明数列 $x_n = \left(1+\dfrac{1}{n}\right)^n$ $(n=1,2,3,\cdots)$ 的极限存在且

$$\lim_{n\to\infty}\left(1+\dfrac{1}{n}\right)^n = \mathrm{e} \quad (\text{其中 } \mathrm{e} = 2.718281\cdots).$$

二、函数的极限

前面我们讨论了当 $n\to\infty$ 时数列 x_n 的极限. 现在讨论一般函数 $y=f(x)$ 的极限. 我们主要研究以下两种情形：

(1) 当自变量 x 的绝对值 $|x|$ 无限增大，即 x 趋向于无穷大（记为 $x\to\infty$）时，函数 $f(x)$ 的极限；

(2) 当自变量 x 任意接近于 x_0，即 x 趋向于有限值 x_0 时，函数 $f(x)$ 的极限.

1. $x\to\infty$ 时，函数的极限

当 x 无限增大，包括三种情形：

(1) x 取正值无限增大，记作 $x\to+\infty$；

(2) x 取负值而 $|x|$ 无限增大，记作 $x\to-\infty$；

(3) x 既可取正值，也可取负值而 $|x|$ 无限增大，记作 $x\to\infty$.

$x\to+\infty$ 时，函数 $f(x)$ 的极限与 $n\to\infty$ 时数列 $f(n)$ 的极限类似. 所不同的是数列

$f(n)$ 的自变量 n 只能取正整数,而函数 $f(x)$ 的自变量 x 可以取任意正实数. 如数列 $x_n = \dfrac{1}{n}$,当 $n \to \infty$ 时,x_n 与 0 无限趋近;函数 $f(x) = \dfrac{1}{x}$(图 1-11),当 $x \to +\infty$ 时,$f(x)$ 与 0 无限趋近.

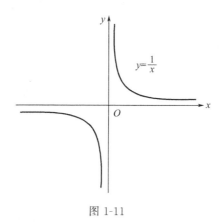

图 1-11

定义 2 如果当 x 取正值且无限增大时,函数 $f(x)$ 无限趋近于常数 A,可以说当 x 趋向于正无穷大时,函数 $f(x)$ 的极限是 A,记作 $\lim\limits_{x \to +\infty} f(x) = A$,或记作当 $x \to +\infty$ 时,$f(x) \to A$.

如 $\lim\limits_{x \to +\infty} \left(\dfrac{1}{2}\right)^x = 0$.

从 $f(x) = \dfrac{1}{x}$ 的图像还可看出,当 $x \to -\infty$ 时,$f(x)$ 与 0 无限趋近.

定义 3 如果当 x 取负值且绝对值无限增大时,函数 $f(x)$ 无限趋近于常数 A,可以说当 x 趋向于负无穷大时,函数 $f(x)$ 的极限是 A,记作 $\lim\limits_{x \to -\infty} f(x) = A$,或记作当 $x \to -\infty$ 时,$f(x) \to A$.

另外,从 $f(x) = \dfrac{1}{x}$ 的图像还能看到,当 $x \to +\infty$ 与 $x \to -\infty$ 时,$f(x)$ 与 0 都无限接近.

定义 4 如果当 $|x|$ 无限增大时,函数 $f(x)$ 无限趋近于常数 A,可以说当 x 趋向于无穷大时,函数 $f(x)$ 的极限是 A,记作 $\lim\limits_{x \to \infty} f(x) = A$,或记作当 $x \to \infty$ 时,$f(x) \to A$.

注意:(1) $x \to +\infty$,$x \to -\infty$,$x \to \infty$ 分别表示 $|x|(x>0)$,$|x|(x<0)$,$|x|$ 无限增大的趋势,且不可将 $+\infty$,$-\infty$ 或 ∞ 当成是数,不能写"$\lim\limits_{x \to \infty} \dfrac{1}{x} = \dfrac{1}{\infty} = 0$";

(2) 对于不符合定义条件的函数,就说极限不存在,如极限 $\lim\limits_{x \to +\infty} \sin x$,$\lim\limits_{x \to \infty} x^2$ 都不存在;

(3) 根据上述极限的定义可知,极限 $\lim\limits_{x \to \infty} f(x)$ 存在的充要条件是 $\lim\limits_{x \to +\infty} f(x)$ 与 $\lim\limits_{x \to -\infty} f(x)$ 存在且相等.

如 $\lim\limits_{x \to +\infty} 2^x$ 不存在,$\lim\limits_{x \to -\infty} 2^x = 0$,所以 $\lim\limits_{x \to \infty} 2^x$ 不存在;$\lim\limits_{x \to +\infty} \arctan x = \dfrac{\pi}{2}$,$\lim\limits_{x \to -\infty} \arctan x = -\dfrac{\pi}{2}$,所以 $\lim\limits_{x \to \infty} \arctan x$ 不存在.

2. $x \to x_0$ 时,函数的极限

这里首先介绍一下邻域的概念. 设 δ 是一正数,则称开区间 $(x_0-\delta, x_0+\delta)$ 为点 x_0 的 δ 邻域. 将 $(x_0-\delta, x_0+\delta)$ 中的点 x_0 去掉后,称为 x_0 的空心邻域.

我们再来看一个大家都熟悉的例子. 当 x 无限趋近于 1 (包括从小于 1 的方向无限趋近于 1 和从大于 1 的方向无限趋近于 1,但不考虑 $x=1$) 时,函数 $f(x)=\dfrac{x^2-1}{x-1}$ 趋向于什么? 显然当 $x\neq 1$ 时,函数 $f(x)=\dfrac{x^2-1}{x-1}=x+1$,当 x 无限趋近于 1 时,函数 $f(x)$ 的值无限趋向于 2.

定义 5 设函数 $f(x)$ 在点 x_0 的某空心邻域内有定义,如果当 x 无限趋近于常数 x_0 时,函数 $f(x)$ 无限趋近于一个常数 A,可以说当 x 趋近于 x_0 时,函数 $f(x)$ 的极限是 A,记作 $\lim\limits_{x\to x_0}f(x)=A$,或当 $x\to x_0$ 时, $f(x)\to A$.

需要说明的是:(1) $x\to x_0$ 包括从小于 x_0 的方向和从大于 x_0 的方向无限趋近于 x_0,但不包含 $x=x_0$,亦即 $x\neq x_0$,这一点很重要. 例如 $f(x)=\dfrac{x^2-1}{x-1}$ 在 $x=1$ 点虽无定义,但却有 $\lim\limits_{x\to 1}\dfrac{x^2-1}{x-1}=2$;又如函数 $y=x+1$ 在 $x=1$ 点有定义[该函数除 $x=1$ 点外与 $f(x)=\dfrac{x^2-1}{x-1}$ 完全一样],根据定义得到 $\lim\limits_{x\to 1}(x+1)=2$. 因此,在考虑当 $x\to x_0$ 时函数 $f(x)$ 的极限时,只要求函数 $f(x)$ 在点 x_0 的某空心邻域内有定义,并不管函数 $f(x)$ 在 x_0 取什么样的值,也不管函数 $f(x)$ 在 x_0 是否有定义,而只需注意 $f(x)$ 在 x_0 附近的函数值的变化趋势.

(2) 如果函数 $f(x)$ 在 x_0 处不满足函数极限的定义,可以说函数 $f(x)$ 在 x_0 处没有极限,如 $\lim\limits_{x\to 0}\dfrac{1}{x}$ 就不存在.

根据函数极限的定义,显然有 (1) $\lim\limits_{x\to x_0}C=C$;(2) $\lim\limits_{x\to x_0}x=x_0$.

【例 14】 求 $\lim\limits_{x\to -2}\dfrac{x^2+3x+2}{x+2}$.

解 $\lim\limits_{x\to -2}\dfrac{x^2+3x+2}{x+2}=\lim\limits_{x\to -2}\dfrac{(x+1)(x+2)}{x+2}=\lim\limits_{x\to -2}(x+1)=-1$

有时我们仅需考虑自变量 x 从一侧趋近于 x_0 时,函数 $f(x)$ 的变化趋势. 若自变量 x 大于 x_0 而趋向于 x_0 时,函数 $f(x)$ 趋向于 A,此时称 A 是函数 $f(x)$ 的右极限,记作 $\lim\limits_{x\to x_0^+}f(x)=A$;自变量 x 小于 x_0 而趋向于 x_0 时,函数 $f(x)$ 趋向于 A,此时称 A 是函数 $f(x)$ 的左极限,记作或 $\lim\limits_{x\to x_0^-}f(x)=A$. 左、右极限统称为函数 $f(x)$ 的单侧极限. 如 $\lim\limits_{x\to 0^+}\sqrt{x}=0$. 根据函数极限与函数的单侧极限的定义,我们容易得出下列结论.

定理 $\lim\limits_{x\to x_0}f(x)=A$ 的充要条件是 $\lim\limits_{x\to x_0^-}f(x)$ 和 $\lim\limits_{x\to x_0^+}f(x)$ 存在且相等.

【例 15】 讨论函数 $f(x)=\begin{cases}x-1 & (x<0)\\ x+1 & (0\leqslant x\leqslant 1)\\ 2x & (x>1)\end{cases}$ 在 $x=0$ 和 $x=1$ 处的极限.

解 (1) 因为 $\lim\limits_{x\to 0^-}f(x)=\lim\limits_{x\to 0^-}(x-1)=-1$,$\lim\limits_{x\to 0^+}f(x)=\lim\limits_{x\to 0^+}(x+1)=1$.

$f(x)$ 在 $x=0$ 处左、右极限存在但不相等,所以当 $x\to 0$ 时,$f(x)$ 的极限不存在.

(2) 因为 $\lim\limits_{x\to 1^-}f(x)=\lim\limits_{x\to 1^-}(x+1)=2$，$\lim\limits_{x\to 1^+}f(x)=\lim\limits_{x\to 1^+}2x=2$.

即 $f(x)$ 在 $x=1$ 处左、右极限存在且相等，所以当 $x\to 1$ 时，$f(x)$ 的极限存在且 $\lim\limits_{x\to 1}f(x)=2$.

【例 16】 讨论函数 $f(x)=\dfrac{|x|}{x}$ 在 $x=0$ 处的极限.

解 因为 $\lim\limits_{x\to 0^-}f(x)=\lim\limits_{x\to 0^-}\dfrac{-x}{x}=\lim\limits_{x\to 0^-}(-1)=-1$，$\lim\limits_{x\to 0^+}f(x)=\lim\limits_{x\to 0^+}\dfrac{x}{x}=\lim\limits_{x\to 0^+}1=1$.

$f(x)$ 在 $x=0$ 处左、右极限存在但不相等，所以当 $x\to 0$ 时，$f(x)$ 的极限不存在.

三、无穷小量

在实际问题中，经常会遇到一些无限趋近于零的变量. 例如单摆离开铅直位置而摆动，由于空气阻力和摩擦力的作用，它的振幅随着时间的增加而逐渐减小并趋近于零. 又如电容器放电时，电容器上的电压随着时间的增加而趋于零. 像这种以零为极限的变量叫做无穷小量.

定义 6 如果当 $x\to x_0$（或 $x\to\infty$）时，函数 $f(x)$ 的极限为零，那么函数 $f(x)$ 称为当 $x\to x_0$（或 $x\to\infty$）时的无穷小量，简称无穷小.

例如 $\lim\limits_{x\to 0}\sin x=0$，所以 $\sin x$ 是当 $x\to 0$ 时的无穷小.

又如 $\lim\limits_{x\to 1}(x-1)=0$，所以 $x-1$ 是当 $x\to 1$ 时的无穷小.

注意：

(1) 无穷小一般是指一个无限趋近于零的变量.

(2) 无穷小与变化过程有关，如变量 $f(x)=\dfrac{1}{x}$，当 $x\to\infty$ 时是无穷小量；当 $x\to 0$ 时就不是无穷小量. 因此不能笼统地说某一变量是无穷小，必须说明是在哪一个变化过程中成为无穷小量.

(3) 该变量以零为极限. 无穷小是在其变化过程中可以取正值，可以取负值，也可以取零，但是就变量所取值的绝对值而言，必须能无限制地变小.

(4) 不要把一个绝对值很小的常数（如 -10^{-12}）说成是无穷小，因为这个常数在 $x\to x_0$（或 $x\to\infty$）时，极限为常数本身，并不是零. 常数中只有"0"是无穷小，因为 $\lim\limits_{\substack{x\to x_0\\(x\to\infty)}}0=0$.

【例 17】 自变量 x 在怎样的变化过程中，下列函数为无穷小？

(1) $y=\dfrac{1}{x-1}$；　　　　　　(2) $y=e^x$.

解 (1) 因为 $\lim\limits_{x\to\infty}\dfrac{1}{x-1}=0$，所以当 $x\to\infty$ 时，$\dfrac{1}{x-1}$ 为无穷小.

(2) 因为 $\lim\limits_{x\to-\infty}e^x=0$，所以当 $x\to-\infty$ 时，e^x 为无穷小.

注 一个变量是无穷小，必须指明自变量的变化趋势.

四、无穷大量

对于 $f(x)=\dfrac{1}{x}$，当 x 趋近于零时，$|y|$ 则随 x 的无限趋近于零而无限地增大.

定义 7 如果当 $x\to x_0$（或 $x\to\infty$）时，函数 $f(x)$ 的绝对值无限增大，那么函数 $f(x)$ 称为当 $x\to x_0$（或 $x\to\infty$）时的无穷大量，简称无穷大.

如果函数 $f(x)$ 是当 $x\to x_0$（或 $x\to\infty$）时的无穷大，那么它的极限是不存在的. 但为了便于描述函数的这种变化趋势，我们也说"函数的极限是无穷大"，并记为 $\lim\limits_{\substack{x\to x_0\\(x\to\infty)}}f(x)=\infty$.

如果在无穷大的定义中,对于 x_0 左右近旁的 x(或对于绝对值相当大的 x),对应的函数值都是正的或都是负的,就分别记为:

$$\lim_{\substack{x \to x_0 \\ (x \to \infty)}} f(x) = +\infty, \quad \lim_{\substack{x \to x_0 \\ (x \to \infty)}} f(x) = -\infty.$$

例如,当 $x \to 0$ 时,$\left|\dfrac{1}{x}\right|$ 无限增大,所以 $\dfrac{1}{x}$ 是当 $x \to 0$ 时的无穷大,可记为 $\lim\limits_{x \to 0} \dfrac{1}{x} = \infty$.

当 $x \to \infty$ 时,$|x|$ 无限增大,所以 x 是当 $x \to \infty$ 时的无穷大,可记为 $\lim\limits_{x \to \infty} x = \infty$.

当 $x \to +\infty$ 时,e^x 总取正值而无限增大,所以 e^x 是当 $x \to +\infty$ 时的无穷大,可记为 $\lim\limits_{x \to +\infty} e^x = +\infty$.

当 $x \to 0^+$ 时,$\ln x$ 总取负值而绝对值无限增大,所以 $\ln x$ 是当 $x \to 0^+$ 时的无穷大,可记为 $\lim\limits_{x \to 0^+} \ln x = -\infty$.

注意 (1) 一个函数是无穷大,必须指明变量 x 的变化趋势,如变量 $f(x) = \dfrac{1}{x-1}$,当 $x \to 1$ 时是无穷大量;当 $x \to \infty$ 时就不是无穷大量而是无穷小量.

(2) 不要把一个绝对值很大的常数(如 10^{10})说成是无穷大,因为这个常数在 $x \to x_0$(或 $x \to \infty$)时,极限为常数本身,并不是无穷大.

总之,无穷大是绝对值无限增大的变量.

五、无穷小量的性质

定理 (函数极限与无穷小的关系) $\lim\limits_{\substack{x \to x_0 \\ (x \to \infty)}} f(x) = A$ 的充要条件是 $f(x) = A + \alpha(x)$,其中 $\alpha(x)$ 是当 $x \to x_0$(或 $x \to \infty$)时的无穷小量(证明略).

性质 1 有限个无穷小的代数和是无穷小.

性质 2 有限个无穷小的乘积是无穷小.

性质 3 有界函数与无穷小乘积是无穷小.

性质 4 在自变量的同一变化过程中,如果 $f(x)$ 为无穷大,则 $\dfrac{1}{f(x)}$ 为无穷小;反之,如果 $f(x)$ 为无穷小,且 $f(x) \neq 0$,则 $\dfrac{1}{f(x)}$ 为无穷大. 即

$$f(x) \text{ 是无穷小 } [f(x) \neq 0] \Leftrightarrow \dfrac{1}{f(x)} \text{ 是无穷大}.$$

如当 $x \to 0$ 时,$\dfrac{1}{x}$ 是无穷大;当 $x \to \infty$ 时,$\dfrac{1}{x}$ 是无穷小.

【**例 18**】 自变量 x 在怎样的变化过程中,下列函数为无穷大?

(1) $y = \dfrac{1}{x-1}$;   (2) $y = e^{-x}$;   (3) $y = \ln x$.

解 (1) 因为 $\lim\limits_{x \to 1} \dfrac{1}{x-1} = \infty$,所以当 $x \to 1$ 时,$\dfrac{1}{x-1}$ 为无穷大;

(2) 当 $x \to -\infty$ 时,e^{-x} 为无穷大;

(3) 当 $x \to +\infty$ 时,$\ln x$ 为正无穷大;当 $x \to 0^+$ 时,$\ln x$ 为负无穷大,所以当 $x \to +\infty$ 和 $x \to 0^+$ 时,$\ln x$ 为无穷大.

【**例 19**】 求 (1) $\lim\limits_{x \to 0} x^2 \cos x$;(2) $\lim\limits_{x \to 0} x \sin \dfrac{1}{x}$;(3) $\lim\limits_{x \to 1} \dfrac{x-2}{x-1}$.

解 (1) 因为 $\lim\limits_{x\to 0}x^2=0$，$|\cos x|\leqslant 1$，所以 $\lim\limits_{x\to 0}x^2\cos x=0$；

(2) 因为 $\lim\limits_{x\to 0}x=0$，$\left|\sin\dfrac{1}{x}\right|\leqslant 1$，所以 $\lim\limits_{x\to 0}x\sin\dfrac{1}{x}=0$；

(3) 当 $x=1$ 时，分母为 0 而分子不为 0，于是 $\lim\limits_{x\to 1}\dfrac{x-1}{x-2}=0$，故 $\lim\limits_{x\to 1}\dfrac{x-2}{x-1}=\infty$.

【思考题】

1. 无穷小量就是很小很小的数，这句话对吗？

2. 在极限 $\lim\limits_{x\to x_0}f(x)=A$ 的定义中，$y=f(x)$ 在 x_0 处无定义与 $\lim\limits_{x\to x_0}f(x)=A$ 有无影响？为什么？

【习题 1-4】

1. 填空题.

(1) 当 $x\to$ _____ 时，$\dfrac{1}{x-1}$ 是无穷大.

(2) 当 $x\to$ _____ 时，$\mathrm{e}^{\frac{1}{x}}$ 是无穷大.

(3) 当 $x\to$ _____ 时，$\tan x$ 是无穷大.

2. 讨论下列函数的极限是否存在，若存在，试写出它的极限.

(1) $\lim\limits_{x\to+\infty}\mathrm{e}^x$；　　(2) $\lim\limits_{x\to-\infty}\mathrm{e}^x$；　　(3) $\lim\limits_{x\to\infty}\mathrm{e}^x$；　　(4) $\lim\limits_{x\to 0^+}\mathrm{e}^{\frac{1}{x}}$；

(5) $\lim\limits_{x\to 0^-}\mathrm{e}^{\frac{1}{x}}$；　　(6) $\lim\limits_{x\to 0}\mathrm{e}^{\frac{1}{x}}$；　　(7) $\lim\limits_{x\to\infty}\dfrac{1}{x}$；　　(8) $\lim\limits_{x\to\infty}\mathrm{e}^{\frac{1}{x}}$.

3. 判断正误.

(1) 已知 $\lim\limits_{x\to x_0^+}f(x)$ 和 $\lim\limits_{x\to x_0^-}f(x)$ 都存在，则 $\lim\limits_{x\to x_0}f(x)$ 一定存在. (　　)

(2) 因为函数 $f(x)=\dfrac{x^2+2x-3}{x-1}$，当 $x=1$ 时，分母为零，所以 $\lim\limits_{x\to 1}\dfrac{x^2+2x-3}{x-1}$ 不存在. (　　)

(3) 设 $x\to x_0$ 时，$f(x)$ 是无穷小，$g(x)$ 是无穷大，则 $\dfrac{f(x)}{g(x)}$ 必为无穷大. (　　)

(4) 无穷大与一个常数的乘积一定是无穷大. (　　)

(5) 无穷小与一个常数的乘积一定是无穷小. (　　)

(6) 无穷小是很小的常数，无穷大是很大的常数. (　　)

(7) 两个非无穷小之和可能是无穷小. (　　)

(8) 两个非无穷小之积一定不是无穷小. (　　)

(9) 无穷大与无穷小的乘积一定是无穷小. (　　)

4. 求极限.

(1) $\lim\limits_{x\to 0}x^2\sin\dfrac{1}{x}$；　　(2) $\lim\limits_{x\to 0}\dfrac{1}{x^2}$；　　(3) $\lim\limits_{x\to 0}\dfrac{x-1}{x+2}$；　　(4) $\lim\limits_{x\to 1^+}5^{-\frac{1}{x-1}}$.

第五节　极限的四则运算法则

一些比较简单的函数可从变化趋势观察出它们的极限，如 $\lim\limits_{x\to\infty}\dfrac{1}{x}=0$，$\lim\limits_{x\to x_0}x=x_0$. 若求

极限的函数比较复杂,就要分析这个函数是由哪些简单函数经过怎样的运算结合而成的,以及这个函数的极限与这些简单函数的极限有什么关系,这样就能把复杂函数的极限计算转化为简单函数的极限的计算.

一、极限的四则运算法则

对于函数极限有如下的运算法则.

设 $\lim\limits_{x \to x_0} f(x) = A$,$\lim\limits_{x \to x_0} g(x) = B$,则有:

法则1 $\lim\limits_{x \to x_0} [f(x) \pm g(x)] = A \pm B$.

法则2 $\lim\limits_{x \to x_0} [f(x) g(x)] = AB$.

法则3 $\lim\limits_{x \to x_0} \dfrac{f(x)}{g(x)} = \dfrac{A}{B} (B \neq 0)$.

也就是说,如果两个函数都有极限,那么这两个函数的和、差、积、商组成的函数极限,分别等于这两个函数的极限的和、差、积、商(作为除数的函数的极限不能为0).

推论 当 C 是常数,n 是正整数时,

(1) $\lim\limits_{x \to x_0} [Cf(x)] = C \lim\limits_{x \to x_0} f(x)$; (2) $\lim\limits_{x \to x_0} [f(x)]^n = [\lim\limits_{x \to x_0} f(x)]^n$.

这些法则对于 $x \to \infty$ 的情况仍然适用.

二、极限的四则运算法则应用举例

【例20】 求 (1) $\lim\limits_{x \to 1}(2x - 1)$; (2) $\lim\limits_{x \to 2} \dfrac{x^3 - 1}{x^2 - 5x + 3}$.

解 (1) $\lim\limits_{x \to 1}(2x - 1) = \lim\limits_{x \to 1} 2x - \lim\limits_{x \to 1} 1 = 2 \lim\limits_{x \to 1} x - 1 = 1$

(2) $\lim\limits_{x \to 2} \dfrac{x^3 - 1}{x^2 - 5x + 3} = \dfrac{\lim\limits_{x \to 2}(x^3 - 1)}{\lim\limits_{x \to 2}(x^2 - 5x + 3)} = -\dfrac{7}{3}$

由以上两道题,可以得出:当 $f(x)$ 是有理多项式,或有理分式(分母在点 x_0 的值不为0)时,函数 $f(x)$ 当 $x \to x_0$ 的极限等于函数在该点的函数值 $f(x_0)$.

【例21】 求 $\lim\limits_{x \to 1} \dfrac{2x - 3}{x^2 - 5x + 4}$

解 当 $x \to 1$ 时,$x^2 - 5x + 4 = 0$,不能运用商的极限运算法则,但分子不为0,而 $\lim\limits_{x \to 1} \dfrac{x^2 - 5x + 4}{2x - 3} = 0$,所以 $\lim\limits_{x \to 1} \dfrac{2x - 3}{x^2 - 5x + 4} = \infty$.

【例22】 (1) 求 $\lim\limits_{x \to \infty} \dfrac{3x^3 + 4x^2 + 2}{7x^3 + 5x^2 - 3}$; (2) $\lim\limits_{x \to \infty} \dfrac{3x^2 - 2x - 1}{2x^3 - x^2 - 5}$;

(3) $\lim\limits_{x \to \infty} \dfrac{2x^3 - x^2 + 5}{3x^2 - 2x - 1}$.

解 (1) 分子、分母是 ∞,不能直接用极限的运算法则计算极限,用分子和分母中 x 的最高次幂同除分子分母得:

$$\lim\limits_{x \to \infty} \dfrac{3x^3 + 4x^2 + 2}{7x^3 + 5x^2 - 3} = \lim\limits_{x \to \infty} \dfrac{3 + \dfrac{4}{x} + \dfrac{2}{x^3}}{7 + \dfrac{5}{x} - \dfrac{3}{x^3}} = \dfrac{3}{7}$$

(2) 分子、分母是 ∞,不能直接用极限的运算法则计算极限,用分子和分母中 x 的最高次幂同除分子分母得:

$$\lim_{x\to\infty}\frac{3x^2-2x-1}{2x^3-x^2-5}=\lim_{x\to\infty}\frac{\dfrac{3}{x}-\dfrac{2}{x^2}-\dfrac{1}{x^3}}{2-\dfrac{1}{x}-\dfrac{5}{x^3}}=0$$

（3）因为
$$\lim_{x\to\infty}\frac{3x^2-2x-1}{2x^3-x^2+5}=\lim_{x\to\infty}\frac{\dfrac{3}{x}-\dfrac{2}{x}-\dfrac{1}{x^3}}{2-\dfrac{2}{x}+\dfrac{5}{x^3}}=0$$

所以
$$\lim_{x\to\infty}\frac{2x^3-x^2+5}{3x^2-2x-1}=\infty$$

归纳本例可得到以下结论：

$$\lim_{x\to\infty}\frac{a_0x^m+a_1x^{m-1}+a_2x^{m-2}+\cdots+a_m}{b_0x^n+b_1x^{n-1}+b_2x^{n-2}+\cdots+b_n}=\begin{cases}\dfrac{a_0}{b_0},&n=m\\ 0,&n>m\\ \infty,&n<m\end{cases}$$

【例 23】 求（1）$\lim\limits_{x\to 4}\dfrac{x^2-16}{x-4}$； （2）$\lim\limits_{x\to 4}\dfrac{\sqrt{x}-2}{\sqrt{2x+1}-3}$； （3）$\lim\limits_{x\to\pi}\dfrac{\sin^2 x}{1+\cos^3 x}$.

解 （1）当 $x\to 4$ 时，分母的极限是 0，不能直接运用上面的极限运算法则，注意应根据极限的定义 5，函数 $y=\dfrac{x^2-16}{x-4}$，当 $x\to 4$ 时，x 可以不等于 4，即 $x\neq 4$ 时，可以将分子、分母约去公因式 $x-4$ 后变成 $y=x+4$，由此即可求出函数的极限．所以，

$$\lim_{x\to 4}\frac{x^2-16}{x-4}=\lim_{x\to 4}(x+4)=8$$

（2）当 $x\to 4$ 时，分子和分母的极限是 0，不能直接运用上面的极限运算法则，可以先将函数式进行有理化，找出分子分母中的公因式 $x-4$，再将分子、分母约去公因式 $x-4$，再利用极限的运算法则，求出函数的极限．即

$$\lim_{x\to 4}\frac{\sqrt{x}-2}{\sqrt{2x+1}-3}=\lim_{x\to 4}\frac{(\sqrt{x}-2)(\sqrt{x}+2)(\sqrt{2x+1}+3)}{(\sqrt{2x+1}-3)(\sqrt{2x+1}+3)(\sqrt{x}+2)}$$

$$=\lim_{x\to 4}\frac{(x-4)(\sqrt{2x+1}+3)}{(2x-8)(\sqrt{x}+2)}=\lim_{x\to 4}\frac{\sqrt{2x+1}+3}{2(\sqrt{x}+2)}=\frac{3}{4}$$

（3）当 $x\to\pi$ 时，分子和分母的极限是 0，不能直接运用上面的极限运算法则，可以先将函数式进行恒等变形，找出分子分母中的公因式 $1+\cos x$，再将分子、分母约去公因式 $1+\cos x$，再利用极限的运算法则，求出函数的极限．即

$$\lim_{x\to\pi}\frac{\sin^2 x}{1+\cos^3 x}=\lim_{x\to\pi}\frac{1-\cos^2 x}{(1+\cos x)(1-\cos x+\cos^2 x)}$$

$$=\lim_{x\to\pi}\frac{1-\cos x}{1-\cos x+\cos^2 x}=\frac{2}{3}$$

【例 24】 求（1）$\lim\limits_{x\to\infty}\dfrac{2^x-1}{4^x+1}$； （2）$\lim\limits_{x\to-\infty}\dfrac{\sqrt{x^2+1}-1}{x}$；

（3）$\lim\limits_{x\to+\infty}(\sqrt{x^2+x}-\sqrt{x^2+1})$.

解 （1）分子、分母是 ∞，不能直接用极限的运算法则计算极限，用 4^x 除以分子、分母，再利用极限的运算法则，求出函数的极限．即：

$$\lim_{x \to \infty} \frac{2^x - 1}{4^x + 1} = \lim_{x \to \infty} \frac{\left(\frac{1}{2}\right)^x - \frac{1}{4^x}}{1 + \frac{1}{4^x}} = \frac{0}{1} = 0$$

（2）分子、分母是 ∞，不能直接用极限的运算法则计算极限，用 x 除以分子、分母，再利用极限的运算法则，求出函数的极限．即：

$$\lim_{x \to -\infty} \frac{\sqrt{x^2+1} - 1}{x} = \lim_{x \to +\infty} \left(-\sqrt{1 + \frac{1}{x^2}} + \frac{1}{x}\right) = -1$$

$$(3) \lim_{x \to +\infty} (\sqrt{x^2+x} - \sqrt{x^2+1}) = \lim_{x \to +\infty} \frac{(\sqrt{x^2+x} - \sqrt{x^2+1})(\sqrt{x^2+x} + \sqrt{x^2+1})}{\sqrt{x^2+x} + \sqrt{x^2+1}}$$

$$= \lim_{x \to +\infty} \frac{x-1}{\sqrt{x^2+x} + \sqrt{x^2+1}}$$

$$= \lim_{x \to +\infty} \frac{1 - \frac{1}{x}}{\sqrt{1 + \frac{1}{x}} + \sqrt{1 + \frac{1}{x^2}}} = \frac{1}{2}$$

【思考题】 无穷小量的倒数一定是无穷大量，这句话对吗？

【习题 1-5】

1. 判断题．

   （1）函数之和的极限等于极限之和．（   ）

   （2）两个函数之商的极限等于极限之商．（   ）

   （3）$\lim\limits_{x \to 2} \dfrac{x^2+5}{x-2} = \dfrac{\lim\limits_{x \to 2}(x^2+5)}{\lim\limits_{x \to 2}(x-2)} = \dfrac{9}{0} = \infty$．（   ）

   （4）$\lim\limits_{x \to +\infty}(\sqrt{x^2+x} - 2x) = \lim\limits_{x \to +\infty}\sqrt{x^2+x} - \lim\limits_{x \to +\infty} 2x = \infty - \infty = 0$．（   ）

   （5）$\lim\limits_{x \to 0} x^2 \sin \dfrac{1}{x} = \lim\limits_{x \to 0} x^2 \times \lim\limits_{x \to 0} \sin \dfrac{1}{x} = 0$．（   ）

   （6）$\lim\limits_{x \to -\infty} \dfrac{\sqrt{x^2-3}}{x} = \lim\limits_{x \to -\infty} \dfrac{x\sqrt{1 - \frac{3}{x^2}}}{x} = \lim\limits_{x \to -\infty} \sqrt{1 - \dfrac{3}{x^2}} = 1$．（   ）

2. 求极限．

   (1) $\lim\limits_{x \to -1}(2x^3 + 3x + 4)$；

   (2) $\lim\limits_{x \to 2} \dfrac{x-2}{x^2-4}$；

   (3) $\lim\limits_{x \to -2} \dfrac{x^3 + 3x^2 + 2x}{x^2 - x - 6}$；

   (4) $\lim\limits_{x \to \infty}\left(2 - \dfrac{1}{x} + \dfrac{1}{x^2}\right)$；

   (5) $\lim\limits_{x \to \infty} \dfrac{x^2 + 1}{2x^2 + 2x - 1}$；

   (6) $\lim\limits_{x \to \infty} \dfrac{x^3 + x}{x^4 + 3x^2 + 1}$；

   (7) $\lim\limits_{x \to \infty} \dfrac{2x^3 - x^2 + 5}{3x^2 - 2x - 1}$；

   (8) $\lim\limits_{x \to +\infty}(\sqrt{x^2+x} - 2x)$；

   (9) $\lim\limits_{x \to 2} \dfrac{\sqrt{x^2+5} - 3}{\sqrt{2x+1} - \sqrt{5}}$；

   (10) $\lim\limits_{x \to 1}\left(\dfrac{3}{1-x^3} - \dfrac{1}{1-x}\right)$．

第六节 两个重要极限

这一节里,我们将讨论以下两个重要的极限:$\lim\limits_{x\to 0}\dfrac{\sin x}{x}=1$ 及 $\lim\limits_{x\to\infty}\left(1+\dfrac{1}{x}\right)^x=e$.

一、第一个重要极限 $\lim\limits_{x\to 0}\dfrac{\sin x}{x}=1$

我们先来叙述一个与此有关的定理.

定理（夹逼定理） 如果函数 $f(x),g(x)$ 和 $h(x)$ 在点 x_0 的某空心邻域内满足 $g(x)\leqslant f(x)\leqslant h(x)$,且 $\lim\limits_{x\to x_0}g(x)=\lim\limits_{x\to x_0}h(x)=A$,($A$ 是常数),则 $\lim\limits_{x\to x_0}f(x)$ 一定存在且 $\lim\limits_{x\to x_0}f(x)=A$.

下面我们来证明 $\lim\limits_{x\to 0}\dfrac{\sin x}{x}=1$.

证明 如图 1-12 所示,作单位圆,取圆心角 $\angle AOC=x$. 过点 A 作 $AD\perp OC$,在点 A 作圆的切线 AE 与 OD 的延长线交于 E. 于是 CA 的弧长为 x,$AD=\sin x$,$AE=\tan x$.

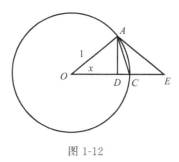

图 1-12

当 $0<x<\dfrac{\pi}{2}$ 时,由图 1-12 可见:$S_{\triangle ABC}<S_{\text{扇形}AOC}<S_{\triangle AOE}$,即 $\dfrac{1}{2}\sin x<\dfrac{1}{2}x<\dfrac{1}{2}\tan x$ 或写成 $\sin x<x<\tan x$,从不等式的前一部分得 $\dfrac{\sin x}{x}<1$,$0<x<\dfrac{\pi}{2}$,从不等式的后一部分得 $\cos x<\dfrac{\sin x}{x}$,$0<x<\dfrac{\pi}{2}$. 把上述两个不等式合起来得 $\cos x<\dfrac{\sin x}{x}<1$,$0<x<\dfrac{\pi}{2}$. 由于 $\cos(-x)=\cos x$,$\dfrac{\sin(-x)}{-x}=\dfrac{\sin x}{x}$,因此上式当 $-\dfrac{\pi}{2}<x<0$ 时也成立. 又因 $\lim\limits_{x\to 0}\cos x=1$,$\lim\limits_{x\to 0}1=1$,根据夹逼定理,所以 $\lim\limits_{x\to 0}\dfrac{\sin x}{x}=1$.

$\lim\limits_{x\to 0}\dfrac{\sin x}{x}=1$ 在微积分学中被称为第一个重要极限.

【例 25】 求极限 (1) $\lim\limits_{x\to 0}\dfrac{\sin 5x}{x}$;   (2) $\lim\limits_{x\to 0}\dfrac{1-\cos x}{x}$;

(3) $\lim\limits_{x\to 0}\dfrac{\tan x}{x}$;   (4) $\lim\limits_{x\to\infty}\dfrac{3x-5}{x^2\sin\dfrac{1}{2x}}$.

解 (1) 令 $5x=u$,$\dfrac{\sin 5x}{x}=\dfrac{5\sin 5x}{5x}=\dfrac{5\sin u}{u}$,当 $x\to 0$ 时,$u\to 0$,

因此 $\lim\limits_{x\to 0}\dfrac{\sin 5x}{x}=\lim\limits_{x\to 0}\dfrac{5\sin u}{u}=5\lim\limits_{x\to 0}\dfrac{\sin u}{u}=5$;

(2) $\lim\limits_{x\to 0}\dfrac{1-\cos x}{x}=\lim\limits_{x\to 0}\dfrac{2\sin^2\dfrac{x}{2}}{x}=\lim\limits_{x\to 0}\dfrac{\sin^2\dfrac{x}{2}}{\dfrac{x}{2}}=\lim\limits_{x\to 0}\dfrac{\sin\dfrac{x}{2}}{\dfrac{x}{2}}\sin\dfrac{x}{2}$

$=\lim\limits_{x\to 0}\dfrac{\sin\dfrac{x}{2}}{\dfrac{x}{2}}\lim\limits_{x\to 0}\sin\dfrac{x}{2}=1\times 0=0$

(3) $\lim\limits_{x\to 0}\dfrac{\tan x}{x}=\lim\limits_{x\to 0}\left(\dfrac{\sin x}{x}\times\dfrac{1}{\cos x}\right)=\lim\limits_{x\to 0}\dfrac{\sin x}{x}\lim\limits_{x\to 0}\dfrac{1}{\cos x}=1$

(4) 设法将函数变形 $\dfrac{3x-5}{x^2\sin\dfrac{1}{2x}}=\dfrac{3x-5}{x}\times\dfrac{\dfrac{1}{2x}}{\sin\dfrac{1}{2x}}\times 2$,

上式右端第一个因式的极限是:

$\lim\limits_{x\to\infty}\dfrac{3x-5}{x}=\lim\limits_{x\to\infty}\left(3-\dfrac{5}{x}\right)=\lim\limits_{x\to\infty}3-5\lim\limits_{x\to\infty}\dfrac{1}{x}=3-5\times 0=3$

为求出上式右端第二个因式的极限,令 $\dfrac{1}{2x}=u$,那么当 $x\to\infty$ 时,$u\to 0$,

所以 $\lim\limits_{x\to\infty}\dfrac{\dfrac{1}{2x}}{\sin\dfrac{1}{2x}}=\lim\limits_{u\to 0}\dfrac{u}{\sin u}=\dfrac{1}{\lim\limits_{u\to 0}\dfrac{\sin u}{u}}=1$

所以 $\lim\limits_{x\to\infty}\dfrac{3x-5}{x^2\sin\dfrac{1}{2x}}=\lim\limits_{x\to\infty}\dfrac{3x-5}{x}\times\lim\limits_{x\to\infty}\dfrac{\dfrac{1}{2x}}{\sin\dfrac{1}{2x}}\times\lim\limits_{x\to\infty}2=3\times 1\times 2=6$

注意 第一个重要极限可以解决 $\dfrac{0}{0}$ 型,含三角函数的未定式.

二、第二个重要极限 $\lim\limits_{x\to\infty}\left(1+\dfrac{1}{x}\right)^x=\mathrm{e}$

在数列的极限中,我们已经知道 $\lim\limits_{n\to\infty}\left(1+\dfrac{1}{n}\right)^n=\mathrm{e}$,可以证明,当 x 取任意实数趋于 $+\infty$ 或 $-\infty$ 时,函数 $\left(1+\dfrac{1}{x}\right)^x$ 的极限都存在且等于 e ,即有 $\lim\limits_{x\to\infty}\left(1+\dfrac{1}{x}\right)^x=\mathrm{e}$.

$\lim\limits_{x\to\infty}\left(1+\dfrac{1}{x}\right)^x=\mathrm{e}$ 在微积分学中被称为第二个重要极限.

【例 26】 求极限 (1) $\lim\limits_{x\to\infty}\left(1+\dfrac{3}{x}\right)^x$; (2) $\lim\limits_{x\to\infty}\left(\dfrac{x-3}{x+2}\right)^x$.

解 (1) 令 $\dfrac{x}{3}=u$ 则 $x=3u$. 当 $x\to\infty$ 时,$u\to\infty$. 于是

$\lim\limits_{x\to\infty}\left(1+\dfrac{3}{x}\right)^x=\lim\limits_{x\to\infty}\left[\left(1+\dfrac{3}{x}\right)^{\frac{x}{3}}\right]^3$

$$= \lim_{u \to \infty} \left[\left(1 + \frac{1}{u}\right)^u\right]^3$$
$$= \left[\lim_{u \to \infty} \left(1 + \frac{1}{u}\right)^u\right]^3 = e^3$$

(2) 由于 $\left(\dfrac{x-3}{x+2}\right)^x = \left(1 + \dfrac{-5}{x+2}\right)^x = \left(1 + \dfrac{1}{\frac{x+2}{-5}}\right)^x$，因此令 $\dfrac{x+2}{-5} = u$，则 $x = -5u - 2$，从而

$$\left(\frac{x-3}{x+2}\right)^x = \left(1 + \frac{1}{u}\right)^{-5u-2} = \left[\left(1 + \frac{1}{u}\right)^u\right]^{-5} \times \left(1 + \frac{1}{u}\right)^{-2}$$

因为当 $x \to \infty$ 时，$u \to \infty$，而 $\lim\limits_{u \to \infty}\left[\left(1+\dfrac{1}{u}\right)^u\right]^{-5} = e^{-5}$，$\lim\limits_{u \to \infty}\left(1+\dfrac{1}{u}\right)^{-2} = \lim\limits_{x \to \infty} \dfrac{1}{\left(1+\dfrac{1}{u}\right)^2} = 1$，

所以
$$\lim_{x \to \infty}\left(\frac{x-3}{x+2}\right)^x = \lim_{u \to \infty}\left[\left(1+\frac{1}{u}\right)^u\right]^{-5} \times \lim_{u \to \infty}\left(1+\frac{1}{u}\right)^{-2}$$
$$= e^{-5} \times 1 = e^{-5}.$$

在极限 $\lim\limits_{x \to \infty}\left(1 + \dfrac{1}{x}\right)^x = e$ 中，我们令 $\dfrac{1}{x} = u$，当 $x \to \infty$ 时，$u \to 0$，因此极限 $\lim\limits_{x \to \infty}\left(1+\dfrac{1}{x}\right)^x = e$ 变形为 $\lim\limits_{u \to 0}(1+u)^{\frac{1}{u}} = e$。这种形式的极限以后也会经常遇到.

由以上讨论可以看出：

$$\lim_{x \to 0} \frac{\sin x}{x} = 1$$

$$\lim_{x \to \infty}\left(1 + \frac{1}{x}\right)^x = e \quad \lim_{x \to 0}(1+x)^{\frac{1}{x}} = e$$

就是说，只要满足以上的形式，公式就是成立的.

【思考题】 1. $\lim\limits_{x \to 0} \dfrac{\sin 2x}{x} = 1$ 对吗？ 2. $\lim\limits_{x \to 0}(1+2x)^{\frac{1}{x}} = e$ 对吗？

【习题 1-6】

1. 求下列各极限.

(1) $\lim\limits_{x \to 0} \dfrac{\sin 2x}{x}$；

(2) $\lim\limits_{x \to 0} \dfrac{\sin 2x}{\sin 3x}$；

(3) $\lim\limits_{x \to \frac{\pi}{2}} \dfrac{\cos x}{\frac{\pi}{2} - x}$；

(4) $\lim\limits_{x \to 0} \dfrac{1 - \cos x}{x^2}$；

(5) $\lim\limits_{x \to \infty} x \sin \dfrac{1}{x}$；

(6) $\lim\limits_{x \to 0} \dfrac{\arcsin x}{x}$；

(7) $\lim\limits_{x \to 0} \dfrac{\sin(\sin x)}{x}$；

(8) $\lim\limits_{x \to \pi} \dfrac{\sin x}{\pi - x}$；

(9) $\lim\limits_{x \to 0} \dfrac{1 - \cos x}{x \sin x}$；

(10) $\lim\limits_{x \to 0} \dfrac{\sqrt{x+1} - 1}{\sin 2x}$；

(11) $\lim\limits_{x\to 0}x\cot 3x$;   (12) $\lim\limits_{x\to 0^+}\dfrac{2x}{\sqrt{1-\cos x}}$.

2. 求下列各极限.

(1) $\lim\limits_{x\to\infty}\left(1+\dfrac{1}{2x}\right)^x$;   (2) $\lim\limits_{x\to 0}\dfrac{\ln(1+x)}{x}$;

(3) $\lim\limits_{x\to 0}(1-x)^{\frac{2}{x}}$;   (4) $\lim\limits_{x\to 0}\sqrt[x]{1-2x}$;

(5) $\lim\limits_{x\to 0}(1+mx)^{\frac{n}{x}}$;   (6) $\lim\limits_{x\to -1}(2+x)^{\frac{2}{x+1}}$;

(7) $\lim\limits_{x\to\infty}\left(\dfrac{x+1}{x-2}\right)^{x+3}$;   (8) $\lim\limits_{x\to\frac{\pi}{2}}(1+\cos x)^{2\sec x}$;

(9) $\lim\limits_{x\to 0}(1+x^2)^{\cot^2 x}$.

*第七节　无穷小量的比较

一、无穷小量的比较

我们已经知道，有限多个无穷小量的和、差和积仍是无穷小量，但是两个无穷小量的商要复杂得多. 例如当 $x\to 0$ 时，$x^2,3x,x$ 都是无穷小量，但

$$\lim_{x\to 0}\dfrac{x^2}{3x}=0,\lim_{x\to 0}\dfrac{x}{x^2}=\infty,\lim_{x\to 0}\dfrac{3x}{x}=3.$$

显然，两个无穷小量的商的极限会出现不同的情况，原因在哪儿呢？首先我们来观察表 1-1.

表 1-1　三个无穷小量趋向于零的快慢程度

x	1	0.5	0.1	0.01	0.001	⋯	→0
$3x$	3	1.5	0.3	0.03	0.003	⋯	→0
x^2	1	0.25	0.01	0.0001	0.000001	⋯	→0

可见，当 $x\to 0$ 时，这三个无穷小量趋向于零的快慢程度不同. x^2 比 $3x$ 更快地趋向于零，而 $3x$ 与 x 趋向于零的快慢程度相仿，$3x$ 比 x^2 更慢地趋向于零. 为了反映无穷小量趋向于零的快慢程度，我们引入无穷小量的阶的概念.

定义 设 $\alpha(x)$ 和 $\beta(x)$ 都是自变量在同一变化趋势下的无穷小量.

(1) 如果 $\lim\dfrac{\beta(x)}{\alpha(x)}=0$，就说 $\beta(x)$ 是比 $\alpha(x)$ 高阶的无穷小或称 $\alpha(x)$ 是比 $\beta(x)$ 低阶的无穷小.

(2) 如果 $\lim\dfrac{\beta(x)}{\alpha(x)}=A\neq 0$，就说 $\beta(x)$ 与 $\alpha(x)$ 是同阶的无穷小.

(3) 特别地，如果 $\lim\dfrac{\beta(x)}{\alpha(x)}=1$，就说 $\beta(x)$ 与 $\alpha(x)$ 是等价无穷小，记作 $\alpha(x)\sim\beta(x)$.

根据以上定义可知，当 $x\to 0$ 时，x^2 是比 $3x$ 高阶的无穷小量，$3x$ 与 x 是同阶的无穷小量，x 与 x^2 是同阶的无穷小量.

【例 27】 比较当 $x\to 2$ 时，无穷小量 $(x-2)^2$ 与 x^3-2x^2 的阶的高低.

解 $\lim_{x \to 2}(x-2)^2 = 0$，$\lim_{x \to 2}(x^3 - 2x^2) = 0$，而

$$\lim_{x \to 2} \frac{(x-2)^2}{x^3 - 2x^2} = \lim_{x \to 2} \frac{(x-2)^2}{x^2(x-2)} = \lim_{x \to 2} \frac{x-2}{x^2} = 0$$

所以，$(x-2)^2$ 是比 $x^3 - 2x^2$ 高阶的无穷小量．

【例 28】 比较当 $x \to 0$ 时，无穷小量 $\frac{1}{1-x} - 1 - x$ 与 x^2 的阶的高低．

解 $\lim_{x \to 0}\left(\frac{1}{1-x} - 1 - x\right) = 0$，$\lim_{x \to 0} x^2 = 0$，而

$$\lim_{x \to 0} \frac{\frac{1}{1-x} - 1 - x}{x^2} = \lim_{x \to 0} \frac{1 - (1+x)(1-x)}{x^2(1-x)} = \lim_{x \to 0} \frac{x^2}{x^2(1-x)} = \lim_{x \to 0} \frac{1}{1-x} = 1$$

所以，当 $x \to 0$ 时，无穷小量 $\frac{1}{1-x} - 1 - x$ 是与 x^2 等价的无穷小量．

高阶无穷小量的概念在微分学中有着十分重要的应用，而等价无穷小量在求极限时能化繁为简，十分有用．

二、无穷小量的等价代换

定理 设 $\alpha_1(x), \beta_1(x), \alpha_2(x), \beta_2(x)$ 为自变量同一变化趋势下的无穷小量，且 $\alpha_1(x) \sim \alpha_2(x)$，$\beta_1(x) \sim \beta_2(x)$，又 $f(x), g(x)$ 是上述自变量变化趋势下的两个函数，若 $\lim \frac{\alpha_1(x) f(x)}{\beta_1(x) g(x)}$ 存在（或为 ∞），则 $\lim \frac{\alpha_2(x) f(x)}{\beta_2(x) g(x)}$ 一定存在（或为 ∞），且

$$\lim \frac{\alpha_1(x) f(x)}{\beta_1(x) g(x)} = \lim \frac{\alpha_2(x) f(x)}{\beta_2(x) g(x)} \text{（或为 } \infty\text{）}$$

证明 因为 $\alpha_1(x) \sim \alpha_2(x), \beta_1(x) \sim \beta_2(x)$，所以 $\lim \frac{\alpha_1(x)}{\alpha_2(x)} = 1$，$\lim \frac{\beta_1(x)}{\beta_2(x)} = 1$，

因而

$$\lim \frac{\alpha_1(x) f(x)}{\beta_1(x) g(x)} = \lim \left[\frac{\alpha_1(x)}{\alpha_2(x)} \times \frac{\beta_2(x)}{\beta_1(x)} \times \frac{\alpha_2(x) f(x)}{\beta_2(x) g(x)}\right]$$

$$= \lim \frac{\alpha_1(x)}{\alpha_2(x)} \times \lim \frac{\beta_2(x)}{\beta_1(x)} \times \lim \frac{\alpha_2(x) f(x)}{\beta_2(x) g(x)}$$

$$= \lim \frac{\alpha_2(x) f(x)}{\beta_2(x) g(x)}$$

上述定理说明，在求商式的极限时，分子或分母有无穷小量的因子时，可以用和它等价的无穷小量代换，这种等价无穷小量代换常常使求极限的计算过程简化．但只能在无穷小量为函数的因式情况下使用，当无穷小量为函数的和、差式的情况下不能用．

从前几节的讨论有下面几个式子成立．

(1) $\lim_{x \to 0} \frac{\sin x}{x} = 1$；　　　　　　　　(2) $\lim_{x \to 0} \frac{\tan x}{x} = 1$；

(3) $\lim_{x \to 0} \frac{1 - \cos x}{\frac{1}{2} x^2} = 1$；　　　　　(4) $\lim_{x \to 0} \frac{\ln(1+x)}{x} = 1$；

(5) $\lim_{x \to 0} \frac{\ln(1+x)}{e^x - 1} = 1$；　　　　　(6) $\lim_{x \to 0} \frac{\arcsin x}{x} = 1$；

(7) $\lim\limits_{x\to 0}\dfrac{\arctan x}{x}=1$; (8) $\lim\limits_{x\to 0}\dfrac{\sqrt[n]{1+x}-1}{\dfrac{x}{n}}=1$;

(9) $\lim\limits_{x\to 0}\dfrac{e^x-1}{x}=1$.

即 $x\to 0$ 时，$x\sim\sin x\sim\tan x\sim\ln(1+x)\sim\arctan x\sim\arcsin x\sim e^x-1$,

$$1-\cos x\sim\dfrac{1}{2}x^2, \quad \sqrt[n]{1+x}-1\sim\dfrac{x}{n}.$$

【例 29】 求极限 $\lim\limits_{x\to 0}\dfrac{\ln(1+x^2)(e^x-1)}{(1-\cos x)\sin 2x}$.

解 因为 $x\to 0$ 时，$e^x-1\sim x$，$\ln(1+x^2)\sim x^2$，$1-\cos x\sim\dfrac{1}{2}x^2$，$\sin 2x\sim 2x$，所以

$$\lim_{x\to 0}\dfrac{\ln(1+x^2)(e^x-1)}{(1-\cos x)\sin 2x}=\lim_{x\to 0}\dfrac{x^2 x}{\dfrac{x^2}{2}2x}=1.$$

【例 30】 求极限 $\lim\limits_{x\to 0}\dfrac{\tan x-\sin x}{\sin^3 x}$.

解
$$\lim_{x\to 0}\dfrac{\tan x-\sin x}{\sin^3 x}=\lim_{x\to 0}\dfrac{\sin x\dfrac{1-\cos x}{\cos x}}{\sin^3 x}=\lim_{x\to 0}\dfrac{1}{\cos x}\times\lim_{x\to 0}\dfrac{1-\cos x}{\sin^2 x}$$

$$=1\times\lim_{x\to 0}\dfrac{\dfrac{1}{2}x^2}{x^2}=\dfrac{1}{2}.$$

注意 等价的无穷小量代换求函数的极限时，只能在无穷小量为函数的因式情况下使用，当无穷小量为函数的和、差式的情况下不能用．如在例 30 中，将 $\tan x\sim x, \sin x\sim x$ 代入分子，得到

$$\lim_{x\to 0}\dfrac{\tan x-\sin x}{\sin^3 x}=\lim_{x\to 0}\dfrac{x-x}{x^3}=0$$

的错误结果．这是由于等价无穷小量代换的式子 $\tan x,\sin x$ 不是函数式的因式造成的．

【思考题】 若 $\lim\dfrac{\alpha_1(x)f(x)}{\beta_1(x)g(x)}$ 存在（或为 ∞），则 $\lim\dfrac{\alpha_2(x)f(x)}{\beta_2(x)g(x)}$ 一定存在（或为 ∞），且 $\lim\dfrac{\alpha_1(x)f(x)}{\beta_1(x)g(x)}=\lim\dfrac{\alpha_2(x)f(x)}{\beta_2(x)g(x)}$（或为 ∞）的前提条件是什么？

【习题 1-7】

1. 指出下列题中的无穷小量为同阶无穷小量、等价无穷小量还是高阶无穷小量．
   (1) 当 $\Delta x\to 0$ 时，$(\Delta x)^2$ 与 $2\Delta x$； (2) 当 $x\to 1$ 时，$1-x$ 与 $1-x^3$；
   (3) 当 $x\to 1$ 时，$\dfrac{1-x}{1+x}$ 与 $1-\sqrt{x}$．

2. 说明：当 $x\to 1$ 时，$1-x$ 与 $1-\sqrt[3]{x}$ 是同阶无穷小．

3. 用等价无穷小代换，求下列极限．
   (1) $\lim\limits_{x\to 0}\dfrac{\tan\alpha x}{\sin\beta x}$； (2) $\lim\limits_{x\to 0}\dfrac{1-\cos mx}{x^2}$；

(3) $\lim\limits_{x\to 0}\dfrac{\sqrt[3]{1+x}-1}{x}$; (4) $\lim\limits_{x\to 0}\dfrac{e^{2x}-1}{x}$.

第八节　函数的连续性

一、函数连续性的概念

1. 函数 $y=f(x)$ 在点 x_0 连续

自然界中有许多现象，如气温的变化，河水的流动，植物的生长等，都是连续地变化着的。这种现象在函数关系上的反映，就是函数的连续性。例如，就气温的变化来看，当时间变动很微小时，气温的变化也很微小，这种特点就是所谓连续性。为了说明函数的连续性，方便起见，我们先引入函数增量的概念。

定义 1　对函数 $y=f(x)$，当自变量 x 由初值 x_0 变到终值 x_1 时，把差 x_1-x_0 称为自变量 x 的增量或改变量，记为 $\Delta x=x_1-x_0$，这时对应的函数值也从 $f(x_0)$ 变到终值 $f(x_1)$，把差 $f(x_1)-f(x_0)$ 称为函数 y 的增量或改变量，记为 $\Delta y=f(x_1)-f(x_0)$。

根据函数增量的定义和函数的连续变化的特征，函数 $y=f(x)$ 在点 x_0 连续的定义又可叙述如下。

定义 2　如果函数 $y=f(x)$ 在点 x_0 的某一邻域内有定义，如果当自变量的增量 $\Delta x\to 0$ 时，对应的函数的增量 $\Delta y\to 0$，则称函数 $y=f(x)$ 在点 x_0 连续。用极限表示 $\lim\limits_{\Delta x\to 0}\Delta y=0$ 或 $\lim\limits_{\Delta x\to 0}[f(x_0+\Delta x)-f(x_0)]=0$。

这表明，函数 $y=f(x)$ 在点 x_0 连续的直观意义是：当自变量的改变量很微小时，函数的相应的改变量也很微小。

如果令 $x=x_0+\Delta x$，则 $f(x)=f(x_0)+\Delta y$，则上述函数函数 $y=f(x)$ 在点 x_0 连续，可叙述如下。

定义 3　如果函数 $f(x)$ 在点 x_0 的某一邻域内有定义，而且函数 $f(x)$ 当 $x\to x_0$ 时的极限存在，且等于它在点 x_0 处的函数值 $f(x_0)$，即 $\lim\limits_{x\to x_0}f(x)=f(x_0)$，那么就称函数 $y=f(x)$ 在点 x_0 连续。

根据上述定义，如果函数 $y=f(x)$ 在点 x_0 连续，必须同时满足三个条件：

(1) 极限 $\lim\limits_{x\to x_0}f(x)$ 存在；

(2) 函数值 $f(x_0)$ 也要存在；

(3) 极限值恰好等于函数值，即 $\lim\limits_{x\to x_0}f(x)=f(x_0)$。

例如，对下列函数求极限。

(1) $y=\dfrac{x^2-1}{x-1}$；　　(2) $y=\begin{cases}\dfrac{x^2-1}{x-1}, & x\neq 1\\ 1, & x=1\end{cases}$；　　(3) $y=x+1$.

上面求极限的例子（3）就满足这三个条件：$\lim\limits_{x\to 1}f(x)=2$，$f(1)=2$，且 $\lim\limits_{x\to 1}f(x)=2=f(1)$，所以该函数在 $x=1$ 处连续。

当函数在某点连续要求的三个条件中至少有一个不满足，那么函数 $f(x)$ 在点 x_0 就是不连续的：①若极限 $\lim\limits_{x\to x_0}f(x)$ 不存在，则 $f(x)$ 在点 x_0 就不连续，如 $y=\dfrac{1}{x-1}$ 在 $x=1$ 处极限不存在，所以就不连续；②若 x_0 处函数值 $f(x_0)$ 不存在，则 $f(x)$ 在点 x_0 也不连续，如例子（1）在 $x=1$ 处没定义，所以也就不连续；③若 $\lim_{x\to x_0}f(x)$ 与 $f(x_0)$ 都存在，但 $\lim_{x\to x_0}f(x)\neq f(x_0)$，则 $f(x)$ 在点 x_0 仍不连续，如例子（2）$\lim_{x\to 1}f(x)=2$，$f(1)=1$，所以这个函数在 $x=1$ 处就不连续.

这三个函数的图像如图 1-13 所示.

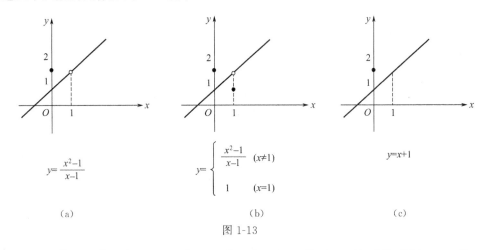

图 1-13

在三个函数的图像（图 1-13）中，函数（1）和函数（2）的图像［图 1-13 的（a）和（b）］都是在点 $x=1$ 处出现"断开"，而函数（3）的图像［图 1-13（c）］是一条没有"断开"的直线，所以函数在某点连续，则函数在这个点的图像一定不是"断开"的曲线.

根据极限与左右极限的关系，我们有下面的函数左连续和右连续的概念.

定义 4 如果 $\lim_{x\to x_0^-}f(x)=f(x_0)$ 成立，就称函数 $f(x)$ 在点 x_0 左连续. 如果 $\lim_{x\to x_0^+}f(x)=f(x_0)$ 成立，就称函数 $f(x)$ 在点 x_0 右连续.

由此可知函数 $f(x)$ 在点 x_0 连续的充要条件是 $\lim_{x\to x_0^-}f(x)=f(x_0)=\lim_{x\to x_0^+}f(x)$.

【例 31】 设函数 $f(x)=\begin{cases}-x+1,x<1\\-x+4,x\geq 1\end{cases}$，判断 $f(x)$ 在 $x=1$ 处的连续性.

解 由于 $\lim_{x\to 1^-}f(x)=0$，$\lim_{x\to 1^+}f(x)=3$，而 $f(1)=3$，所以在 $x=1$ 处，函数 $f(x)$ 右连续，但不左连续，所以函数 $f(x)$ 在 $x=1$ 处不连续.

2. 函数 $f(x)$ 在区间连续

如果函数 $f(x)$ 在开区间 (a,b) 的每一点都连续，就称函数 $f(x)$ 在开区间 (a,b) 连续，或者说函数 $f(x)$ 是开区间 (a,b) 内的连续函数.

如果函数 $f(x)$ 在开区间 (a,b) 连续，又在 a 点处右连续，b 点处左连续，就称函数 $f(x)$ 在闭区间 $[a,b]$ 连续，或者说函数 $f(x)$ 是闭区间 $[a,b]$ 内的连续函数.

在定义区间上的连续的函数简称连续函数.

连续函数的图形是一条连续而不间断的曲线.

如 $y=\dfrac{1}{x}$ 在定义域 $(-\infty,0)\cup(0,+\infty)$ 内每一点都连续，仅在 $x=0$ 处不连续，图像是 $(-\infty,0)$ 与 $(0,+\infty)$ 上的双曲线；函数 $y=2^x$ 和函数 $y=x^3$ 都是定义域 $(-\infty,+\infty)$ 上的连续函数，图像是 $(-\infty,+\infty)$ 的连续曲线；函数 $y=\sqrt{x}$ 在定义域 $[0,+\infty)$ 内，每一点都连续，图像也是 $[0,+\infty)$ 的连续曲线.

【例 32】 证明函数 $y = \sin x$ 在区间 $(-\infty, +\infty)$ 内是连续的.

证明 设 x 是区间 $(-\infty, +\infty)$ 内任意取定的一点 x，当 x 有增量 Δx 时，对应的函数的增量为 $\Delta y = \sin(x + \Delta x) - \sin x$.

由三角函数和差化积公式有 $\Delta y = \sin(x + \Delta x) - \sin x = 2\sin\left(\dfrac{\Delta x}{2}\right)\cos\left(x + \dfrac{\Delta x}{2}\right)$

注意到 $\left|\cos\left(x + \dfrac{\Delta x}{2}\right)\right| \leqslant 1$，得 $|\Delta y| = |\sin(x + \Delta x) - \sin x| \leqslant 2\sin\dfrac{\Delta x}{2}$

因为对于任意的角 α，当 α 时有 $|\sin\alpha| < \alpha$，所以 $0 \leqslant |\Delta y| = |\sin(x + \Delta x) - \sin x| \leqslant |\Delta x|$ 因此，当 $\Delta x \to 0$ 时，由极限的存在准则得 $\Delta y \to 0$，这就证明了 $y = \sin x$ 对于任一 $x \in (-\infty, +\infty)$ 内是连续的. 所以函数 $y = \sin x$ 在区间 $(-\infty, +\infty)$ 内是连续的.

类似地，可以证明，函数 $y = \cos x$ 在区间 $(-\infty, +\infty)$ 是连续的.

二、连续函数的运算

函数的连续性是通过极限来定义的，所以根据极限的运算法则可推得出下列连续函数的性质.

1. 基本初等函数的连续性

基本初等函数在其定义域内都是连续的. 如：

指数函数在 $y = a^x$ ($a > 0, a \neq 1$) 在其定义域 $(-\infty, +\infty)$ 内是连续的；

对数函数 $y = \log_a x$ ($a > 0, a \neq 1$) 在其定义域 $(0, +\infty)$ 内是连续的；

三角函数 $y = \sin x$ 和 $y = \cos x$ 在其定义域 $(-\infty, +\infty)$ 内是连续的；

反正弦函数 $y = \arcsin x$ 在其定义域 $[-1, 1]$ 是连续的，反正切函数 $y = \arctan x$ 在其定义域 $(-\infty, +\infty)$ 内是连续的.

2. 连续函数的四则运算

设函数 $f(x)$ 和 $g(x)$ 都在点 x_0 处连续，那么它们的和、差、积、商（分母不为零）也都在点 x_0 处连续. 即

$$\lim_{x \to x_0} [f(x) \pm g(x)] = f(x_0) \pm g(x_0)$$

$$\lim_{x \to x_0} [f(x)g(x)] = f(x_0)g(x_0)$$

$$\lim_{x \to x_0} \frac{f(x)}{g(x)} = \frac{f(x_0)}{g(x_0)} \, [g(x_0) \neq 0]$$

如函数 $y = \sin x$ 和 $y = \cos x$ 在点 $x = \dfrac{\pi}{4}$ 是连续的，显然它们的和、差、积、商（分母不为零）$\sin x \pm \cos x$，$\sin x \cos x$，$\dfrac{\sin x}{\cos x}$ 在点 $x = \dfrac{\pi}{4}$ 也是连续的.

* 3. 复合函数的连续性

设函数 $u = \varphi(x)$ 在点 $x = x_0$ 处连续，且 $\varphi(x_0) = u_0$，而函数 $y = f(u)$ 在点 $u = u_0$ 处连续，那么复合函数 $y = f[\varphi(x)]$ 在点 $x = x_0$ 处连续.

由此可知，两个连续函数的复合函数仍是连续函数. 一般的，由有限个连续函数经过层层复合所得的复合函数仍是连续函数.

如函数 $u = 2x$ 在点 $x = \dfrac{\pi}{4}$ 连续，当 $x = \dfrac{\pi}{4}$ 时，$u = \dfrac{\pi}{2}$；而 $y = \sin u$ 在点 $u = \dfrac{\pi}{2}$ 连续. 所以 $y = \sin 2x$ 在点 $x = \dfrac{\pi}{4}$ 连续.

* 4. 反函数的连续性

设函数 $y=f(x)$ 在区间 $[a,b]$ 上单调增加（或单调减少）且连续，$f(a)=\alpha, f(b)=\beta$，则它的反函数 $x=\varphi(y)$ 在对应区间 $[\alpha,\beta]$ 上单调增加（或单调减少）且连续.

如函数 $y=\sin x$ 在区间 $\left[-\dfrac{\pi}{2},\dfrac{\pi}{2}\right]$ 上单调增加且连续，其反函数 $x=\arcsin y$ 在 $[-1,1]$ 上单调增加且连续.

指数函数 $y=a^x (a>0, a\neq 1)$ 在其定义域 $(-\infty,+\infty)$ 内单调且连续，其反函数 $y=\log_a x (a>0, a\neq 1)$ 在 $(0,+\infty)$ 内单调且连续.

三、初等函数的连续性

由基本初等函数的连续性、连续函数的和、差、积、商的连续性以及复合函数的连续性可知：一切初等函数在其定义区间内都是连续的.

根据函数 $y=f(x)$ 在点 x_0 连续的定义，如果 $f(x)$ 是初等函数，且 x_0 是 $f(x)$ 定义区间内的点，则求 $f(x)$ 当 $x\to x_0$ 时的极限，只要求 $f(x)$ 点 x_0 的函数值就可以了，即 $\lim\limits_{x\to x_0} f(x)=f(x_0)$.

【例 33】 求 (1) $\lim\limits_{x\to 0}\sqrt{x^2+6}$ ；　　(2) $\lim\limits_{x\to\frac{\pi}{2}}\ln\sin x$ ；

(3) $\lim\limits_{x\to 2}\dfrac{\sqrt{x+7}-3}{x-2}$ ；　　(4) $\lim\limits_{\Delta x\to 0}\dfrac{\sqrt{x+\Delta x}-\sqrt{x}}{\Delta x}$.

解 (1) 函数 $f(x)=\sqrt{x^2+6}$ 是一个初等函数，它的定义区间是 $(-\infty,+\infty)$，而 $x=0$ 在该区间内，所以 $\lim\limits_{x\to 0}\sqrt{x^2+6}=f(0)=\sqrt{6}$

(2) 设函数 $f(x)=\ln\sin x$，$\sin x$ 的定义区间是 $(0,\pi)$，而 $x=\dfrac{\pi}{2}$ 在该区间内，所以

$$\lim_{x\to\frac{\pi}{2}}\ln\sin x=\ln\sin\frac{\pi}{2}=0$$

(3) $\lim\limits_{x\to 2}\dfrac{\sqrt{x+7}-3}{x-2}=\lim\limits_{x\to 2}\dfrac{(\sqrt{x+7}-3)(\sqrt{x+7}+3)}{(x-2)(\sqrt{x+7}+3)}=\lim\limits_{x\to 2}\dfrac{1}{\sqrt{x+7}+3}$

$=\dfrac{1}{\sqrt{2+7}+3}=\dfrac{1}{6}$

(4) $\lim\limits_{\Delta x\to 0}\dfrac{\sqrt{x+\Delta x}-\sqrt{x}}{\Delta x}=\lim\limits_{\Delta x\to 0}\dfrac{(\sqrt{x+\Delta x}-\sqrt{x})(\sqrt{x+\Delta x}+\sqrt{x})}{\Delta x(\sqrt{x+\Delta x}+\sqrt{x})}$

$=\lim\limits_{\Delta x\to 0}\dfrac{1}{(\sqrt{x+\Delta x}+\sqrt{x})}=\dfrac{1}{2\sqrt{x}}$

四、函数的间断点

根据连续的定义，函数 $f(x)$ 在点 x_0 连续，必须同时满足三个条件：

(1) 函数 $y=f(x)$ 在点 x_0 的某一邻域内有定义；

(2) 极限 $\lim\limits_{x\to x_0} f(x)$ 存在；

(3) $\lim\limits_{x\to x_0} f(x)=f(x_0)$ 即极限值等于函数值.

当三个条件中有一个不满足，那么函数 $f(x)$ 在点 x_0 就不连续，点 x_0 就称为函数 $y=f(x)$ 的不连续点或间断点，或者说函数 $f(x)$ 在点 x_0 间断.

由间断的概念可知，若函数 $y=f(x)$ 在点 x_0 无定义，或虽有定义却无极限，或虽有定义又有极限，但极限值不等于函数值，则该点均为函数的间断点.

五、闭区间上连续函数的性质

1. 最大值和最小值性质

定理 在闭区间上连续的函数,在该区间上一定有最大值和最小值.

定理的证明过程从略.下面我们从几何意义上对定理加以解释.如图 1-14 所示,设函数 $f(x)$ 在 $[a,b]$ 上连续,那么在 $[a,b]$ 上至少有一点 $\xi_1(a \leqslant \xi_1 \leqslant b)$,使得函数值 $f(\xi_1)$ 为最大,即 $f(\xi_1) \geqslant f(x)(a \leqslant x \leqslant b)$;又至少有一点 $\xi_2(a \leqslant \xi_2 \leqslant b)$,使得函数值 $f(\xi_2)$ 为最小,即 $f(\xi_2) \leqslant f(x)(a \leqslant x \leqslant b)$,这样的函数值 $f(\xi_1)$ 和 $f(\xi_2)$ 分别称为函数 $f(x)$ 在 $[a,b]$ 上的最大值和最小值.

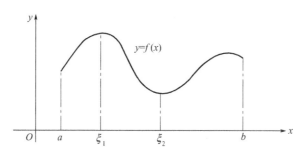

图 1-14

特别地,闭区间上连续的函数,在该区间上一定有界.

如函数 $y = x^2$ 在闭区间 $[-1,1]$ 上连续,在 $\xi_1 = -1$ 和 $\xi_2 = 1$ 处取得最大值 $f(\xi_1) = f(\xi_2) = 1$;在 $\xi_3 = 0$ 处取得最小值 $f(\xi_3) = 0$.

若函数在开区间内连续,则它在该区间内未必取得最大值和最小值.

如函数 $y = \sin x$ 在开区间 $\left(0, \dfrac{\pi}{2}\right)$ 内连续,而它在开区间 $\left(0, \dfrac{\pi}{2}\right)$ 内既无最大值又无最小值.

2. 介值性质

定理 (介值定理)若函数 $f(x)$ 在 $[a,b]$ 上连续,则它在 $[a,b]$ 内能取得介于其最大值和最小值之间的任何值.

特别地,有如下定理.

推论 若函数 $f(x)$ 在 $[a,b]$ 上连续,且 $f(a)$ 与 $f(b)$ 异号,则在开区间 (a,b) 内至少有一点 ξ,使得 $f(\xi) = 0 \, (a < \xi < b)$.如图 1-15 所示.

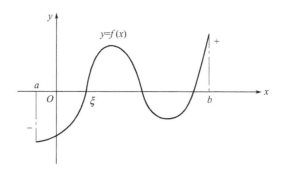

图 1-15

【例 34】 证明方程 $x^3 + x - 1 = 0$ 在 $(0,1)$ 内至少有一个实根.

证明 设 $f(x) = x^3 + x - 1$,因为 $f(0) = -1 < 0, f(1) = 1 > 0$,所以在 $(0,1)$ 内至少有一点 $\xi (0 < \xi < 1)$,使得 $f(\xi) = 0$,即 $\xi^3 + \xi - 1 = 0 \, (0 < \xi < 1)$.这说明方程 $x^3 +$

$x-1=0$ 在 $(0,1)$ 内至少有一个实根.

【思考题】 1. 连续一定可导对吗？那么可导一定连续吗？

2. 初等函数的定义区间就是它的连续区间，这句话对吗？

【习题 1-8】

1. 填空题.

   函数 $f(x)=\dfrac{x^2-1}{x-1}$ 的间断点为 _____，函数 $f(x)=\mathrm{e}^{\frac{1}{x}}$ 的间断点为 _____，

   函数 $f(x)=\begin{cases}x^2+1, & x>0 \\ x-1, & x\leqslant 0\end{cases}$ 的间断点为 _____.

2. 选择题.

   (1) 设 $f(x)=\dfrac{\sin ax}{x}(x\neq 0)$ 在 $x=0$ 处不连续，且 $\lim\limits_{x\to 0}f(x)=-\dfrac{1}{2}$，则 $a=$（   ）.

   A. 2　　　　　　B. -2　　　　　　C. $-\dfrac{1}{2}$　　　　　　D. $\dfrac{1}{2}$

   (2) 方程 $x^4-x-1=0$，至少有一个根的区间是（   ）.

   A. $\left(0,-\dfrac{1}{2}\right)$　　B. $\left(\dfrac{1}{2},1\right)$　　C. $(2,3)$　　D. $(1,2)$

3. 求下列极限.

   (1) $\lim\limits_{x\to 0}\ln\cos x$；

   (2) $\lim\limits_{x\to a}\dfrac{\tan x-\tan a}{x-a}$；

   (3) $\lim\limits_{x\to 0}\ln\dfrac{\sin x}{x}$；

   (4) $\lim\limits_{x\to 0}(1+5\tan^2 x)^{\cot^2 x}$.

【复习题一】

一、选择题

1. 下列函数中 $f(x)$ 和 $g(x)$ 表示同一函数的是（   ）.

   A. $f(x)=\ln x$ 和 $g(x)=\dfrac{1}{2}\ln x^2$　　　　　B. $y=x$ 与 $y=\sqrt{x^2}$

   C. $f(x)=x+1$ 与 $g(x)=\dfrac{x^2-x-2}{x-2}$　　　D. $f(x)=\mathrm{e}^{-\frac{1}{2}\ln x}$ 与 $g(x)=\dfrac{1}{\sqrt{x}}$

2. 函数 $y=\dfrac{1}{\sqrt{x}}\ln(3-x)$ 的定义域为（   ）.

   A. $[0,3)$　　　　B. $(0,3)$　　　　C. $(0,3]$　　　　D. $[0,3]$

3. 已知 $f\left(x+\dfrac{1}{x}\right)=x^2+\dfrac{1}{x^2}$，则 $f(x)$ 等于（   ）.

   A. x^2+2　　　　B. $(x+2)^2$　　　　C. x^2-2　　　　D. $(x-2)^2$

4. 设函数 $y=\arcsin(1-x)+\dfrac{1}{2}\lg\dfrac{1+x}{1-x}$，则其定义域为（   ）.

   A. $[0,2]$　　　　B. $[0,1)$　　　　C. $(0,1)$　　　　D. $(-1,1)$

5. 函数 $y=\ln(1+x^2)$ 的单调增加区间是（   ）.

   A. $(-5,5)$　　　B. $(-\infty,0)$　　　C. $(0,+\infty)$　　　D. $(-\infty,+\infty)$

6. 设 $f(x)=\ln(\sqrt{1+x^2}-x)$ 则 $f(x)$ 为（   ）.

   A. 偶函数　　　　B. 奇函数　　　　C. 非奇非偶函数　　　　D. 不能断定奇偶性

7. 下列极限中（   ）正确.

   A. $\lim\limits_{x\to 0}\dfrac{\sin x^2}{x}=1$ B. $\lim\limits_{x\to 0}\dfrac{\tan x}{x}=1$ C. $\lim\limits_{x\to 0}\dfrac{\sin x}{x^2}=1$ D. $\lim\limits_{x\to\infty}\dfrac{\sin x}{x}=1$

8. 设 $\lim\limits_{x\to x_0}f(x)$ 存在，$\lim\limits_{x\to x_0}g(x)$ 不存在，则 $\lim\limits_{x\to x_0}[f(x)+g(x)]$（   ）.

   A. 存在   B. 不存在   C. 不确定

二、填空题

1. 设 $f(x)=\dfrac{1}{1+x}$，则复合函数 $f[f(x)]=$ _____ .

2. 设函数 $f(x)=\begin{cases}2x+3,& x\leqslant 0\\ x^3,& x>0\end{cases}$，则 $f(-1)+f(2)=$ _____ .

3. 设 $f(x)=\begin{cases}-1,& x>0\\ 1,& x=0\\ 0,& x<0\end{cases}$，则其定义域为 _____ ，值域为 _____ ，

   $f\{f[f(-4)]\}=$ _____ .

4. 当 $x\to\infty$ 时，$f(x)$ 与 $\dfrac{1}{x}$ 相比较是等价的无穷小量，则 $\lim\limits_{x\to\infty}2xf(x)=$ _____ .

5. 若 $\lim\limits_{x\to 2}\dfrac{x^2-x+a}{x-2}=3$，则常数 $a=$ _____ .

6. $\lim\limits_{x\to\infty}\dfrac{\arctan x}{x}=$ _____ .

7. 设函数 $f(x)=\begin{cases}\mathrm{e}^x,& x\leqslant 0\\ a+x,& x>0\end{cases}$ 在 $x=0$ 处连续，则 $a=$ _____ .

三、求下列函数定义域

1. $y=\sqrt{2-x}+\dfrac{1}{\lg(1+x)}$.

2. $y=\dfrac{x}{\tan x}$.

四、

（1）设函数 $f(x-1)=x^2$，求 $f(2x+1)$；

（2）设函数 $f\left(\dfrac{1}{x}\right)=x+\sqrt{x^2+1}$ $(x>0)$，求 $f(x)+f\left(\dfrac{1}{x}\right)$.

五、求极限

1. $\lim\limits_{x\to\frac{\pi}{2}}\ln\sin x$.   2. $\lim\limits_{x\to 1}\left(\dfrac{2}{1-x^2}-\dfrac{1}{1-x}\right)$.   3. $\lim\limits_{x\to 0}\dfrac{\sqrt{x+1}-1}{\sin 2x}$.

4. $\lim\limits_{x\to 1}\dfrac{\sin(x-1)}{x^2+5x-6}$.   5. $\lim\limits_{x\to 1}\left(\dfrac{1}{1-x}-\dfrac{3}{1-x^3}\right)$.   6. $\lim\limits_{x\to 0}(1-x)^{\frac{2}{x}}$.

7. $\lim\limits_{x\to\infty}\dfrac{\sqrt{x^4+1}}{x^2+1}$.   8. $\lim\limits_{x\to 0}\dfrac{1-\cos x}{x\sin x}$.

六、
设 $f(x)=\dfrac{x^2-1}{|x-1|}$，求 $\lim\limits_{x\to 1^+}f(x)$ 及 $\lim\limits_{x\to 1^-}f(x)$，并说明函数 $f(x)$ 在 $x=1$ 处的极限是否存在.

七、
讨论函数 $f(x)=\begin{cases}x\sin\dfrac{1}{x},& x>0\\ 1,& x=0\\ \dfrac{\sin x}{x},& x<0\end{cases}$ 在 $x=0$ 处的连续性.

八、设 $f(x)=\begin{cases}\dfrac{1}{x-3}, & x>2\\ A, & x=2\\ 1-x, & x<2\end{cases}$，求 $f(x)$ 在 $x=2$ 的左右极限，并讨论 A 为何值时，函数 $f(x)$ 在 $x=2$ 处连续．

九、在半径为 r 的球内嵌入一内接圆柱，求圆柱的体积与其高度的函数关系，并求此函数的定义域．

十、要造一个底面为正方形，容积为 500m^3 的长方体无盖蓄水池，设水池四壁和底面每平方米造价均为 a 元，试将蓄水池造价 y（单位：元）表示为底面边长 x（单位：m）的函数．

十一、一个快餐联营公司在某地开设了 40 个营业点，每个营业点每天的平均营业额达 10000 元，对该地区是否开设新营业点的研究表明，每开设一个新营业点，会使每个营业点的平均营业额减少 200 元．求在该公司所有营业点的每日总收入和新开设营业点数目之间的函数关系．

第二章 导数与微分

在本章，我们将在函数与极限的基础上来学习微分学的两个基本概念及其运算——导数和微分、其中，导数是反映函数相对于自变量的变化的快慢程度的概念，即变化率。如：物理学中的物体运动的速度、电流强度、线密度、化学反应速度、物体冷却速率等；社会经济学中人口增长率、经济增长率等；几何学中曲线上切线的斜率等。另一概念——微分反映的是当自变量有微小改变时，函数的变化是多少，即函数的增量的近似值的求法。本章将重点学习导数与微分基本概念及运算方法．

第一节 导数的概念

一、导数的概念

对于函数 $y=f(x)$，$\Delta x = x - x_0$ 叫自变量的增量（其中 x 是 x_0 左右近旁的一个变量），$\Delta y = f(x_0 + \Delta x) - f(x_0)$ 叫函数的增量，$\dfrac{\Delta y}{\Delta x}$ 叫平均变化率，$\lim\limits_{\Delta x \to 0} \dfrac{\Delta y}{\Delta x}$ 叫瞬时变化率即导数。下面用两个实例：变速运动物体的速度与平面曲线切线的斜率来说明导数概念．

引例一：变速直线运动的瞬时速度

对于匀速直线运动来说，有速度：$v = \dfrac{s}{t}$．但是在实际问题中，运动往往是非匀速的，要反映出任何时刻的速度即物体运动的快慢，就需要讨论物体在运动过程中任一时刻的速度，即所谓瞬时速度．

设 s 表示一物体从某时刻开始到时刻 t 作直线运动所经过的路程，则 s 是 t 的函数：$s = s(t)$．现在来确定物体在某一给定时刻 t_0 的速度（瞬时速度），如图 2-1 所示．

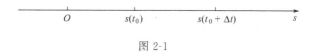

图 2-1

如图 2-1 所示，当时间由 t_0 改变到 $t_0 + \Delta t$ 时，物体在 Δt 这段时间内所经过的距离为
$$\Delta s = s(t_0 + \Delta t) - s(t_0)$$
因此，在 Δt 这段时间内物体的平均速度为：
$$\bar{v} = \frac{\Delta s}{\Delta t} = \frac{s(t_0 + \Delta t) - s(t_0)}{\Delta t}$$

当物体作变速运动时，在一段很短的时间 Δt 内，速度变化不大，可以近似地看作是匀速的．很明显，Δt 越小，$\bar{v}$ 就越接近物体在 t_0 时刻的瞬时速度，$\Delta t \to 0$ 时，如果极限 $\lim\limits_{\Delta t \to 0} \dfrac{\Delta s}{\Delta t}$ 存在，则此极限为物体在 t_0 时刻的瞬时速度，即：
$$v(t_0) = \lim_{t \to t_0} \bar{v} = \lim_{\Delta t \to 0} \frac{\Delta s}{\Delta t} = \lim_{\Delta t \to 0} \frac{s(t_0 + \Delta t) - s(t_0)}{\Delta t}$$

引例二：平面曲线的切线斜率

由中学知识知道了圆周的切线是与圆有惟一交点的直线，但是曲线 $y=f(x)$ 在某点 x_0 的切线是什么样的直线？

设曲线 $y=f(x)$ 上的点 $M(x_0,f(x_0))$，在曲线上再取一点 $M_1(x_0+\Delta x,f(x_0+\Delta x))$.

作割线 $M_0 M_1$. 当点 M_1 沿曲线移动而趋向于 M 时，割线 MM_1 的位置也随之变动. 当点 M_1 沿曲线无限接近于 M 时，割线 MM_1 的极限位置 MT 为曲线在点 M 处的切线.

如图 2-2 所示割线 MM_1 的斜率：

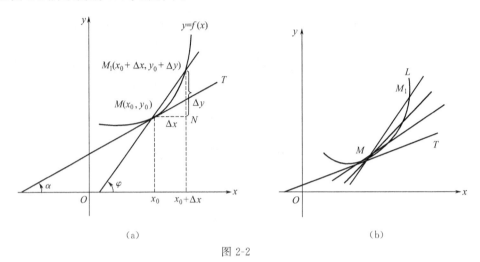

图 2-2

$$k_{MM_1}=\frac{\Delta y}{\Delta x}=\frac{f(\Delta x+x_0)-f(x_0)}{\Delta x}$$

当 $\Delta x \to 0$ 时，M_1 沿曲线 $y=f(x)$ 趋于点 M，从而我们得到切线 MT 的斜率

$$k_{MT}=\lim_{\Delta x \to 0}\frac{\Delta y}{\Delta x}=\lim_{\Delta x \to 0}\frac{f(\Delta x+x_0)-f(x_0)}{\Delta x}$$

以上两个例子说明：求变速直线运动的瞬时速度和曲线在某点的切线斜率这两个问题具体含义不同，但它们的本质是一样的. 在数学上共同表示为一个函数在某点的增量与其自变量增量之比的极限，即函数的变化率. 再如经济中的边际成本、边际利润等也表示经济函数的变化率.

在上面两个具体问题中，尽管实际背景不一样，但从抽象的数学关系来看却是一样的，它们都是计算当自变量改变量趋于零时，函数改变量与自变量改变量比值的极限问题.

1. 函数在点 x_0 处导数的定义

定义 设函数 $y=f(x)$ 在点 x_0 处及其左右有定义，在点 x_0 处给自变量 x 一个改变量 $\Delta x \neq 0$；相应的，函数 y 有改变量 $\Delta y=f(x_0+\Delta x)-f(x_0)$. 如果极限

$$\lim_{\Delta x \to 0}\frac{\Delta y}{\Delta x}=\lim_{\Delta x \to 0}\frac{f(x_0+\Delta x)-f(x_0)}{\Delta x}$$

存在，则称函数 $y=f(x)$ 在点 x_0 处可导，并称此极限值为函数 $y=f(x)$ 在点 x_0 处的导数，或称函数在点 x_0 处的变化率，记作 $f'(x_0)$，也可以记作 $y'|_{x=x_0}$，$\dfrac{\mathrm{d}y}{\mathrm{d}x}\bigg|_{x=x_0}$ 或 $\dfrac{\mathrm{d}f(x)}{\mathrm{d}x}\bigg|_{x=x_0}$.

如果极限不存在，则称函数 $y=f(x)$ 在点 x_0 不可导.

令 $x_0+\Delta x=x$，则当 $\Delta x \to 0$ 时，有 $x \to x_0$，因此在 x_0 处的导数 $f'(x_0)$ 也可表示为：

$$f'(x_0) = \lim_{x \to x_0} \frac{f(x) - f(x_0)}{x - x_0}.$$

根据导数的定义,上述两个实际问题叙述如下.

(1) 作变速直线运动的质点在时刻 t_0 的瞬时速度,就是位置函数 $s = s(t)$ 在 t_0 处对时间 t 的导数,即

$$v(t_0) = \frac{\mathrm{d}s}{\mathrm{d}t}\Big|_{t=t_0}$$

(2) 平面曲线上切线的斜率,就是函数在该点处的导数,即

$$k = f(x_0) = \frac{\mathrm{d}y}{\mathrm{d}x}\Big|_{x=x_0} = \tan\alpha$$

【例 1】 求函数 $y = \sqrt{x}$ 在点 $x_0(x_0 > 0)$ 处的导数.

解 对于自变量 x 的改变量 Δx,相对应的函数改变量为

$$\Delta y = f(x_0 + \Delta x) - f(x_0) = \sqrt{x_0 + \Delta x} - \sqrt{x_0}$$

于是
$$\frac{\Delta y}{\Delta x} = \frac{\sqrt{x_0 + \Delta x} - \sqrt{x_0}}{\Delta x}$$

$$f'(x_0) = \lim_{\Delta x \to 0} \frac{\Delta y}{\Delta x} = \lim_{\Delta x \to 0} \frac{\sqrt{x_0 + \Delta x} - \sqrt{x_0}}{\Delta x} = \lim_{\Delta x \to 0} \frac{1}{\sqrt{x_0 + \Delta x} + \sqrt{x_0}} = \frac{1}{2\sqrt{x_0}}$$

即
$$(\sqrt{x})'\big|_{x=x_0} = \frac{1}{2\sqrt{x_0}}$$

2. 导函数

如果函数 $y = f(x)$ 在区间 (a,b) 内每一点都可导,则称函数 $y = f(x)$ 在区间 (a,b) 内可导. 这时,对于 (a,b) 中的每一个确定的 x 值,都对应着一个确定的函数值 $f'(x)$,于是就确定了一个新的函数,称为函数 $y = f(x)$ 的导函数,用 $f'(x)$,y',$\frac{\mathrm{d}y}{\mathrm{d}x}$ 或 $\frac{\mathrm{d}f(x)}{\mathrm{d}x}$ 等来表示,即

$$f'(x) = \lim_{\Delta x \to 0} \frac{\Delta y}{\Delta x} = \lim_{\Delta x \to 0} \frac{f(x + \Delta x) - f(x)}{\Delta x}, x \in (a,b)$$

在不致发生混淆的情况下,导函数也简称导数.

显然,函数 $y = f(x)$ 在点 x_0 处的导数 $f'(x_0)$,就是导函数 $f'(x)$ 在点 $x = x_0$ 处的函数值. 即

$$f'(x_0) = f'(x)\big|_{x=x_0}.$$

但需注意的是:$f'(x_0) \neq [f(x_0)]'$.

二、求导数的步骤

由导数的定义可知,求 $y = f(x)$ 导数 y' 的一般步骤如下:

(1) 求出 $\Delta y = f(x + \Delta x) - f(x)$;

(2) 计算 $\frac{\Delta y}{\Delta x} = \frac{f(x + \Delta x) - f(x)}{\Delta x}$;

(3) 求出当 $\Delta x \to 0$ 时 $\frac{\Delta y}{\Delta x}$ 的极限,即

$$y' = \lim_{\Delta x \to 0} \frac{\Delta y}{\Delta x} = \lim_{\Delta x \to 0} \frac{f(x+\Delta x) - f(x)}{\Delta x}$$

下面根据这三个步骤来求一些简单函数的导数.

【例 2】 求函数 $y = bx + c$ 的导数（其中 b 与 c 为常数）.

解 求出函数的改变量 $\Delta y = b(x+\Delta x) + c - (bx+c) = b\Delta x$；

算出 $\dfrac{\Delta y}{\Delta x} = \dfrac{b\Delta x}{\Delta x} = b$，则 $y' = \lim\limits_{\Delta x \to 0} \dfrac{\Delta y}{\Delta x} = \lim\limits_{\Delta x \to 0} b = b$.

即 $(bx+c)' = b$.

特别有 $x' = 1$，$c' = 0$（c 为常数）.

这就是说，常数的导数等于零.

【例 3】 求 $y = x^3$ 的导数.

解 $\Delta y = (x+\Delta x)^3 - x^3 = 3x^2\Delta x + 3x(\Delta x)^2 + (\Delta x)^3$

算出 $\dfrac{\Delta y}{\Delta x} = 3x^2 + 3x(\Delta x) + (\Delta x)^2$

则 $y' = \lim\limits_{\Delta x \to 0} \dfrac{\Delta y}{\Delta x} = \lim\limits_{\Delta x \to 0} [3x^2 + 3x(\Delta x) + (\Delta x)^2] = 3x^2$

即 $(x^3)' = 3x^2$

此结果对一般的幂函数 $y = x^\mu$（μ 为实数）均成立，即 $(x^\mu)' = \mu x^{\mu-1}$. 我们将在本章第二节予以证明.

例如，函数 $y = \sqrt{x}$ 的导数为：

$$(\sqrt{x})' = (x^{\frac{1}{2}})' = \frac{1}{2} x^{\frac{1}{2}-1} = \frac{1}{2\sqrt{x}}$$

又如，函数 $y = \dfrac{1}{x}$ 的导数为：

$$\left(\frac{1}{x}\right)' = (x^{-1})' = (-1)x^{-1-1} = -\frac{1}{x^2}$$

【例 4】 求函数 $y = \sin x$ 的导数.

解 $\Delta y = \sin(x+\Delta x) - \sin x = 2\sin\dfrac{\Delta x}{2}\cos\left(x+\dfrac{\Delta x}{2}\right)$

于是 $\dfrac{\Delta y}{\Delta x} = \dfrac{2\sin\dfrac{\Delta x}{2}\cos\left(x+\dfrac{\Delta x}{2}\right)}{\Delta x} = \left(\dfrac{\sin\dfrac{\Delta x}{2}}{\dfrac{\Delta x}{2}}\right)\cos\left(x+\dfrac{\Delta x}{2}\right)$

$\therefore y' = \lim\limits_{\Delta x \to 0} \dfrac{\Delta y}{\Delta x} = \lim\limits_{\Delta x \to 0}\left(\dfrac{\sin\dfrac{\Delta x}{2}}{\dfrac{\Delta x}{2}}\right) \times \lim\limits_{\Delta x \to 0}\cos\left(x+\dfrac{\Delta x}{2}\right) = \cos x$

即 $(\sin x)' = \cos x$

类似地，可以证明余弦函数 $y = \cos x$ 的导数为 $(\cos x)' = -\sin x$.

【例 5】 求函数 $y = \log_a x$（$a > 0, a \neq 1$）的导数.

解
$$\Delta y = \log_a(x+\Delta x) - \log_a x = \log_a\left(1+\frac{\Delta x}{x}\right) = \frac{\ln\left(1+\frac{\Delta x}{x}\right)}{\ln a}$$

于是
$$\frac{\Delta y}{\Delta x} = \frac{\ln\left(1+\frac{\Delta x}{x}\right)}{(\ln a \times \Delta x)} = \frac{\ln\left(1+\frac{\Delta x}{x}\right)}{\left(x\ln a \times \frac{\Delta x}{x}\right)}$$

当 $\Delta x \to 0$ 时，$\ln\left(1+\frac{\Delta x}{x}\right) \sim \frac{\Delta x}{x}$，

$$\therefore y' = \lim_{\Delta x \to 0}\frac{\Delta y}{\Delta x} = \lim_{\Delta x \to 0}\frac{\ln\left(1+\frac{\Delta x}{x}\right)}{\frac{\Delta x}{x}} \times \frac{1}{x\ln a} = \frac{1}{x\ln a},\ \text{即}\ (\log_a x)' = \frac{1}{x\ln a}.$$

当 $a = \mathrm{e}$ 时，得到自然对数函数的导数为 $(\ln x)' = \frac{1}{x}$.

三、导数的几何意义

如图 2-3 所示，在曲线 $y = f(x)$ 上取一个定点 $M(x_0, y_0)$，当 x 由 x_0 变到 $x_0 + \Delta x$ 时，在曲线上相应的由点 $M(x_0, y_0)$ 到 $M_1(x_0 + \Delta x, y_0 + \Delta y)$，连接 M 和 M_1 得到割线 MP，设割线 MM_1 对于 x 轴的倾角为 φ，则割线 MM_1 的斜率 $\tan\varphi = \frac{\Delta y}{\Delta x}$. 当 $\Delta x \to 0$ 时，点 M_1 就趋点 M，而割线 MM_1 就无限趋近于它的极限位置直线 MT，直线 MT 称为曲线 $y = f(x)$ 在点 M 处的切线. 设切线 MT 对 x 轴的倾角为 α，那么当 $\Delta x \to 0$ 时，有 $\varphi \to \alpha$，从而得到：
$$f'(x_0) = \lim_{\Delta x \to 0}\frac{\Delta y}{\Delta x} = \lim_{\Delta x \to 0}\tan\varphi = \lim_{\varphi \to \alpha}\tan\varphi = \tan\alpha.$$

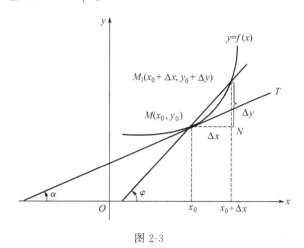

图 2-3

这就是说，函数在点 x_0 处的导数 $f'(x_0)$ 表示曲线 $y = f(x)$ 在点 $M(x_0, f(x_0))$ 处切线的斜率. 若函数 $y = f(x)$ 在点 x_0 处连续，且 $\lim_{\Delta x \to 0}\frac{\Delta y}{\Delta x} = \infty$，此时 $f(x)$ 在点 x_0 处不可导，但曲线 $y = f(x)$ 在点 $M(x_0, f(x_0))$ 处有垂直于 x 轴的切线 $x = x_0$.

过切点 $M(x_0, f(x_0))$ 且垂直于切线的直线称为曲线 $y = f(x)$ 在点 M 处的法线.

若函数 $y = f(x)$ 在点 x_0 处可导，则曲线 $y = f(x)$ 在点 $M(x_0, f(x_0))$ 处切线方程与法线方程分别为

$$y - y_0 = f'(x_0)(x - x_0)$$

$$y - y_0 = -\frac{1}{f'(x_0)}(x - x_0)[f'(x_0) \neq 0]$$

【例 6】 已知曲线 $y = x^2$，试求：(1) 曲线在点 $(1,1)$ 处切线方程与法线方程；(2) 曲线上哪一点处的切线与直线 $y = 4x - 1$ 平行？

解 (1) 根据导数的几何意义，曲线 $y = x^2$ 在点 $(1,1)$ 处切线的斜率为 $y'|_{x=1} = 2$，所以切线方程为 $\quad y - 1 = 2(x - 1) \quad$ 即 $\quad 2x - y - 1 = 0$.

法线方程为 $\quad y - 1 = -\frac{1}{2}(x - 1) \quad$ 即 $\quad x + 2y - 3 = 0$.

(2) 设所求的点为 $M_0(x_0, y_0)$，曲线 $y = x^2$ 在点 (x_0, y_0) 处切线的斜率为

$$y'|_{x=x_0} = 2x|_{x=x_0} = 2x_0$$

切线与直线 $y = 4x - 1$ 平行时，它们的斜率相等，即 $2x_0 = 4$，所以 $x_0 = 2$，此时 $y_0 = 4$，故在点 $M_0(2, 4)$ 处的切线与直线 $y = 4x - 1$ 平行.

四、可导与连续的关系

1. 左导数、右导数

我们知道，函数的导数是比值 $\frac{\Delta y}{\Delta x}$ 当 $\Delta x \to 0$ 时的极限，而极限就有左极限与右极限，即

$$\lim_{\Delta x \to 0^-} \frac{\Delta y}{\Delta x} = \lim_{\Delta x \to 0^-} \frac{f(x_0 + \Delta x) - f(x_0)}{\Delta x}$$

$$\lim_{\Delta x \to 0^+} \frac{\Delta y}{\Delta x} = \lim_{\Delta x \to 0^+} \frac{f(x_0 + \Delta x) - f(x_0)}{\Delta x}$$

分别称为函数 $f(x)$ 在点 x_0 处的左导数、右导数且分别记作 $f'_-(x_0)$ 与 $f'_+(x_0)$. 还可以用以下的公式表示：

$$f'_-(x_0) = \lim_{x \to x_0^-} \frac{f(x) - f(x_0)}{x - x_0}$$

$$f'_+(x_0) = \lim_{x \to x_0^+} \frac{f(x) - f(x_0)}{x - x_0}$$

根据极限与左、右极限的关系，可以得到导数与左、右导数的关系，叙述如下.

定理 若函数 $y = f(x)$ 在点 x_0 处的左导数、右导数存在且相等，则函数 $f(x)$ 在 x_0 可导. 反之也成立.

注意 左、右导数主要用在求分段函数分界点的导数.

2. 函数可导与连续关系

定理 如果函数 $y = f(x)$ 在点 x_0 可导，则 $f(x)$ 在点 x_0 连续.

证明 因为 $y = f(x)$ 在点 x_0 处可导，即 $\lim\limits_{\Delta x \to 0} \frac{\Delta y}{\Delta x} = f'(x_0)$，得

$$\lim_{\Delta x \to 0} \Delta y = \lim_{\Delta x \to 0} \left(\frac{\Delta y}{\Delta x} \Delta x\right) = \lim_{\Delta x \to 0} \frac{\Delta y}{\Delta x} \times \lim_{\Delta x \to 0} \Delta x = f'(x_0) \times 0 = 0$$

这就是说，函数 $y = f(x)$ 在点 x_0 连续.

注意 该定理的逆命题不成立，即 $f(x)$ 在点 x_0 连续，它不一定在该点可导.

【例7】 函数 $y=|x|$ 在 $x=0$ 处连续，但它在 $x=0$ 处不可导。因为在点 $x=0$ 处有

$$\frac{\Delta y}{\Delta x} = \frac{|0+\Delta x|-|0|}{\Delta x} = \frac{|\Delta x|}{\Delta x} = \begin{cases} 1, & \Delta x > 0 \\ -1, & \Delta x < 0 \end{cases}.$$

因而

$$\lim_{\Delta x \to 0^+} \frac{\Delta y}{\Delta x} = 1, \quad \lim_{\Delta x \to 0^-} \frac{\Delta y}{\Delta x} = -1$$

于是

$$\lim_{\Delta x \to 0} \frac{\Delta y}{\Delta x} \text{ 不存在}$$

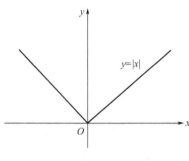

图 2-4

所以函数 $y=|x|$ 在 $x=0$ 处不可导。如图 2-4 所示曲线 $y=|x|$ 在原点处没有切线。由上面的讨论可知，函数在某点连续是函数在该点可导的必要条件，但不是充分条件。

【思考题】 一个函数在某点处的导数和这个函数的导函数有何关系？

【习题 2-1】

1. 选择题

(1) 在下列各式中，（　　）$= f'(x_0)$.

A. $\lim\limits_{\Delta x \to 0} \dfrac{f(x_0+2\Delta x)-f(x_0)}{\Delta x}$　　　　B. $\lim\limits_{\Delta x \to 0} \dfrac{f(x_0-\Delta x)-f(x_0)}{\Delta x}$

C. $\lim\limits_{\Delta x \to 0} \dfrac{f(x_0)-f(x_0+\Delta x)}{\Delta x}$　　　　D. $\lim\limits_{\Delta x \to 0} \dfrac{f(x_0)-f(x_0-\Delta x)}{\Delta x}$

(2) 设 $f(x)$ 为可导函数，则 $\lim\limits_{x \to 0} \dfrac{f(1)-f(1-x)}{2x} = (\quad)$.

A. $f'(x)$　　　　B. $\dfrac{1}{2}f'(1)$　　　　C. $f(1)$　　　　D. $f'(1)$

(3) 设函数 $f(x) = \begin{cases} x\sin x, & x \neq 0 \\ 0, & x = 0 \end{cases}$ 在点 $x=0$ 处（　　）.

A. 不连续　　　　B. 可导　　　　C. 连续但不可导　　　　D. 以上都不对

(4) 设函数 $f(x) = \begin{cases} \ln x, & x \geq 1 \\ x-1, & x < 1 \end{cases}$，则 $f(x)$ 在点 $x=1$（　　）.

A. 不连续　　　　B. 连续但不可导　　　　C. $f'(1)=0$　　　　D. $f'(1)=1$

2. 填空题

(1) $(x^{11})' = \underline{\qquad}$；　　$(\sqrt{x})' = \underline{\qquad}$；　　$(x\sqrt{x})' = \underline{\qquad}$.

(2) 曲线 $y = \sin x$ 在点 $\left(\dfrac{\pi}{6}, \dfrac{1}{2}\right)$ 的切线的切线方程 $\underline{\qquad}$，法线方程 $\underline{\qquad}$.

3. 在抛物线 $y = x^2$ 上取横坐标 $x_1 = 1$ 及 $x_2 = 3$ 两点，作过这两点的割线．问：抛物线上哪一点的切线平行于过这两点的割线？

4. 下列命题是否正确？若不正确举出反例．
   (1) 若函数 $y = f(x)$ 在点 x_0 处不可导，则 $y = f(x)$ 在点 x_0 处一定不连续．
   (2) 若曲线 $y = f(x)$ 处处有切线，则 $y = f(x)$ 必处处可导．

5. 讨论下列函数在指定点处的连续性与可导性．

   (1) $f(x) = \begin{cases} x^2, & x \geq 0 \\ x, & x < 0 \end{cases}$ 在 $x = 0$ 处．

   (2) $g(x) = \begin{cases} x^2 \sin \dfrac{1}{x}, & x \neq 0 \\ 0, & x = 0 \end{cases}$ 在 $x = 0$ 处．

   (3) $h(x) = \begin{cases} \dfrac{\sin(x-1)}{x-1}, & x \neq 1 \\ 0, & x = 1 \end{cases}$ 在 $x = 1$ 处．

第二节　导数的四则运算法则

一、导数的四则运算法则

定理　设函数 $u(x)$ 与 $v(x)$ 在点 x 处可导，则函数 $u \pm v, uv, \dfrac{u}{v}(v \neq 0)$ 在点 x 处也可导，并且有 (1) $(u \pm v)' = u' \pm v'$；(2) $(uv)' = u'v + uv'$；(3) $\left(\dfrac{u}{v}\right)' = \dfrac{u'v - uv'}{v^2}$　($v \neq 0$)．

证明　下面只对定理中的 (2) 给出证明．

设 $y = u(x)v(x)$．给 x 以改变量 Δx，则函数 $u = u(x)$，$v = v(x)$，$y = u(x)v(x)$ 相应的有改变量 Δu，Δv 和 Δy，而

$$\Delta u = u(x + \Delta x) - u(x), \Delta v = v(x + \Delta x) - v(x)$$

于是　　$\Delta y = u(x + \Delta x)v(x + \Delta x) - u(x)v(x)$
$$= u(x + \Delta x)v(x + \Delta x) - u(x)v(x + \Delta x) + u(x)v(x + \Delta x) - u(x)v(x)$$
$$= \Delta u \times v(x + \Delta x) + u(x)\Delta v$$

因而　　$$\dfrac{\Delta y}{\Delta x} = \dfrac{\Delta u}{\Delta x} \times v(x + \Delta x) + u(x) \times \dfrac{\Delta v}{\Delta x}$$

$$\therefore \lim_{\Delta x \to 0} \dfrac{\Delta y}{\Delta x} = \lim_{\Delta x \to 0} \left[\dfrac{\Delta u}{\Delta x} \times v(x + \Delta x) + u(x) \times \dfrac{\Delta v}{\Delta x}\right]$$

因为函数 $u = u(x)$，$v = v(x)$ 在点 x 处可导，即

$$\lim_{\Delta x \to 0} \dfrac{\Delta u}{\Delta x} = u'(x), \lim_{\Delta x \to 0} \dfrac{\Delta v}{\Delta x} = v'(x)$$

又由于在 x 点处可导的函数在点 x 必连续，即

$$\lim_{\Delta x \to 0} v(x + \Delta x) = v(x)$$

$\therefore$　　$$\lim_{\Delta x \to 0} \dfrac{\Delta y}{\Delta x} = \lim_{\Delta x \to 0} \dfrac{\Delta u}{\Delta x} \times \lim_{\Delta x \to 0} v(x + \Delta x) + u(x) \lim_{\Delta x \to 0} \dfrac{\Delta v}{\Delta x}$$

$$= u'(x)v(x) + u(x)v'(x)$$

即
$$(uv)' = u'v + uv'$$

定理中的（1）和（2）可推广到有限个导数的和或乘积的情况，如 $u=u(x)$，$v=v(x)$，$\omega=\omega(x)$ 在点处可导，则 $uv\omega$ 在 x 仍可导，且有

$$(uv\omega)' = u'v\omega + uv'\omega + uv\omega'$$

由定理中的（2）和（3）我们还可得到两个特殊情况：

$$(Cu)' = Cu', \qquad \left(\frac{C}{v}\right)' = -\frac{Cv'}{v^2} (C \text{ 为常数}, v \neq 0)$$

二、导数的四则运算法则的应用举例

【例8】 求函数 $y = x^4 + 7x^3 - x + 10$ 的导数.

解
$$y' = (x^4)' + 7(x^3)' - x' + (10)'$$
$$= 4x^3 + 21x^2 - 1$$

【例9】 求函数 $y = 10x^5 \ln x$ 的导数.

解
$$y' = 10(x^5 \ln x)'$$
$$= 10[(x^5)' \ln x + x^5 (\ln x)']$$
$$= 10\left(5x^4 \ln x + x^5 \frac{1}{x}\right)$$
$$= 10x^4(5\ln x + 1)$$

【例10】 求函数 $y = (\sqrt[3]{x} - 3)\left(\frac{1}{\sqrt[3]{x}} + 3\right)$ 的导数.

解 方法一：可以直接运用导数的求导法则.

$$y' = (\sqrt[3]{x} - 3)'\left(\frac{1}{\sqrt[3]{x}} + 3\right) + (\sqrt[3]{x} - 3)\left(\frac{1}{\sqrt[3]{x}} + 3\right)'$$
$$= \frac{1}{3\sqrt[3]{x^2}}\left(\frac{1}{\sqrt[3]{x}} + 3\right) + (\sqrt[3]{x} - 3)\left(-\frac{1}{3x\sqrt[3]{x}}\right) = \frac{1}{3x} + \frac{1}{\sqrt[3]{x^2}} - \frac{1}{3x} + \frac{1}{x\sqrt[3]{x}}$$
$$= \frac{1}{\sqrt[3]{x^2}} + \frac{1}{x\sqrt[3]{x}}$$

方法二：先化简再求导.

$$y = (\sqrt[3]{x} - 3)\left(\frac{1}{\sqrt[3]{x}} + 3\right) = 1 + 3\sqrt[3]{x} - 3\frac{1}{\sqrt[3]{x}} - 9 = 3x^{\frac{1}{3}} - 3x^{-\frac{1}{3}} - 8$$

所以
$$y' = x^{-\frac{2}{3}} + x^{-\frac{4}{3}} = \frac{1}{\sqrt[3]{x^2}} + \frac{1}{x\sqrt[3]{x}}$$

【例11】 求函数 $y = \frac{x+1}{\sqrt{x}}$ 的导数.

解 方法一：直接运用求导的运算法则.

$$y' = \left(\frac{x+1}{\sqrt{x}}\right)' = \frac{\sqrt{x}(x+1)' - (x+1)(\sqrt{x})'}{x} = \frac{\sqrt{x} - (x+1)/2\sqrt{x}}{x} = \frac{2x - (x+1)}{2x\sqrt{x}}$$
$$= \frac{1}{2x\sqrt{x}}(x-1)$$

方法二：先化简再求导.

$$y = \frac{1}{\sqrt{x}} + \sqrt{x} = x^{-\frac{1}{2}} + x^{\frac{1}{2}}$$

$$y' = -\frac{1}{2}x^{-\frac{3}{2}} + \frac{1}{2}x^{-\frac{1}{2}} = \frac{1}{2x\sqrt{x}}(x-1)$$

注意 若遇到乘积或商的函数求导，能化简的尽量先化简再求导，这样不容易出错．

【例 12】 求函数 $y = \dfrac{x-1}{x+1}$ 的导数．

解 方法一：直接求导．

$$y' = \left(\frac{x-1}{x+1}\right)' = \frac{(x-1)'(x+1) - (x-1)(x+1)'}{(x+1)^2} = \frac{x+1-(x-1)}{(x+1)^2} = \frac{2}{(x+1)^2}$$

方法二：先化简，再求导．

$$y = \frac{x+1-2}{x+1} = 1 - \frac{2}{x+1}，然后用公式 \left(\frac{1}{v}\right)' = -\frac{v'}{v^2} 求导$$

$$y' = \frac{2}{(x+1)^2}$$

【例 13】 求函数 $y = \tan x$ 的导数．

解
$$y' = (\tan x)' = \left(\frac{\sin x}{\cos x}\right)'$$
$$= \frac{(\sin x)' \cos x - \sin x (\cos x)'}{\cos^2 x}$$
$$= \frac{\cos^2 x + \sin^2 x}{\cos^2 x} = \frac{1}{\cos^2 x} = \sec^2 x$$

即
$$(\tan x)' = \sec^2 x$$

用类似的方法，可得
$$(\cot x)' = -\frac{1}{\sin^2 x} = -\csc^2 x$$

【例 14】 求函数 $y = \sec x$ 的导数．

解
$$y' = (\sec x)' = \left(\frac{1}{\cos x}\right)' = -\frac{(\cos x)'}{\cos^2 x} = \frac{\sin x}{\cos^2 x} = \tan x \sec x$$

即
$$(\sec x)' = \tan x \sec x$$

用类似的方法，得
$$(\csc x)' = -\cot x \csc x$$

【思考题】 若 $f(x), g(x)$ 可导且 $g'(x) \neq 0$，则 $\left[\dfrac{f(x)}{g(x)}\right]' = \dfrac{f'(x)}{g'(x)}$ 成立吗？

【习题 2-2】

1. 求下列函数的导数．

(1) $y = x^2 + 2^x + \sqrt{x} + \ln 2$；

(2) $y = (1 + \sqrt{x})\left(1 + \dfrac{1}{\sqrt{x}}\right)$；

(3) $y = 2\tan x + \dfrac{1}{\cos x} - 1$；

(4) $y = \dfrac{1 + x^2 + 2x}{x}$；

(5) $y = \dfrac{1}{x - \sqrt{x^2 - 1}}$；

(6) $y = \dfrac{x}{1+x}$；

(7) $y = x a^x \tan x$．

2. (1) $y = \dfrac{\sin x}{x}$,求 $y'\left(\dfrac{\pi}{2}\right)$;

   (2) $y = (1+x^3)(5-x^{-2})$,求 $y'(1),[y(1)]'$.

3. 求曲线 $y = x^2 + x - 2$ 的切线方程,使该切线平行于直线 $x + y - 2 = 0$.

4. 已知质点做直线运动,其运动规律为 $s = A\sin\left(\dfrac{2\pi}{T}t + \dfrac{\pi}{2}\right)$,其中 A,T 是常数,求质点分别在 $t = \dfrac{T}{4}$ 和 $t = T$ 时的运动速度.

第三节 复合函数的求导法则

先讨论函数 $y = \sin 2x$ 的求导问题.

因为 $y = \sin 2x = 2\sin x \cos x$,于是由导数的四则运算法则,得

$$\dfrac{dy}{dx} = (\sin 2x)' = 2(\sin x \cos x)' = 2[(\sin x)'\cos x + \sin x(\cos x)']$$
$$= 2(\cos^2 x - \sin^2 x) = 2\cos 2x$$

另一方面,$y = \sin 2x$ 是由 $y = \sin u, u = 2x$ 复合而成,

$$\dfrac{dy}{du} = \cos u, \dfrac{du}{dx} = 2$$

于是有

$$\dfrac{dy}{du} \times \dfrac{du}{dx} = 2\cos u = 2\cos 2x$$

从而可得公式

$$\dfrac{dy}{dx} = \dfrac{dy}{du} \times \dfrac{du}{dx}$$

上述公式反映了复合函数的求导规律,一般有如下定理.

定理 如果函数 $u = u(x)$ 在点 x 处可导,函数 $y = f(u)$ 在对应点 u 处可导,则复合函数 $y = f[u(x)]$ 在点 x 处可导,且有

$$\dfrac{dy}{dx} = \dfrac{dy}{du} \times \dfrac{du}{dx}$$

或记为

$$y' = f'[u(x)]u'(x)$$

证明 对应于自变量改变 $\Delta x \neq 0$,中间变量 u 取得改变量 Δu,复合函数 y 取得改变量 Δy.由于函数 $u = u(x)$ 在点 x 处可导,当然连续,从而当 $\Delta x \to 0$ 时,有 $\Delta u \to 0$;由于函数 $y = f(u)$ 在对应点 u 处可导,函数 $u = u(x)$ 在点 x 处可导,

所以

$$y' = \lim_{\Delta x \to 0} \dfrac{\Delta y}{\Delta x} = \lim_{\Delta x \to 0}\left(\dfrac{\Delta y}{\Delta u} \times \dfrac{\Delta u}{\Delta x}\right) = \lim_{\Delta u \to 0}\dfrac{\Delta y}{\Delta u} \times \lim_{\Delta x \to 0}\dfrac{\Delta u}{\Delta x}$$
$$= f'[u(x)]u'(x)$$

这个法则还可以表示为

$$y' = y'_u u'_x, \quad \text{或}\ \dfrac{dy}{dx} = \dfrac{dy}{du} \times \dfrac{du}{dx}$$

它说明:复合函数对自变量的导数等于复合函数对中间变量的导数乘以中间变量对自变

量的导数. 我们也把它形象地称为复合函数的链式求导法则.

【例 15】 求下列函数的导数.

(1) $y = (x^3 - 2)^5$ ；　　　　(2) $y = \sin^2 x$.

解 (1) $y = (x^3 - 2)^5$ 是由 $y = u^5$ 与 $u = x^3 - 2$ 复合而成，而

$$\frac{dy}{du} = 5u^4, \frac{du}{dx} = 3x^2$$

$\therefore \quad \dfrac{dy}{dx} = \dfrac{dy}{du} \times \dfrac{du}{dx} = 5u^4 \times 3x^2 = 15x^2(x^3-2)^4$

(2) $y = \sin^2 x$ 是由 $y = u^2$ 与 $u = \sin x$ 复合而成，而

$$\frac{dy}{du} = 2u, \frac{du}{dx} = \cos x$$

$\therefore \quad \dfrac{dy}{dx} = \dfrac{dy}{du} \times \dfrac{du}{dx} = 2u\cos x = 2\sin x \cos x = \sin 2x$

对于复合函数的复合过程能正确掌握后，可以不必写出中间变量，只要记住复合过程就可以进行复合函数的导数计算.

【例 16】 求函数 $y = \ln\ln x$ 的导数.

解 $\quad y' = \dfrac{1}{\ln x}(\ln x)' = \dfrac{1}{x \ln x}$

【例 17】 求函数 $y = \sin x^3$ 的导数.

解 $\quad y' = \cos x^3 (x^3)' = 3x^2 \cos x^3$

【例 18】 求函数 $y = \sin^2\left(2x + \dfrac{\pi}{3}\right)$ 的导数.

解
$$y' = 2\sin\left(2x + \frac{\pi}{3}\right)\left[\sin\left(2x + \frac{\pi}{3}\right)\right]'$$
$$= 2\sin\left(2x + \frac{\pi}{3}\right)\cos\left(2x + \frac{\pi}{3}\right)\left(2x + \frac{\pi}{3}\right)'$$
$$= 2\sin\left(4x + \frac{2\pi}{3}\right)$$

【例 19】 求函数 $\ln\tan\left(\dfrac{x}{2} + \dfrac{\pi}{4}\right)$ 的导数.

解 $\quad y' = \dfrac{1}{\tan\left(\dfrac{x}{2} + \dfrac{\pi}{4}\right)}\left[\tan\left(\dfrac{x}{2} + \dfrac{\pi}{4}\right)\right]' = \dfrac{1}{\tan\left(\dfrac{x}{2} + \dfrac{\pi}{4}\right)} \times \dfrac{1}{\cos^2\left(\dfrac{x}{2} + \dfrac{\pi}{4}\right)} \times \left(\dfrac{x}{2} + \dfrac{\pi}{4}\right)'$

$\quad = \dfrac{1}{\tan\left(\dfrac{x}{2} + \dfrac{\pi}{4}\right)} \times \dfrac{1}{\cos^2\left(\dfrac{x}{2} + \dfrac{\pi}{4}\right)} \times \dfrac{1}{2} = \dfrac{1}{2\sin\left(\dfrac{x}{2} + \dfrac{\pi}{4}\right)\cos\left(\dfrac{x}{2} + \dfrac{\pi}{4}\right)}$

$\quad = \dfrac{1}{\sin\left(x + \dfrac{\pi}{2}\right)} = \dfrac{1}{\cos x} = \sec x$

【例 20】 求函数 $y = \ln(x + \sqrt{a^2 + x^2})$ 的导数.

解 $\quad y' = \dfrac{1}{x + \sqrt{a^2 + x^2}} \times (x + \sqrt{a^2 + x^2})'$

$$= \frac{1}{x+\sqrt{a^2+x^2}} \times \left[1 + \frac{1}{2\sqrt{a^2+x^2}} \times (a^2+x^2)'\right]$$

$$= \frac{1}{x+\sqrt{a^2+x^2}} \times \left(1 + \frac{x}{\sqrt{a^2+x^2}}\right) = \frac{1}{\sqrt{a^2+x^2}}$$

【例 21】 求函数 $y = \dfrac{1}{x-\sqrt{x^2-1}}$ 的导数.

解 先分母有理化,得

$$y = \frac{x+\sqrt{x^2-1}}{(x-\sqrt{x^2-1})(x+\sqrt{x^2-1})} = x+\sqrt{x^2-1}$$

然后求导数,得

$$y' = 1 + \frac{1}{2\sqrt{x^2-1}}(x^2-1)' = 1 + \frac{x}{\sqrt{x^2-1}}$$

【例 22】 求函数 $y = \ln\sqrt[3]{\dfrac{(x+1)(x+3)}{(x-1)(x-2)}}$ 导数.

解 因为
$$y = \frac{1}{3}[\ln(x+1) + \ln(x+3) - \ln(x-1) - \ln(x-2)]$$

所以
$$y' = \frac{1}{3}\left(\frac{1}{x+1} + \frac{1}{x+3} - \frac{1}{x-1} - \frac{1}{x-2}\right)$$

【例 23】 求 $y = \dfrac{\sin^2 x}{1+\cos 2x}$ 的导数.

解 因为
$$y = \frac{\sin^2 x}{1+\cos 2x} = \frac{\sin^2 x}{1+2\cos^2 x - 1} = \frac{1}{2}\tan^2 x$$

所以
$$y' = \left(\frac{\sin^2 x}{1+\cos 2x}\right)' = \left(\frac{1}{2}\tan^2 x\right)' = \frac{1}{2} \cdot 2\tan x \sec^2 x = \tan x \sec^2 x$$

从以上例题可以看出,求导时若函数可以化简,应先化简后,再求导,可使求导步骤快捷,运算简便.

【思考题】 已知:$y = e^{\sin^2 \frac{1}{x}}$ 则 $y' = e^{\sin^2 \frac{1}{x}} \sin \dfrac{2}{x}$ 对吗?如果不对,错在什么地方?

【习题 2-3】

1. 求下列函数的导数.

   (1) $y = \cos\dfrac{1}{x}$;
   (2) $y = \tan^2 x$;
   (3) $y = \sin(x^2)$;
   (4) $y = \arcsin\sqrt{x}$;
   (5) $y = \sqrt{\arctan x}$;
   (6) $y = \sqrt{1+\ln x}$;
   (7) $y = \sqrt{\ln x + \sqrt{\ln\sqrt{x}}}$;
   (8) $y = \ln(x+\sqrt{1+x^2})$.

2. 已知导数 $\left[f\left(\dfrac{1}{x}\right)\right]' = \dfrac{1}{x^4}$,求 $f'(x)$.

第四节 初等函数的导数

定理 如果函数 $x = \varphi(y)$ 在某一区间单调、可导,且 $\varphi'(y) \neq 0$,则它的反函数 $y =$

$f(x)$ 在对应区间内也可导，且 $f'(x) = \dfrac{1}{\varphi'(y)}$，或记为 $\dfrac{dy}{dx} = \dfrac{1}{\frac{dx}{dy}}$.

证明 因为函数 $x = \varphi(y)$ 可导，则必单调连续，它的反函数 $y = f(x)$ 在对应区间内也单调连续．当 x 有 $\Delta x \neq 0$ 时，由 $y = f(x)$ 的单调性可知：

$$\Delta y = f(x + \Delta x) - f(x) \neq 0,$$

由于有

$$\frac{\Delta y}{\Delta x} = \frac{1}{\frac{\Delta x}{\Delta y}}$$

又由 $y = f(x)$ 的连续性知，当 $\Delta x \to 0$ 时必有 $\Delta y \to 0$，再由函数 $x = \varphi(y)$ 在某一区间单调、可导，且 $\varphi'(y) \neq 0$，于是

$$\lim_{\Delta x \to 0} \frac{\Delta y}{\Delta x} = \lim_{\Delta y \to 0} \frac{1}{\frac{\Delta x}{\Delta y}} = \frac{1}{\varphi'(y)}$$

即

$$f'(x) = \frac{1}{\varphi'(y)}$$

【例 24】 求函数 $y = \arcsin x \ (-1 < x < 1)$ 的导数．

解 $y = \arcsin x$ 是 $x = \sin y$ 的反函数，$x = \sin y$ 在区间 $\left(-\dfrac{\pi}{2}, \dfrac{\pi}{2}\right)$ 内单调、可导，且 $\dfrac{dx}{dy} = \cos y > 0$，因此在对应区间 $(-1, 1)$ 内有

$$\frac{dy}{dx} = \frac{1}{\frac{dx}{dy}} = \frac{1}{\cos y} = \frac{1}{\sqrt{1 - \sin^2 y}} = \frac{1}{\sqrt{1 - x^2}}$$

即

$$(\arcsin x)' = \frac{1}{\sqrt{1 - x^2}} \ (-1 < x < 1)$$

类似地，可得到

$$(\arccos x)' = -\frac{1}{\sqrt{1 - x^2}} \ (-1 < x < 1)$$

【例 25】 求函数 $y = \arctan x \ (-\infty < x < +\infty)$ 的导数．

解 $y = \arctan x$ 是 $x = \tan y$ 的反函数，$x = \tan y$ 在区间 $\left(-\dfrac{\pi}{2}, \dfrac{\pi}{2}\right)$ 内单调、可导，且 $\dfrac{dx}{dy} = \sec^2 y > 0$，因此在对应区间 $(-\infty, \infty)$ 内有

$$\frac{dy}{dx} = \frac{1}{\frac{dx}{dy}} = \frac{1}{\sec^2 y} = \frac{1}{1 + \tan^2 y} = \frac{1}{1 + x^2}$$

即

$$(\arctan x)' = \frac{1}{1 + x^2} \ (-\infty < x < +\infty)$$

类似地，可得到

$$(\text{arccot } x)' = -\frac{1}{1 + x^2} \ (-\infty < x < +\infty)$$

【例 26】 求函数 $y = a^x \ (a > 0, a \neq 1)$ 的导数．

解 $y = a^x$ 是 $x = \log_a y$ 的反函数，而 $x = \log_a y$ 在区间 $(0, +\infty)$ 内单调、可导，且 $\dfrac{dx}{dy} = \dfrac{1}{y \ln a} \neq 0$，因此在对应区间 $(-\infty, +\infty)$ 内有

$$\frac{\mathrm{d}y}{\mathrm{d}x} = \frac{1}{\frac{\mathrm{d}x}{\mathrm{d}y}} = y\ln a = a^x \ln a$$

即
$$(a^x)' = a^x \ln a \ (-\infty < x < +\infty)$$

当 $a = \mathrm{e}$ 时，得
$$(\mathrm{e}^x)' = \mathrm{e}^x \ (-\infty < x < +\infty)$$

【例 27】 求函数 $y = \mathrm{e}^{2x} + \mathrm{e}^{\frac{1}{x}}$ 的导数.

解
$$y' = \mathrm{e}^{2x}(2x)' + \mathrm{e}^{\frac{1}{x}}\left(\frac{1}{x}\right)' = 2\mathrm{e}^{2x} - \frac{1}{x^2}\mathrm{e}^{\frac{1}{x}}$$

【例 28】 求下列函数的导数:

(1) $y = \arcsin\sqrt{x}$; (2) $y = \arctan\dfrac{1}{x}$; (3) $y = \ln\arccos 2x$.

解 (1) $y' = \dfrac{1}{\sqrt{1-(\sqrt{x})^2}}(\sqrt{x})' = \dfrac{1}{\sqrt{1-x}} \times \dfrac{1}{2\sqrt{x}} = \dfrac{1}{2\sqrt{x(1-x)}}$

(2) $y' = \dfrac{1}{1+\left(\dfrac{1}{x}\right)^2} \times \left(\dfrac{1}{x}\right)' = \dfrac{x^2}{1+x^2} \times \left(-\dfrac{1}{x^2}\right) = -\dfrac{1}{1+x^2}$

(3) $y' = \dfrac{1}{\arccos 2x} \times (\arccos 2x)' = \dfrac{1}{\arccos 2x} \times \left(-\dfrac{1}{\sqrt{1-(2x)^2}}\right)(2x)'$

$\qquad = -\dfrac{2}{\sqrt{1-4x^2}\arccos 2x} = -\dfrac{2\sqrt{1-4x^2}}{(1-4x^2)\arccos 2x}$

【例 29】 求函数 $y = \mathrm{e}^{\tan\frac{1}{x}}$ 的导数.

解
$$y' = \mathrm{e}^{\tan\frac{1}{x}}\left(\tan\frac{1}{x}\right)' = \mathrm{e}^{\tan\frac{1}{x}}\sec^2\frac{1}{x}\left(\frac{1}{x}\right)' = -\frac{\mathrm{e}^{\tan\frac{1}{x}}\sec^2\frac{1}{x}}{x^2}$$

【例 30】 已知函数 $f(x)$ 可导，若函数 $y = \mathrm{e}^{f(x^2)}$，求 y'.

解 根据复合函数导数运算法则，得到导数

$$y' = \mathrm{e}^{f(x^2)}[f(x^2)]' = \mathrm{e}^{f(x^2)}f'(x^2)(x^2)'$$
$$= 2xf'(x^2)\mathrm{e}^{f(x^2)}$$

∴ $\qquad f'(x) = 2xf'(x^2)\mathrm{e}^{f(x^2)}$

【例 31】 求下列函数的导数.

(1) $y = \ln\arctan\dfrac{1}{1+x}$; (2) $y = a^{\arctan\sqrt{x}}$.

解 (1) $y' = \dfrac{1}{\arctan\left(\dfrac{1}{1+x}\right)} \times \left(\arctan\dfrac{1}{1+x}\right)' = \dfrac{1}{\arctan\left(\dfrac{1}{1+x}\right)} \times \dfrac{1}{1+\left(\dfrac{1}{1+x}\right)^2} \times \left(\dfrac{1}{1+x}\right)'$

$\qquad = \dfrac{1}{\arctan\left(\dfrac{1}{1+x}\right)} \times \dfrac{(1+x)^2}{1+(1+x)^2} \times \left[-\dfrac{1}{(1+x)^2}\right]$

$\qquad = -\dfrac{1}{(x^2+2x+2)\arctan\left(\dfrac{1}{1+x}\right)}$

(2) $y' = a^{\arctan\sqrt{x}}\ln a \times (\arctan\sqrt{x})'$

$= a^{\arctan\sqrt{x}}\ln a \times \dfrac{1}{1+(\sqrt{x})^2}(\sqrt{x})'$

$= \dfrac{a^{\arctan\sqrt{x}}\ln a}{2\sqrt{x}(1+x)} = \dfrac{\sqrt{x}a^{\arctan\sqrt{x}}\ln a}{2x(1+x)}$

【例 32】 证明 $(x^\mu)' = \mu x^{\mu-1}$（μ 为实数）.

证明 $y = x^\mu = e^{\ln x^\mu} = e^{\mu\ln x}$，由复合函数求导数法则，得

$$y' = (e^{\mu\ln x})' = e^{\mu\ln x}(\mu\ln x)' = x^\mu\mu\dfrac{1}{x} = \mu x^{\mu-1}$$

即 $(x^\mu)' = \mu x^{\mu-1}$

在以上计算过程中，假定 $x > 0$，实际上可以证明对于 $x \leqslant 0$，上述公式仍成立.
综合前面的讨论，我们有以下求导公式和求导法则.

1. 基本初等函数的导数公式

(1) $c' = 0$（c 为常数）；　　　　　　(2) $(x^\mu)' = \mu x^{\mu-1}$；

(3) $(\log_a x)' = \dfrac{1}{x\ln a}$；　　　　　　(4) $(\ln x)' = \dfrac{1}{x}$；

(5) $(a^x)' = a^x\ln a$；　　　　　　(6) $(e^x)' = e^x$；

(7) $(\sin x)' = \cos x$；　　　　　　(8) $(\cos x)' = -\sin x$；

(9) $(\tan x)' = \sec^2 x$；　　　　　　(10) $(\cot x)' = -\csc^2 x$；

(11) $(\sec x)' = \tan x\sec x$；　　　　(12) $(\csc x)' = -\cot x\csc x$；

(13) $(\arcsin x)' = \dfrac{1}{\sqrt{1-x^2}}$；　　　(14) $(\arccos x)' = -\dfrac{1}{\sqrt{1-x^2}}$；

(15) $(\arctan x)' = \dfrac{1}{1+x^2}$；　　　(16) $(\text{arccot}\,x)' = -\dfrac{1}{1+x^2}$.

2. 函数和、差、积、商的求导法则

(1) $(u \pm v)' = u' \pm v'$；　　　　　(2) $(uv)' = u'v + uv'$；

(3) $(Cu)' = Cu'$；　　　　　　　(4) $\left(\dfrac{u}{v}\right)' = \dfrac{u'v - uv'}{v^2}$（$v \neq 0$）.

3. 复合函数的求导法则

设 $y = f(u), u = u(x)$，则复合函数 $y = f[u(x)]$ 的导数为：

$$\dfrac{dy}{dx} = \dfrac{dy}{du} \times \dfrac{du}{dx} \quad \text{或} \quad y' = f'[u(x)]u'(x)$$

4. 反函数的求导法则

设 $y = f(x)$ 的反函数为 $x = \varphi(y)$，则

$$f'(x) = \dfrac{1}{\varphi'(y)} \quad \text{或} \quad \dfrac{dy}{dx} = \dfrac{1}{\dfrac{dx}{dy}}$$

【思考题】 试运用复合函数的求导法则，推出 $y = \arcsin x$ 的反函数的导数公式.

【习题 2-4】

1. 求下列函数的导数.

(1) $y = \arccos 2a$；　　　　　　　　　(2) $y = x\arcsin x$；

(3) $y = \left(\arcsin \dfrac{x}{3}\right)^2$;   (4) $y = \cot^2 \sqrt{1+x^2}$.

2. 设 $f(x)$ 可导，求下列函数的导数 $\dfrac{dy}{dx}$.

(1) $y = f^2(x)$;   (2) $y = f(x^2)$.

3. (1) $y = f[f(\sin x)]$;   (2) $y = f(\sin^2 x) + f(\cos^2 x)$;
   (3) $y = [f(x)]^n$;   (4) $y = f(x^n)$;
   (5) $y = f(e^x)e^{f(x)}$;   (6) $y = \ln f(x)$.

*第五节　高阶导数

函数 $y = f(x)$ 的导数 $f'(x)$ 仍为自变量的函数，如果它也可导，则还可以考虑它的导数.

定义　函数 $y = f(x)$ 的导数 $f'(x)$ 再对自变量 x 求导数，所得到的导数称为 $y = f(x)$ 的二阶导数，记作

$$f''(x), y'', \dfrac{d^2 y}{dx^2}, \quad \text{或} \quad \dfrac{d^2 f}{dx^2}.$$

而称 $f''(x)$ 为函数 $y = f(x)$ 的二阶导数.

类似地，函数 $y = f(x)$ 的 $n-1$ 阶导数的导数称为 $y = f(x)$ 的 n 阶导数，记作

$$f^{(n)}(x), y^{(n)}, \dfrac{d^n y}{dx^n}, \quad \text{或} \quad \dfrac{d^n f}{dx^n}.$$

函数 $y = f(x)$ 具有 n 阶导数也称为 n 阶可导，二阶和二阶以上的导数称为高阶导数. 显然，求高阶导数应用以前学过的求导方法逐步求导即可.

二阶导数具有明显的力学意义，如加速度就是位置函数 $s = s(t)$ 对时间的二阶导数. 即

$$a(t) = v'(t) = [s'(t)]' = s''(t)$$

【**例 33**】　求函数 $y = \sin\ln x$ 的二阶导数.

解
$$y' = \cos\ln x (\ln x)' = \dfrac{\cos\ln x}{x}$$

$$y'' = \dfrac{-\sin\ln x (\ln x)' x - \cos\ln x}{x^2} = -\dfrac{\sin\ln x + \cos\ln x}{x^2}$$

【**例 34**】　已知函数 $f(x)$ 二阶可导，求 $y = \ln f(x)$ 的二阶导数.

解　先求函数的一阶导数　$y' = \dfrac{1}{f(x)} f'(x) = \dfrac{f'(x)}{f(x)}$

再求函数的二阶导数　$y'' = \dfrac{f''(x) f(x) - f'(x) f'(x)}{f^2(x)}$

$$= \dfrac{f''(x) f(x) - [f'(x)]^2}{f^2(x)}$$

【**例 35**】　求函数 $y = a^x$ 的 n 阶导数.

解　$y' = a^x \ln a, y'' = a^x (\ln a)^2, \cdots, y^{(n)} = a^x (\ln a)^n$.

【**例 36**】　求函数 $y = \sin x$ 的 n 阶导数.

解　$y' = \cos x = \sin\left(x + \dfrac{\pi}{2}\right)$

$$y'' = \left[\sin\left(x + \frac{\pi}{2}\right)\right]' = \cos\left(x + \frac{\pi}{2}\right) = \sin\left(x + 2 \times \frac{\pi}{2}\right)$$

$$y''' = \left[\sin\left(x + 2 \times \frac{\pi}{2}\right)\right]' = \cos\left(x + 2 \times \frac{\pi}{2}\right) = \sin\left(x + 3 \times \frac{\pi}{2}\right)$$

$$\vdots$$

$$\therefore y^{(n)} = (\sin x)^n = \sin\left(x + n \times \frac{\pi}{2}\right)$$

同理，可得
$$(\cos x)^n = \cos\left(x + n \times \frac{\pi}{2}\right)$$

【例37】 已知函数 $y = x^n$（n 为正整数），求 n 阶导数 $y^{(n)}$ 与 $n+1$ 阶导数 $y^{(n+1)}$．

解
$$y' = nx^{n-1}$$
$$y'' = n(n-1)x^{n-2}$$
$$y''' = n(n-1)(n-2)x^{n-3} \quad (n \geqslant 3)$$

容易看出：导数的阶数每增加一阶，则导数表达式中自变量 x 的幂次就降低一次，且其系数就增加一个因子，求 n 阶导数时，导数表达式中自变量 x 的幂次共降低 n 次，等于 $n - n = 0$，而系数为前 n 个正整数的连乘积，等于 $n!$．所以 n 阶导数为：

$$y^{(n)} = n!$$

注意到 n 阶导数为常数，所以 $n+1$ 阶导数为：

$$y^{(n+1)} = 0$$

得到的结论可以表达为

$$(x^n)^{(n)} = n!$$
$$(x^m)^{(n)} = 0 \quad （正整数 m < n）$$

【思考题】 变速直线运动的加速度是速度的导数，即路程函数的二阶导数，这句话对吗？

【习题 2-5】

1. 求下列函数的二阶导数．

   (1) $y = \dfrac{1}{x} + 2^x$；
   (2) $y = (1 + x^2)\arctan x$；
   (3) $y = \ln(x + \sqrt{1 + x^2})$；
   (4) $y = e^{-t}\cos 2t$；
   (5) $y = \ln\sqrt{1 - x^2}$；
   (6) $y = x\ln x + 2^{\sin x}$．

2. $y = x^4 + e^x$，求 $y^{(4)}$．

3. $y = (x-1)(x-2)(x-3)(x-4)$，求：$y'(1)$；$y^{(4)}$；$y^{(5)}$．

4. $y = e^{2x-1}$，求 $y^{(n)}$．

5. $y = \dfrac{1}{x(1-x)}$，求 $y^{(n)}$．

6. 求 $y = (1+x)^{n+1}$ 的 n 阶导数．

第六节　隐函数及参数方程所确定的函数的导数

一、隐函数求导法

形如 $F(x, y) = 0$ 的函数称为隐函数．如 $x^2 + 3xy + y = 1$，$xy = e^{x+y}$．前面我们遇到

的绝大部分是形如 $y=f(x)$ 的显函数. 隐函数又分为可化为显函数和不可化为显函数两种类型. 如 $x^2+3xy+y=1$ 可化为 $y=\dfrac{x^2+1}{3x+1}$,而 $xy-\mathrm{e}^x+\mathrm{e}^y=0$ 所确定的函数就不能显化,为此有必要给出隐函数的直接求导法. 具体做法如下.

方程 $F(x,y)=0$ 等号两端皆对自变量 x 求导,y 是 x 的函数,而 $y^2,\ln y,\mathrm{e}^y,\sin y$ 都是 x 的复合函数,根据复合函数求导法则有

$$(y^2)'=2yy'; \qquad (\ln y)'=\frac{1}{y}y'; \qquad (\mathrm{e}^y)'=\mathrm{e}^y y'; \qquad (\sin y)'=\cos y\, y'.$$

而 $(xy)'=y+xy'$; $\quad \left(\dfrac{y}{x}\right)'=\dfrac{y'x-y}{x^2}$; $\quad \left(\dfrac{x}{y}\right)'=\dfrac{y-xy'}{y^2}$.

【例 38】 求由方程 $xy-\mathrm{e}^x+\mathrm{e}^y=0$ 所确定的隐函数的导数.

解 方程 $xy-\mathrm{e}^x+\mathrm{e}^y=0$ 等号两端对 x 求导,

即有
$$y+xy'-\mathrm{e}^x+\mathrm{e}^y y'=0$$

得到
$$xy'+\mathrm{e}^y y'=\mathrm{e}^x-y$$

所以导数
$$y'=\frac{\mathrm{e}^x-y}{x+\mathrm{e}^y}$$

【例 39】 求由方程 $y-x\ln y=0$ 所确定的隐函数的导数.

解 方程 $y-x\ln y=0$ 等号两端对 x 求导,

即有
$$y'-\ln y-x\frac{1}{y}y'=0$$

得到
$$y'-x\frac{1}{y}y'=\ln y$$

所以导数
$$y'=\frac{y\ln y}{y-x}$$

【例 40】 方程 $\mathrm{e}^{xy}=3x+y$ 确定 y 为 x 的函数,求导数值 $y'|_{x=0}$.

解 方程 $\mathrm{e}^{xy}=3x+y$ 等号两端对 x 求导,

即有 $\mathrm{e}^{xy}(y+xy')=3+y'$ 得到 $x\mathrm{e}^{xy}y'-y'=3-y\mathrm{e}^{xy}$

所以导数
$$y'=\frac{3-y\mathrm{e}^{xy}}{x\mathrm{e}^{xy}-1}$$

当 $x=0$ 时,$y=1$. 代入上式,导数值 $y'|_{x=0}=-2$.

【例 41】 求由方程 $y=\tan(x+y)$ 确定的函数 $y=y(x)(y\neq 0)$ 的二阶导数.

解 方程两边分别对 x 求导,有

$$y'=[\sec^2(x+y)](1+y')=(1+y^2)(1+y')$$

整理,得

$$y'=-\frac{1+y^2}{y^2}=-y^{-2}-1\,(y\neq 0)$$

上式两边分别对 x 求导,有

$$y''=2y^{-3}y'$$

将 $y'=-\dfrac{1+y^2}{y^2}=-y^{-2}-1$ 代入 y'',得

$$y'' = -\frac{2}{y^3} \times \left(1 + \frac{1}{y^2}\right)(y \neq 0)$$

*二、对数求导法及求幂指函数的导数

第一种类型函数的求导问题：求函数 $y = f(x)^{g(x)}$（这种形式的函数称为幂指函数）的导数.

【例 42】 设 $y = x^{\sin x}(x > 0)$，求 y'.

解 $y = x^{\sin x}$ 两端取自然对数，

得
$$\ln y = \sin x \ln x$$

上式两端对 x 求导，并注意到左端 y 是 x 的函数，

得
$$\frac{1}{y}y' = \cos x \ln x + \frac{\sin x}{x}$$

$$\therefore y' = y\left(\cos x \ln x + \frac{\sin x}{x}\right) = x^{\sin x}\left(\cos x \ln x + \frac{\sin x}{x}\right)$$

【例 43】 设 $y = (\arctan x)^x(x > 0)$，求 y'.

解 对 $y = (\arctan x)^x$ 两端取自然对数，

得
$$\ln y = x \ln(\arctan x)$$

上式两端对 x 求导，并注意到左端 y 是 x 的函数，

得
$$\frac{1}{y} \times y' = \ln \arctan x + x \times \frac{1}{\arctan x} \times \frac{1}{1+x^2}$$

$$\therefore y' = y\left[\ln \arctan x + \frac{x}{(1+x^2)\arctan x}\right] = (\arctan x)^x\left[\ln \arctan x + \frac{x}{(1+x^2)\arctan x}\right]$$

第二种函数类型的求导问题：由多个因子的积、商、乘方、开方而成的函数的求导问题.

【例 44】 设 $y = (x-1)\sqrt[3]{(3x+1)^2(x-2)}$，求 y'.

解 两端取对数，得

$$\ln y = \ln(x-1) + \frac{2}{3}\ln(3x+1) + \frac{1}{3}\ln(x-2)$$

上式两端对 x 求导，得

$$\frac{1}{y} \times y' = \frac{1}{x-1} + \frac{2}{3} \times \frac{3}{3x+1} + \frac{1}{3} \times \frac{1}{x-2}$$

所以
$$y' = (x-1)\sqrt[3]{(3x+1)^2(x-2)}\left[\frac{1}{x-1} + \frac{2}{3x+1} + \frac{1}{3(x-2)}\right]$$

*三、由参数方程所确定的函数的求导法

一般说来，若参数方程

$$\begin{cases} x = \varphi(t) \\ y = \psi(t) \end{cases} \quad (\alpha \leqslant t \leqslant \beta)$$

确定了 y 是 x 的函数，以下讨论这种函数的求导方法.

若 $x = \varphi(t)$ 存在反函数 $t = \overline{\varphi}(x)$，则参数方程所确定的函数 y 可视为由 $y = \psi(t), t = \overline{\varphi}(x)$ 复合而成的函数，即 $y = \psi[\overline{\varphi}(t)]$. 如果 $x = \varphi(t)$ 与 $y = \psi(t)$ 都可导，且 $\varphi'(t) \neq 0$，则由复合函数与反函数的求导法则，可得：

$$\frac{dy}{dx} = \frac{dy}{dt} \times \frac{dt}{dx} = \psi'(t)\frac{1}{\varphi'(t)} = \frac{\psi'(t)}{\varphi'(t)}$$

这就是由参数方程所确定的函数的求导公式.

如果 $x = \varphi(t), y = \psi(t)$ 具有二阶导数，那么从上式又可得

$$\frac{d^2y}{dx^2} = \frac{d}{dx}\left(\frac{dy}{dx}\right) = \frac{d\left(\frac{\psi'(t)}{\varphi'(t)}\right)}{dx} = \frac{d\left(\frac{\psi'(t)}{\varphi'(t)}\right)}{dt} \times \frac{dt}{dx}$$

$$= \frac{d\left(\frac{\psi'(t)}{\varphi'(t)}\right)}{dt} \times \frac{1}{\frac{dx}{dt}} = \frac{\left(\frac{\psi'(t)}{\varphi'(t)}\right)'}{\varphi'(t)}$$

【例 45】 求由方程 $\begin{cases} x = a\cos t \\ y = b\sin t \end{cases}$ $(0 \leqslant t \leqslant 2\pi)$ 所确定的函数的一阶导数 $\dfrac{dy}{dx}$ 及二阶导数 $\dfrac{d^2y}{dx^2}$.

解 由参数方程的求导公式，得

$$\frac{dy}{dx} = \frac{(b\sin t)'}{(a\cos t)'} = \frac{b\cos t}{-a\sin t} = -\frac{b}{a}\cot t$$

$$\frac{d^2y}{dx^2} = \frac{\left[-\dfrac{b}{a}\cot t\right]'}{(a\cos t)'} = \frac{\dfrac{b}{a}\csc^2 t}{-a\sin t} = -\frac{b}{a^2\sin^3 t}$$

【思考题】 试运用复合函数求导法则，推出 $\begin{cases} y = \varphi(t) \\ x = \psi(t) \end{cases}$ 的导数公式 $\dfrac{dy}{dx} = \dfrac{\varphi'(t)}{\psi'(t)}$.

【习题 2-6】

1. 求由下列方程确定的函数 $y = y(x)$ 的导数.

   (1) $xy = e^{x+y}$；
   (2) $x + y = \ln xy$；
   (3) $2x^2y - xy^2 + y^3 = 0$；
   (4) $\sqrt{x} + \sqrt{y} = a$；
   (5) $\ln\sqrt{x^2+y^2} = \arctan\dfrac{y}{x}$；
   (6) $y = xy + \ln y$；
   (7) $x^2 + 2xy - y^2 = 2x, y'\big|_{(2,0)}$；
   (8) $y\sin x - \cos(x-y) = 0, y'\big|_{(0,\frac{\pi}{2})}$.

2. 利用对数求导法求下列函数的导数.

   (1) $y = (\sin x)^x$；
   (2) $y = (x-1)\sqrt[3]{\dfrac{(x-2)^2}{x-3}}$；
   (3) $x^y = y^x$；
   (4) $y = x^{e^x}$.

3. 求由下列参数方程所确定的函数的导数 y'_x.

   (1) $\begin{cases} x = 2 - 3t + t^3 \\ y = 1 + 2t - t^2 \end{cases}$；
   (2) $\begin{cases} x = a(t - \sin t) \\ y = a(1 - \cos t) \end{cases}$；
   (3) $\begin{cases} x = t - \arctan t \\ y = \ln(1+t^2) \end{cases}, \dfrac{dy}{dx}\bigg|_{t=1}$；
   (4) $\begin{cases} x = e^t\sin t \\ y = e^t\cos t \end{cases}, \dfrac{dy}{dx}\bigg|_{t=\frac{\pi}{4}}$.

4. 求曲线 $x^3 + y^5 + 2xy = 0$ 在点 $(-1, -1)$ 处的切线方程.

5. 求曲线 $\begin{cases} x = t \\ y = t^3 \end{cases}$ 在点 $(1, 1)$ 处的切线方程.

*6. 求下列方程所确定的函数的二阶导数.

   (1) $y^3 - x^2y = 2$；
   (2) $y = x + \arctan y$；

(3) $y = 1 + xe^y$;

(4) $\begin{cases} x = a\cos^3 t \\ y = a\sin^3 t \end{cases}$ （a 为常数）;

(5) $\begin{cases} x = \ln(1+t^2) \\ y = t - \arctan t \end{cases}$;

(6) $\begin{cases} x = at\cos t \\ y = at\sin t \end{cases}$ （a 为常数）.

第七节　微分及其应用

一、微分的概念

【例46】 设正方形的面积函数为 $S = x^2$，当正方形的边长从 x_0 变到 $x_0 + \Delta x$，相应的面积的改变量 $\Delta S = (x_0 + \Delta x) - S(x_0) = 2x_0(\Delta x) + (\Delta x)^2$（图2-5）. 函数改变量 ΔS 分成两部分：一部分是 Δx 的线性函数 $2x_0 \Delta x$；另一部分是关于 Δx 的高阶无穷小 $(\Delta x)^2$.

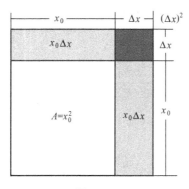

图 2-5

定义 设函数 $y = f(x)$ 在 x_0 处及其左右有定义，若函数的改变量 Δy 可以表示为 Δx 线性函数 $A\Delta x$（A 是不依赖于 Δx 的常数）与一个比 Δx 高阶的无穷小 $o(\Delta x)$ 之和. 即 $\Delta y = A\Delta x + o(\Delta x)$，则称函数 $f(x)$ 在点 x_0 可微，其中 $A\Delta x$ 称为函数 $f(x)$ 在点 x_0 处的微分. 记作 $dy|_{x=x_0}$，即：

$$dy|_{x=x_0} = A\Delta x$$

函数的微分 $A\Delta x$ 是 Δx 线性函数，且与函数的改变量 Δy 相差一个比 Δx 高阶的无穷小. 当 $A \neq 0$ 时，它是 Δy 的主要部分，当 $|\Delta x|$ 很小时，就可以用微分 dy 作为改变量 Δy 的近似值.

函数的微分与函数的导数一样，都是函数在一点的性状，下面的定理给出二者之间的关系.

定理 函数 $f(x)$ 在点 x_0 可微的充要条件是在点 x_0 可导，且微分 $dy|_{x=x_0} = f'(x_0)\Delta x$.

证明 （充分性）若函数 $y = f(x)$ 在 x_0 处可导，则有极限值

$$\lim_{\Delta x \to 0} \frac{\Delta y}{\Delta x} = f'(x_0) \text{（有限值）}$$

$$\therefore \lim_{\Delta x \to 0} \left[\frac{\Delta y}{\Delta x} - f'(x_0)\right] = 0$$

即

$$\lim_{\Delta x \to 0} \frac{\Delta y - f'(x_0)\Delta x}{\Delta x} = 0$$

这说明当 $\Delta x \to 0$ 时，存在常数 $A = f'(x_0)$，使得差 $\Delta y - f'(x_0)\Delta x$ 是比 Δx 高阶的无穷小，由微分定义，函数 $y = f(x)$ 在点 x_0 处可微，且微分

$$\mathrm{d}y|_{x=x_0} = f'(x_0)\Delta x$$

（必要性）若函数 $f(x)$ 在点 x_0 处可微，存在常数 A，使得差 $\Delta y - f'(x_0)\Delta x$ 是比 Δx 高阶的无穷小，即有极限

$$\lim_{\Delta x \to 0} \frac{\Delta y - A\Delta x}{\Delta x} = 0$$

因而有

$$\lim_{\Delta x \to 0}\left(\frac{\Delta y}{\Delta x} - A\right) = 0$$

于是得到极限

$$\lim_{\Delta x \to 0} \frac{\Delta y}{\Delta x} = A,$$

所以函数 $y = f(x)$ 在点 x_0 处可导，且一阶导数值是 $f'(x_0) = A$，由于自变量 x 的微分 $\mathrm{d}x = (x)'\Delta x = \Delta x$，为此函数 $y = f(x)$ 在点 x_0 处微分又可记作

$$\mathrm{d}y|_{x=x_0} = f'(x_0)\mathrm{d}x$$

函数 $y = f(x)$ 在某区间内每一点都可微，则称 $f(x)$ 是该区间的可微函数，函数在任一点的微分可记为

$$\mathrm{d}y = f'(x)\mathrm{d}x$$

由上式可得 $f'(x) = \dfrac{\mathrm{d}y}{\mathrm{d}x}$，所以导数可看作是函数的微分 $\mathrm{d}y$ 与自变量的微分 $\mathrm{d}x$ 的商，故导数也称为微商．

【例 47】 求函数 $y = \mathrm{e}^{\cos x}$ 的微分．

解 计算一阶导数：

$$y' = \mathrm{e}^{\cos x}(\cos x)' = -\mathrm{e}^{\cos x}\sin x$$

所以微分

$$\mathrm{d}y = -\mathrm{e}^{\cos x}\sin x\mathrm{d}x.$$

【例 48】 填空题：微分的比值 $\dfrac{\mathrm{d}(\ln x)}{\mathrm{d}(\sqrt{x})} = $ _____．

解 计算微分：

$$\mathrm{d}(\ln x) = (\ln x)'\mathrm{d}x = \frac{1}{x}\mathrm{d}x$$

$$\mathrm{d}(\sqrt{x}) = (\sqrt{x})'\mathrm{d}x = \frac{1}{2\sqrt{x}}\mathrm{d}x$$

得到微分的比值为：

$$\frac{\mathrm{d}(\ln x)}{\mathrm{d}(\sqrt{x})} = \frac{\dfrac{1}{x}\mathrm{d}x}{\dfrac{1}{2\sqrt{x}}\mathrm{d}x} = \frac{2\sqrt{x}}{x} = \frac{2}{\sqrt{x}}$$

于是应将 $\dfrac{2}{\sqrt{x}}$ 直接填在空内．

【例 49】 方程式 $\sin(x^2 + y) = xy$，确定变量 y 为 x 的函数，求微分 $\mathrm{d}y$．

解 方程式 $\sin(x^2 + y) = xy$ 等号两端皆对自变量 x 求导数，有

$$(2x + y')\cos(x^2 + y) = y + xy'$$

即 $y'\cos(x^2+y) - xy' = y - 2x\cos(x^2+y)$

得到 $[\cos(x^2+y) - x]y' = y - 2x\cos(x^2+y)$

因而一阶导数 $y' = \dfrac{y - 2x\cos(x^2+y)}{\cos(x^2+y) - x}$

所以微分 $dy = \dfrac{y - 2x\cos(x^2+y)}{\cos(x^2+y) - x}dx$

二、微分的基本公式和微分法则

1. 微分的基本公式和微分的四则运算法则

由于 $dy = f'(x)dx$，所以根据基本初等函数的导数公式和导数的四则运算法则，可得到如下基本初等函数的微分公式和微分的四则运算.

微分的基本公式：

(1) $d(c) = 0$（c 为常数）； (2) $d(x^\mu) = \mu x^{\mu-1}dx$；

(3) $d(\log_a x) = \dfrac{1}{x\ln a}dx$； (4) $d(\ln x) = \dfrac{1}{x}dx$；

(5) $d(a^x) = a^x \ln a dx$； (6) $d(e^x) = e^x dx$；

(7) $d(\sin x) = \cos x dx$； (8) $d(\cos x) = -\sin x dx$；

(9) $d(\tan x) = \sec^2 x dx$； (10) $d(\cot x) = -\csc^2 x dx$；

(11) $d(\sec x) = \tan x \sec x dx$； (12) $d(\csc x) = -\cot x \csc x dx$；

(13) $d(\arcsin x) = \dfrac{1}{\sqrt{1-x^2}}dx$； (14) $d(\arccos x) = -\dfrac{1}{\sqrt{1-x^2}}dx$；

(15) $d(\arctan x) = \dfrac{1}{1+x^2}dx$； (16) $d(\text{arccot}\, x) = -\dfrac{1}{1+x^2}dx$.

函数和、差、积、商的微分法则：

(1) $d(u \pm v) = du \pm dv$； (2) $d(uv) = vdu + udv$；

(3) $d(Cu) = Cdu$； (4) $d\left(\dfrac{u}{v}\right) = \dfrac{vdu - udv}{v^2}$ （$v \neq 0$）.

2. 复合函数的微分法则

若函数 $y = f(x)$ 是简单函数，则它的微分为

$$dy = f'(x)dx$$

而对于复合函数 $y = f(u)$，$u = u(x)$，关系式，$dy = f'(u)du$ 是否还成立？

定理 如果函数 $y = f(u)$ 可微，函数 $u = u(x)$ 也可微，则复合函数 $y = f[u(x)]$ 的微分为

$$dy = f'(u)du$$

证明 因为函数 $u = u(x)$ 可微，则 $du = u'(x)dx$，又因为 $y = f(u)$ 也可微，则 $dy = \{f[u(x)]\}'dx = f'[u(x)]u'(x)dx = f'(u)du$.

这个结论称为一阶微分形式不变性，它是求函数的不定积分的换元积分法的理论基础.

【例50】 求函数 $y = e^{\cos x}$ 的微分.

解 利用微分的形式不变性，可得：

$$dy = e^{\cos x}d(\cos x) = -e^{\cos x}\sin x dx$$

所以微分 $dy = -e^{\cos x}\sin x dx$

【例51】 方程式 $\sin(x^2+y) = xy$ 确定变量 y 为 x 的函数，求微分 dy 及 y'.

解 方程式 $\sin(x^2+y)=xy$ 等号两端皆对自变量 x 求微分，有：
$$\cos(x^2+y)\mathrm{d}(x^2+y)=y\mathrm{d}x+x\mathrm{d}y$$

即
$$\cos(x^2+y)\mathrm{d}y-x\mathrm{d}y=y\mathrm{d}x-2x\cos(x^2+y)\mathrm{d}x$$
$$[\cos(x^2+y)-x]\mathrm{d}y=y-2x\cos(x^2+y)\mathrm{d}x$$

故
$$\mathrm{d}y=\frac{y-2x\cos(x^2+y)}{\cos(x^2+y)-x}\mathrm{d}x$$

所以
$$y'=\frac{\mathrm{d}y}{\mathrm{d}x}=\frac{y-2x\cos(x^2+y)}{\cos(x^2+y)-x}$$

*三、微分在近似计算中的应用

设 $y=f(x)$ 在点 x_0 可导，且 $|\Delta x|$ 很小时，则有 $\Delta y\approx \mathrm{d}y=f'(x_0)\Delta x$
利用上式我们可求 Δy 的近似值．即：
$$\Delta y\approx f'(x_0)\Delta x$$

另一方面由
$$\Delta y=f(x_0+\Delta x)-f(x_0)\approx f'(x_0)\Delta x$$

则
$$f(x_0+\Delta x)\approx f(x_0)+f'(x_0)\Delta x$$

在上式中，令 $x_0+\Delta x=x$

则又有
$$f(x)\approx f(x_0)+f'(x_0)(x-x_0)$$

利用上述近似公式我们又可求 $\Delta y, f(x_0+\Delta x)$ 或 $f(x)$ 的近似值．

【例 52】 在体积为 $1000(\mathrm{cm}^2)$ 的立方体的表面上均匀地涂上一层薄膜，立方体的体积增加 $3\mathrm{cm}^3$．求薄膜的厚度 ΔA．

解 $\Delta A=\sqrt[3]{1003}-\sqrt[3]{1000}=10\sqrt[3]{1.003}-10$．令 $f(x)=10\sqrt[3]{x}$，

则
$$\Delta A=f(1.003)-f(1)\approx f'(1)\times(1.003-1)$$
$$=\frac{10}{3}\times 0.003=0.01(\mathrm{cm})$$

即薄膜的厚度约 $0.01\mathrm{cm}$．

【例 53】 求 $\arctan 1.05$ 的近似值．

解 设函数 $y=f(x)=\arctan x$．取 $x_0=1, \Delta x=0.05, x_0+\Delta x=1.05$．

因为
$$f'(x)=\frac{1}{1+x^2}, f(1)=\frac{\pi}{4}, f'(1)=\frac{1}{2}．$$

所以
$$f(1.05)=f(1+0.05)\approx f(1)+f'(1)\Delta x$$

则
$$\arctan 1.05\approx \frac{\pi}{4}+\frac{1}{2}\times 0.05=0.8104$$

即
$$\arctan 1.05\approx 46°26'$$

【思考题】 微分就是函数改变量的近似表达，这句话对吗？

习题 2-7

1. 分别求出函数 $y=x^2+x$，当 $x=2$，而 $\Delta x=0.1, 0.01$ 和 0.001 时的改变量及微分，并加以比较．

2. 求下列函数的微分.

    (1) $y=\dfrac{x}{1-x}$;

    (2) $y=\dfrac{x}{\sin x}$;

(3) $y = \ln\left(\sin\dfrac{x}{2}\right)$；　　　　　　　　(4) $y = \arcsin\sqrt{1-x^2}$；

(5) $y = e^{-x}\sin 4x$；　　　　　　　　　(6) $y = \cot^2 x + \cos^2 x$；

(7) $y = e^{\sin 3x}$；　　　　　　　　　　　(8) $y = 1 + xe^y$；

(9) $y = \cos xy - x$；　　　　　　　　　(10) $e^{x+y} - xy = 0$.

3. 将适当的函数填入括号内使等式成立.

(1) $x\mathrm{d}x = \mathrm{d}(\quad)$；　　　　　　　　(2) $\mathrm{d}(\quad) = \dfrac{1}{1+x}\mathrm{d}x$；

(3) $\mathrm{d}(\quad) = \sin 2x\mathrm{d}x$；　　　　　　(4) $\mathrm{d}(\quad) = e^{-3x}\mathrm{d}x$；

(5) $\mathrm{d}(\arctan e^{2x}) = (\quad)\mathrm{d}e^{2x} = (\quad)\mathrm{d}x$；

(6) $\mathrm{d}[\sin(\cos x)] = (\quad)\mathrm{d}\cos x = (\quad)\mathrm{d}x$；

(7) $\dfrac{\ln x}{x}\mathrm{d}x = (\quad)\mathrm{d}\ln x = (\quad)\mathrm{d}x$；

(8) $-2xe^{-x^2}\mathrm{d}x = (\quad)e^{-x^2}\mathrm{d}(\quad) = \mathrm{d}(\quad)$.

4. 用微分求由方程 $x + y = \arctan(x - y)$ 确定的函数 $y = y(x)$ 的导数.

5. 当 $|x|$ 很小时，证明下列近似公式.

(1) $\ln(1+x) \approx x$；　　　　　　　　(2) $\dfrac{1}{1+x} \approx 1 - x$.

6. 利用微分求近似值.

(1) $\sqrt[5]{0.95}$；　　　　　　　　　　　(2) $e^{0.01}$；

(3) $\ln 1.01$；　　　　　　　　　　　(4) $\tan 46°$；

(5) $\arctan 1.02$；　　　　　　　　　(6) $\sqrt[3]{994}$.

7. 设扇形的圆心角 $\alpha = 60°$，半径 $R = 100\mathrm{cm}$，如果 R 不变，圆心角 α 增加了 $30'$，问扇形面积大约增加多少？若不改变 α，半径 R 增加 $1\mathrm{cm}$，问扇形面积大约增加多少？

8. 已知单摆的运动周期 $T = 2\pi\sqrt{\dfrac{l}{g}}$（其中 $g = 980\mathrm{cm/s^2}$），若摆长 l 由 $20\mathrm{cm}$ 增加到 $20.1\mathrm{cm}$，问周期大约变化多大？

【复习题二】

一、判断是非题

1. 导数值 $f'(x_0) = \lim\limits_{h \to 0}\dfrac{f(x_0 + 2h) - f(x_0)}{2h}$. （　　）

2. 导数值 $f'(0) = \lim\limits_{x \to 0}\dfrac{f(x) - f(0)}{x}$. （　　）

3. 函数 $f(x)$ 在点 x_0 处可导是其在点 x_0 处连续的充分而非必要条件. （　　）

4. 导数值 $f'(x_0) = [f(x_0)]'$. （　　）

二、填空题

1. 若极限 $\lim\limits_{\Delta x \to 0}\dfrac{f(x_0 + 2\Delta x) - f(x_0)}{\Delta x} = \dfrac{1}{2}$，则导数值 $f'(x_0) = $ _____.

2. 设函数 $f(x)$ 满足关系式：$f(x) = f(0) + 2x + a(x)$，且极限 $\lim\limits_{x \to 0}\dfrac{a(x)}{x} = 0$，则导数值 $f'(0) = $ _____.

3. 已知函数 $f(x)$ 在点 $x = 2$ 处可导，若极限 $\lim\limits_{x \to 2} f(x) = -1$，则函数值 $f(2) = $

4. 已知函数 $y = x(x-1)(x-2)(x-3)$，则导数 $\dfrac{dy}{dx}\bigg|_{x=3} = $ _____.

5. 已知复合函数 $f(\sqrt{x}) = \arctan x$，则导数 $f'(x) = $ _____.

6. 已知函数 $y = a^x (a > 0, a \neq 1)$，则 n 阶导数 $y^{(n)} = $ _____.

7. 函数 $y = \sqrt{1+x}$ 在点 $x = 0$ 处、当 $\Delta x = 0.04$ 时的微分值为 _____.

8. 设函数 $f(x) = \begin{cases} x^2 \sin \dfrac{1}{x}, & x \neq 0 \\ 0, & x = 0 \end{cases}$. 求 $f'(0) = $ _____.

9. 已知 $f(u)$ 是可导函数，则 $\dfrac{df(x^2)}{dx} = $ _____.

10. 抛物线 $y^2 = 2px (p > 0)$ 在点 $M\left(\dfrac{p}{2}, p\right)$ 处的切线方程是 _____.

11. 设 $f(e^x) = e^{2x} + 5e^x$，求 $\dfrac{df(\ln x)}{dx} = $ _____.

12. 半径为 R 的气球受热膨胀，半径的增量为 ΔR，则 $\Delta V \approx $ _____.

三、选择题

1. 已知函数 $f(x)$ 在点 x_0 处可导，则下列极限中（　　）等于导数值 $f'(x_0)$.

   A. $\lim\limits_{h \to 0} \dfrac{f(x_0 + 2h) - f(x_0)}{h}$　　　　B. $\lim\limits_{h \to 0} \dfrac{f(x_0 - 3h) - f(x_0)}{h}$

   C. $\lim\limits_{h \to 0} \dfrac{f(x_0) - f(x_0 - h)}{h}$　　　　D. $\lim\limits_{h \to 0} \dfrac{f(x_0) - f(x_0 + h)}{h}$

2. 已知函数值 $f(0) = 0$，若极限 $\lim\limits_{x \to 0} \dfrac{f\left(\frac{1}{2}x\right)}{x} = 2$，则导数值 $f'(0) = $（　　）.

   A. $\dfrac{1}{4}$　　　　B. 4　　　　C. $\dfrac{1}{2}$　　　　D. 2

3. 下列函数中（　　）在点 $x = 0$ 处的导数值等于零.

   A. $y = x + 2x^2$　　B. $y = x - \arctan x$　　C. $y = xe^x$　　D. $y = \dfrac{x}{\cos x}$

4. 已知函数 $f(x)$ 二阶可导，若函数 $y = f(2x)$，则二阶导数 $y'' = $（　　）.

   A. $f''(2x)$　　B. $2f''(2x)$　　C. $4f''(2x)$　　D. $8f''(2x)$

5. 下列函数中（　　）在点 $x = 0$ 处连续但不可导.

   A. $y = \dfrac{1}{x}$　　B. $y = |x|$　　C. $y = e^{-x}$　　D. $y = \ln x$

6. 已知函数 $y = f(e^x)$ 可微，则下列微分表达式中（　　）不成立.

   A. $dy = [f(e^x)]' dx$　　　　B. $dy = f'(e^x) e^x dx$

   C. $dy = [f(e^x)]' d(e^x)$　　　D. $dy = f'(e^x) d(e^x)$

7. 设 $f(0) = 0$ 且极限 $\lim\limits_{x \to 0} \dfrac{f(x)}{x}$ 存在，求 $\lim\limits_{x \to 0} \dfrac{f(x)}{x} = $（　　）.

   A. $f(0)$　　B. $f'(0)$　　C. $f'(x)$　　D. 0

8. 下列论断中，（　　）是正确的.

   A. 若 $f(x)$ 在点 x_0 有极限，则 $f(x)$ 在点 x_0 可导

   B. 若 $f(x)$ 在点 x_0 连续，则 $f(x)$ 在点 x_0 可导

C. 若 $f(x)$ 在点 x_0 可导，则 $f(x)$ 在点 x_0 有极限

D. 若 $f(x)$ 在点 x_0 处不可导，则 $f(x)$ 在点 x_0 处不连续但有极限

9. $f(x)$ 在点 x_0 可微，则 $\Delta y - \mathrm{d}y$ 是 Δx 的（　　）.

　　A. 同阶无穷小　　　B. 等价无穷小　　　C. 高阶无穷小　　　D. 以上都不对

10. 已知函数 $f(x) = \begin{cases} 1-x, & x \leqslant 0 \\ \mathrm{e}^{-x}, & x > 0 \end{cases}$. 则 $f(x)$ 在点 $x = 0$ 处（　　）.

　　A. 不可导　　　B. 连续但不可导　　　C. $f'(0) = -1$　　　D. $f'(0) = 1$

11. 设 $y = \ln|x|$，则 $\mathrm{d}y = ($　　$)$.

　　A. $\dfrac{1}{|x|}\mathrm{d}x$　　　B. $-\dfrac{1}{|x|}\mathrm{d}x$　　　C. $\dfrac{1}{x}\mathrm{d}x$　　　D. $-\dfrac{1}{x}\mathrm{d}x$

12. 设 $f(x+1) = \dfrac{1}{x+2}(x \neq -1)$，则 $f'(x) = ($　　$)$.

　　A. $\dfrac{1}{(x+1)^2}$　　　B. $-\dfrac{1}{(x+1)^2}$　　　C. $\dfrac{1}{x+1}$　　　D. $-\dfrac{1}{x+1}$

四、求下列函数的导数或微分

1. $y = x(\arcsin x)^2 + 2\sqrt{1-x^2}\arcsin x - 2x$，求 y'.

2. $y = \sqrt{x}\ln(1+x) - 2\sqrt{x} + 2\arctan\sqrt{x}$，求 y'.

3. $y = \dfrac{1+x^2}{2}(\arctan x)^2 - x\arctan x + \dfrac{1}{2}\ln(1+x^2)$，求 y'.

4. $y = \dfrac{1}{2}\ln(1+\mathrm{e}^{2x}) - x + \mathrm{e}^{-x}\arctan \mathrm{e}^x$，求 y'.

5. $\sin y + \mathrm{e}^x - xy^2 = \mathrm{e}$，求 y'.

6. $y = \arctan\dfrac{x}{y}$，求 $\mathrm{d}y$.

7. $y = x^{2x} + x$.

8. $\begin{cases} x = 2\sin t \\ y = \cos 2t \end{cases}$，求 y'.

9. $\begin{cases} x = 1 - t^2 \\ y = t - t^3 \end{cases}$，求 y'.

*五、(1) $y = \dfrac{1}{x(1-x)}$ 求 $y^{(n)}$.

　　(2) 求 $y = (1+x)^{n+1}$ 的 n 阶导数.

*六、讨论下列分段函数在分界点 $x = 0$ 处的可导性.

1. $f(x) = \begin{cases} \dfrac{1}{x}\sin^2 x, & x \neq 0 \\ 0, & x = 0 \end{cases}$.

2. $f(x) = \begin{cases} -x^2, & x < 0 \\ \ln(1+x), & x \geqslant 0 \end{cases}$.

七、设曲线 $y = 2x^2 + 3x - 26$ 上点 M 处的切线斜率为 15，求点 M 的坐标.

八、设 $y = y(x)$ 由方程 $xy + \mathrm{e}^{y^2} - x - 1 = 0$ 确定，求曲线 $y = y(x)$ 在 $(0, -1)$ 处的切线方程.

九、求曲线 $\begin{cases} x = 2\sin t \\ y = \cos 2t \end{cases}$ 在 $t = \dfrac{\pi}{4}$ 处的切线方程和法线方程.

* 十、设用 t 表示时间,u 表示某物体的温度,V 表示该物体的体积,温度 u 随时间 t 变化,变化规律为 $u=1+2t$,体积 V 随温度 u 变化,变化规律为 $V=10+\sqrt{u-1}$. 试求当 $t=5$ 时,物体的体积增加的变化率.

* 十一、有一薄壁圆管,内径为 120mm,厚为 3mm,用微分求其截面的近似值.

* 十二、设 $y=e^{-2x}$,求 $y^{(n)}$.

第三章 导数的应用

在自然科学与工程技术的所有领域几乎都有导数的应用,而且导数作为自然科学与工程技术的运算和理论工具显得越来越重要.本章将在介绍微分学中值定理的基础上,引出计算未定式极限的方法——洛必达法则,并以导数为工具,讨论函数的极值、单调性及其图形的形态,在此基础上描绘函数的图像,并用导数解决一些常见的关于求最大值或最小值的应用问题.

第一节 微分中值定理

一、罗尔定理

罗尔定理 如果函数 $y=f(x)$ 在闭区间 $[a,b]$ 上连续,在开区间 (a,b) 内可导,且 $f(a)=f(b)$,那么在 (a,b) 内至少存在一点 ξ,使得 $f'(\xi)=0$.

罗尔定理的几何意义:对于在 $[a,b]$ 上每一点都有不垂直于 x 轴的切线的连续曲线 $f(x)$,且两端点的连线与 x 轴平行的不间断的曲线 $f(x)$ 来说,至少存在一点 C,曲线 $y=f(x)$ 在该点处的切线平行于 x 轴.如图 3-1 所示.

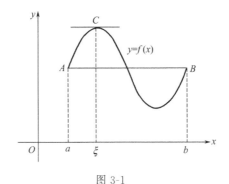

图 3-1

【例 1】 验证罗尔定理对 $f(x)=x^2-2x-3$ 在区间 $[-1,3]$ 上的正确性.

解 显然 $f(x)=x^2-2x-3=(x-3)(x+1)$ 在 $[-1,3]$ 上连续,在 $(-1,3)$ 上可导,且 $f(-1)=f(3)=0$,又 $f'(x)=2(x-1)$,有点 $\xi=1[1\in(-1,3)]$,满足 $f'(\xi)=0$.

说明 ① 若罗尔定理的三个条件中有一个不满足,其结论可能不成立;
② 使得定理成立的 ξ 可能多于一个,也可能只有一个.

例如 $y=|x|$, $x\in[-2,2]$,在 $[-2,2]$ 上除 $f'(0)$ 不存在外,满足罗尔定理的一切条件,但在区间 $[-2,2]$ 内找不到一点能使 $f'(x)=0$.

罗尔定理的应用:
(1) 可用于讨论方程只有一个根;(2) 可用于证明等式.

【例 2】 证明方程 $x^5-5x+1=0$ 有且仅有一个小于 1 的正实根.

证明 设 $f(x)=x^5-5x+1$，则 $f(x)$ 在 $[0,1]$ 上连续，且 $f(0)=1$，$f(1)=-3$. 由介值定理存在 $x_0\in(0,1)$ 使 $f(x_0)=0$，即 x_0 为方程的小于 1 的正实根.

设另有 $x_1\in(0,1)$，$x_1\ne x_0$ 使 $f(x_1)=0$ 因为 $f(x)$ 在 x_0,x_1 之间满足罗尔定理的条件，所以至少存在一个 ξ（在 x_0,x_1 之间）使得 $f'(\xi)=0$.

但 $f'(x)=5(x^4-1)<0\ [x\in(0,1)]$，矛盾，所以 x_0 为方程的惟一实根.

在实际应用中，由于罗尔定理的条件中 $f(a)=f(b)$ 有时不能满足，使得其应用受到一定限制. 如果将条件 $f(a)=f(b)$ 去掉，就是下面要介绍的拉格朗日中值定理.

二、拉格朗日中值定理

拉格朗日定理 如果函数 $f(x)$ 满足：

(1) 在闭区间 $[a,b]$ 上连续；

(2) 在开区间 (a,b) 内可导，那么在 (a,b) 内至少有一点 ξ，使得等式

$$f'(\xi)=\frac{f(b)-f(a)}{b-a}$$

成立.

上式也可写成 $\qquad f(b)-f(a)=f'(\xi)(b-a)$

拉格朗日中值定理的几何意义，即对于在 $[a,b]$ 上每一点都有不垂直于 x 轴的切线的连续曲线 $f(x)$，至少存在一点 C，曲线 $y=f(x)$ 在该点处的切线平行于曲线两端点的连线. 如图 3-2 所示.

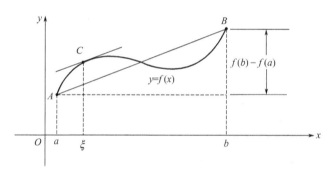

图 3-2

*三、柯西中值定理

柯西中值定理 如果函数 $f(x)$ 与 $g(x)$ 满足条件：在闭区间 $[a,b]$ 上连续，在开区间 (a,b) 内可导，$g'(x)$ 在 (a,b) 内每一点处均不为零，那么在 (a,b) 内至少有一点 ξ，使得等式

$$\frac{f(b)-f(a)}{g(b)-g(a)}=\frac{f'(\xi)}{g'(\xi)}$$

成立.

证略.

【例 3】 函数 $f(x)=x^3-3x$ 在 $[0,2]$ 满足拉格朗日定理的条件吗？如果满足请写出其结论.

解 显然 $f(x)$ 在 $[0,2]$ 上连续，在 $(0,2)$ 内可导，定理条件满足，且

$$f'(x)=3x^2-3$$

所以有以下等式：

$$\frac{f(2)-f(0)}{2-0} = f'(\xi)$$

下面我们具体地来看一下，上式中 ξ 是多少？

由于 $f(2)=2$，$f(0)=0$，$f'(\xi)=3\xi^2-3$，ξ 应满足 $3\xi^2-3=1$，且 $0<\xi<2$，可解得 $\xi=\dfrac{2}{\sqrt{3}}$.

推论 设 $f(x)$ 在 $[a,b]$ 上连续，若在 (a,b) 内的导数恒为零，则在 $[a,b]$ 上 $f(x)$ 为常数.

证明 取 $x_0 \in [a,b]$，任取 $x \in [a,b]$，$x \neq x_0$，则

$$\frac{f(x)-f(x_0)}{x-x_0} = f'(\xi), \xi \text{ 介于 } x_0 \text{ 与 } x \text{ 之间.}$$

因为 $f'(x)=0$，所以 $f'(\xi)=0$，即

$$\frac{f(x)-f(x_0)}{x-x_0} = 0$$

故

$$f(x) = f(x_0)$$

即函数 $f(x)$ 为常数.

【思考题】 试回答：拉格朗日中值定理与罗尔定理之间有何种关系？

【习题 3-1】

1. 函数 $f(x)=\sqrt[3]{x}$ 在闭区间 $[-1,1]$ 上是否满足拉格朗日中值定理的条件？曲线 $f(x)=\sqrt[3]{x}\ (-1 \leqslant x \leqslant 1)$ 上有无平行于连接此曲线两端点的弦的切线？
2. 设函数 $y=f(x)$ 在开区间 (a,b) 内可导，$x_1, x_2 \in (a,b)$，在 x_1 与 x_2 之间是否至少存在一点 ξ，使得 $f(x_1)-f(x_2)=f'(\xi)(x_1-x_2)$？
3. 验证下列函数在指定区间上满足拉格朗日中值定理.
   (1) $f(x)=e^x$，$[0,1]$；   (2) $f(x)=x^3$，$[1,4]$；
   (3) $f(x)=\sin 2x$，$\left[0,\dfrac{\pi}{2}\right]$.
4. 在曲线弧 $y=x^3-3x\ (-1 \leqslant x \leqslant 1)$ 上求平行于连接曲线弧两端点的弦的切线的方程.

第二节　洛必达法则

如果两个函数 $f(x)$、$F(x)$ 当 $x \to x_0$（或 $x \to \infty$）时，都趋于零或无穷大，那么极限 $\lim \dfrac{f(x)}{F(x)}$ 可能存在，也可能不存在，而且不能用商的极限法则进行计算，我们把这类极限称为 $\dfrac{0}{0}$ 型或 $\dfrac{\infty}{\infty}$ 型未定式. 对于这类极限我们将根据柯西中值定理推导出一个简便且重要的方法，即洛必达法则.

定义 若当 $x \to a$（或 $x \to \infty$）时，函数 $f(x)$ 和 $F(x)$ 都趋于零（或无穷大），则极限 $\lim \dfrac{f(x)}{F(x)}$ 可能存在也可能不存在，通常把此类问题称之为 $\dfrac{0}{0}$ 型和 $\dfrac{\infty}{\infty}$ 型未定式.

例如 $\lim\limits_{x\to 0}\dfrac{\tan x}{x}$（$\dfrac{0}{0}$ 型）；$\lim\limits_{x\to 0}\dfrac{\ln\sin ax}{\ln\sin bx}$（$\dfrac{\infty}{\infty}$ 型）.

定理 如果函数 $f(x)$ 及 $g(x)$ 满足如下条件：

(1) 当 $x\to a$ 时，函数 $f(x)$ 及 $g(x)$ 都趋于零；

(2) 在点 a 的某去心邻域内可导且 $g'(x)\neq 0$；

(3) $\lim\limits_{x\to a}\dfrac{f'(x)}{g'(x)}$ 存在（或为无穷大）；

那么

$$\lim_{x\to a}\frac{f(x)}{g(x)} = \lim_{x\to a}\frac{f'(x)}{g'(x)}.$$

这种在一定条件下通过分子、分母分别求导数再求极限来确定未定式的值的方法称为洛必达法则.

证明 因为极限 $\lim\limits_{x\to a}\dfrac{f(x)}{g(x)}$ 与 $f(a)$ 及 $g(a)$ 无关，所以可以假定 $f(a)=g(a)=0$，于是由条件（1）及条件（2）知，$f(x)$ 及 $g(x)$ 在点 a 的某一邻域内是连续的. 设 x 是这邻域内的一点，那么在以 x 及 a 为端点的区间上，柯西中值定理的条件均满足，因此有

$$\frac{f(x)}{g(x)} = \frac{f(x)-f(a)}{g(x)-g(a)} = \frac{f'(\xi)}{g'(\xi)} \quad \text{（在 } x \text{ 与 } a \text{ 之间）}.$$

令 $x\to a$，并对上式两端求极限，便可得到要证明的结论.

说明：① 如果 $\lim\limits_{x\to a}\dfrac{f'(x)}{g'(x)}$ 仍属于 $\dfrac{0}{0}$ 型，且 $f'(x)$ 和 $g'(x)$ 满足洛必达法则的条件，可继续使用洛必达法则，即 $\lim\limits_{x\to a}\dfrac{f(x)}{g(x)} = \lim\limits_{x\to a}\dfrac{f'(x)}{g'(x)} = \lim\limits_{x\to a}\dfrac{f''(x)}{g''(x)} = \cdots$，直至求出 $\lim\limits_{x\to x_0}\dfrac{f(x)}{g(x)}$ 的极限或能确定此极限不存在；

② 当 $x\to\infty$ 时，该法则仍然成立，有 $\lim\limits_{x\to\infty}\dfrac{f(x)}{g(x)} = \lim\limits_{x\to\infty}\dfrac{f'(x)}{g'(x)}$；

③ 对 $x\to a$（或 $x\to\infty$）时的未定式 $\dfrac{\infty}{\infty}$，也有相应的洛必达法则；

④ 洛必达法则中条件是结论的充分条件；

⑤ 如果数列极限也属于未定式的极限问题，须先将其转换为函数极限，然后使用洛必达法则，从而求出数列极限.

【例 4】 求 $\lim\limits_{x\to 0}\dfrac{\tan x}{x}$ （$\dfrac{0}{0}$ 型）.

解 原式 $= \lim\limits_{x\to 0}\dfrac{(\tan x)'}{(x)'} = \lim\limits_{x\to 0}\dfrac{\sec^2 x}{1} = 1$

【例 5】 求 $\lim\limits_{x\to 1}\dfrac{x^3-3x+2}{x^3-x^2-x+1}$ （$\dfrac{0}{0}$ 型）.

解 原式 $= \lim\limits_{x\to 1}\dfrac{3x^2-3}{3x^2-2x-1} = \lim\limits_{x\to 1}\dfrac{6x}{6x-2} = \dfrac{3}{2}$

【例 6】 求 $\lim\limits_{x\to\frac{\pi}{2}}\dfrac{\cos 5x}{\cos 3x}$.

解 $\lim\limits_{x\to\frac{\pi}{2}}\dfrac{\cos 5x}{\cos 3x}$（$\dfrac{0}{0}$ 型）$= \lim\limits_{x\to\frac{\pi}{2}}\dfrac{-5\sin 5x}{-3\sin 3x} = -\dfrac{5}{3}$

【例7】 求 $\lim\limits_{x\to+\infty}\dfrac{\dfrac{\pi}{2}-\arctan x}{\dfrac{1}{x}}$ （$\dfrac{0}{0}$ 型）．

解 原式 $=\lim\limits_{x\to+\infty}\dfrac{-\dfrac{1}{1+x^2}}{-\dfrac{1}{x^2}}=\lim\limits_{x\to+\infty}\dfrac{x^2}{1+x^2}=1$

【例8】 求 $\lim\limits_{x\to 0}\dfrac{\ln\sin ax}{\ln\sin bx}$ （$\dfrac{\infty}{\infty}$ 型）．

解 原式 $=\lim\limits_{x\to 0}\dfrac{a\cos ax\,\sin bx}{b\cos bx\,\sin ax}=\lim\limits_{x\to 0}\dfrac{\cos bx}{\cos ax}=1$

【例9】 求 $\lim\limits_{x\to\frac{\pi}{2}}\dfrac{\tan x}{\tan 3x}$ （$\dfrac{\infty}{\infty}$ 型）．

解 原式 $=\lim\limits_{x\to\frac{\pi}{2}}\dfrac{\sec^2 x}{3\sec^2 3x}=\dfrac{1}{3}\lim\limits_{x\to\frac{\pi}{2}}\dfrac{-6\cos 3x\sin 3x}{-2\cos x\sin x}$

$=\lim\limits_{x\to\frac{\pi}{2}}\dfrac{\sin 6x}{\sin 2x}=\lim\limits_{x\to\frac{\pi}{2}}\dfrac{6\cos 6x}{2\cos 2x}=3$

注意 洛必达法则是求未定式的一种有效方法，但最好能与其他求极限的方法结合使用．例如：能化简时应尽可能先化简，可以应用等价无穷小替代或重要极限时，应尽可能应用，这样可以使运算简捷．

【例10】 求 $\lim\limits_{x\to 0}\dfrac{\tan x-x}{x^2\tan x}$.

解 原式 $=\lim\limits_{x\to 0}\dfrac{\tan x-x}{x^3}=\lim\limits_{x\to 0}\dfrac{\sec^2 x-1}{3x^2}=\dfrac{1}{3}\lim\limits_{x\to 0}\dfrac{\tan^2 x}{x^2}=\dfrac{1}{3}$

【例11】 求 $\lim\limits_{x\to 0^+}x^n\ln x$ （$n>0$）．

解 $\lim\limits_{x\to 0^+}x^n\ln x=\lim\limits_{x\to 0^+}\dfrac{\ln x}{x^{-n}}=\lim\limits_{x\to 0^+}\dfrac{\dfrac{1}{x}}{-nx^{-n-1}}=\lim\limits_{x\to 0^+}\dfrac{-x^n}{n}=0$

【例12】 求 $\lim\limits_{x\to\frac{\pi}{2}}(\sec x-\tan x)$.

解 $\lim\limits_{x\to\frac{\pi}{2}}(\sec x-\tan x)=\lim\limits_{x\to\frac{\pi}{2}}\dfrac{1-\sin x}{\cos x}=\lim\limits_{x\to\frac{\pi}{2}}\dfrac{-\cos x}{\sin x}=0$

【例13】 求 $\lim\limits_{x\to +0}x^x$.

解 $\lim\limits_{x\to +0}x^x=\lim\limits_{x\to +0}e^{x\ln x}=e^0=1$

最后，需要指出是，本节定理给出的是求未定式的一种方法．当定理条件满足时，所求的极限当然存在（或为∞），但定理条件不满足时，所求极限却不一定不存在．

【例14】 求 $\lim\limits_{x\to+\infty}\dfrac{x+\sin x}{x}$.

解 因为极限 $\lim\limits_{x\to+\infty}\dfrac{(x+\sin x)'}{(x)'}=\lim\limits_{x\to+\infty}\dfrac{1+\cos x}{1}$ 不存在，

所以不能用洛必达法则．

$$\lim\limits_{x\to+\infty}\dfrac{x+\sin x}{x}=\lim\limits_{x\to+\infty}\left(1+\dfrac{\sin x}{x}\right)=1$$

【思考题】 如何求 1^∞ 型不定式的极限？

【习题 3-2】

1. 若函数 $f(x)$ 和 $g(x)$ 可导，且 $g'(x) \neq 0$，又 $\lim\limits_{x \to a} f(x) = 0$，$\lim\limits_{x \to a} g(x) = 0$，$\lim\limits_{x \to a} \dfrac{f(x)}{g(x)}$ 存在，是否必有 $\lim\limits_{x \to a} \dfrac{f(x)}{g(x)} = \lim\limits_{x \to a} \dfrac{f'(x)}{g'(x)}$？

2. 求下列极限．

   (1) $\lim\limits_{x \to 0} \dfrac{\sin(\sin x)}{x}$；

   (2) $\lim\limits_{x \to 0} \dfrac{e^x - 1}{xe^x + e^x - 1}$；

   (3) $\lim\limits_{x \to \frac{\pi}{4}} \dfrac{\sin x - \cos x}{\tan^2 x - 1}$；

   (4) $\lim\limits_{x \to 0} \dfrac{x}{\tan x - \sin x}$；

   (5) $\lim\limits_{x \to \pi} \dfrac{\sin 3x}{\tan 5x}$；

   (6) $\lim\limits_{x \to 0} \dfrac{\arctan x}{x}$；

   (7) $\lim\limits_{x \to a} \dfrac{x^m - a^m}{x^n - a^n}$（$a \neq 0, m, n$ 为常数）；

   (8) $\lim\limits_{x \to 0} \dfrac{\arctan x}{x}$；

   (9) $\lim\limits_{x \to 0} \left(\dfrac{1}{x} - \dfrac{1}{e^x - 1} \right)$；

   (10) $\lim\limits_{x \to 0^+} \ln x \ln(1 + x)$；

   (11) $\lim\limits_{x \to \infty} x \sin \dfrac{a}{x}$；

   (12) $\lim\limits_{x \to 0^+} \dfrac{\ln\left(1 + \dfrac{1}{x}\right)}{\ln\left(1 + \dfrac{1}{x^2}\right)}$；

   (13) $\lim\limits_{x \to 0} \dfrac{x(x-1)}{\sin x}$；

   (14) $\lim\limits_{x \to +\infty} \dfrac{x^2 + \ln x}{x \ln x}$；

   (15) $\lim\limits_{x \to 0^+} \dfrac{\ln \sin 3x}{\ln \tan x}$；

   (16) $\lim\limits_{x \to 0} \left(\dfrac{1}{x} - \dfrac{1}{\sin x} \right)$．

第三节　函数的单调性及其极值

一、函数单调的判定法

如果函数 $y = f(x)$ 在 $[a, b]$ 上单调增加（单调减少），那么它的图形是一条沿 x 轴正向上升（或下降）的曲线．这时曲线的各点处的切线斜率是非负的（或非正的），即 $y' = f'(x) \geq 0$ [或 $y' = f'(x) \leq 0$]．由此可见，函数的单调性与导数的符号有着密切的关系．如图 3-3、图 3-4 所示．

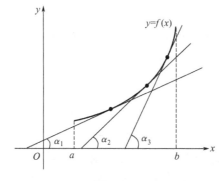

图 3-3

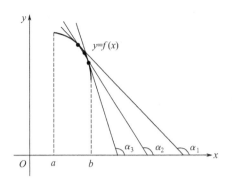

图 3-4

反过来，能否用导数的符号来判定函数的单调性呢？

定理 1 （函数单调性的判定法）设函数 $y=f(x)$ 在 $[a,b]$ 上连续，在 (a,b) 内可导.
(1) 如果在 (a,b) 内 $f'(x)>0$，那么函数 $y=f(x)$ 在 $[a,b]$ 上单调增加；
(2) 如果在 (a,b) 内 $f'(x)<0$，那么函数 $y=f(x)$ 在 $[a,b]$ 上单调减少.

证明 只证 (1)，(2) 可类似证得.

在 $[a,b]$ 上任取两点 $x_1,x_2,(x_1<x_2)$，应用拉格朗日中值定理，得到
$$f(x_2)-f(x_1)=f'(\xi)(x_2-x_1) \quad (x_1<\xi<x_2)$$

由于在上式中 $x_2-x_1>0$，因此，如果在 (a,b) 内导数 $f'(x)$ 保持正号，即 $f'(x)>0$，那么也有 $f'(x)<0$，于是
$$f(x_2)-f(x_1)=f'(\xi)(x_2-x_1)>0$$

从而 $f(x_1)<f(x_2)$，因此函数 $y=f(x)$ 在 $[a,b]$ 上单调增加. 证毕

注意 判定法中的闭区间可换成其他各种类型区间.

根据上述定理可知，确定某个函数的单调性的一般步骤是：
(1) 确定函数的定义域；
(2) 求出使 $f'(x)=0$ 和 $f'(x)$ 不存在的点；
(3) 确定 $f'(x)$ 在各个子区间内的符号，从而判定出 $f(x)$ 在各个子区间内的单调性.

【例 15】 判定函数 $y=x-\sin x$ 在 $[0,2\pi]$ 上的单调性.

解 因为在 $(0,2\pi)$ 内 $y'=1-\cos x>0$，
所以由判定法可知函数 $y=x-\sin x$ 在 $[0,2\pi]$ 上单调增加.

【例 16】 讨论函数 $y=e^x-x-1$ 的单调性.

解 由于 $y'=e^x-1$ 且函数 $y=e^x-x-1$ 的定义域为 $(-\infty,+\infty)$，令 $y'=0$，得 $x=0$. 因为在 $(-\infty,0)$ 内 $y'<0$，所以函数 $y=e^x-x-1$ 在 $(-\infty,0)$ 上单调减少；又在 $(0,+\infty)$ 内 $y'>0$，所以函数 $y=e^x-x-1$ 在 $[0,+\infty)$ 上单调增加.

【例 17】 讨论函数 $y=\sqrt[3]{x^2}$ 的单调性.

解 显然函数的定义域为 $(-\infty,+\infty)$，而函数的导数为 $y'=\dfrac{2}{3\sqrt[3]{x}}(x\neq 0)$，所以函数在 $x=0$ 处不可导. 因为 $x<0$ 时，$y'<0$，所以函数在 $(-\infty,0]$ 上单调减少；因为 $x>0$ 时，$y'>0$，所以函数在 $[0,+\infty)$ 上单调增加.

说明：如果函数在定义区间上连续，除去有限个导数不存在的点外导数存在且连续，那么只要用方程 $f'(x)=0$ 的根及导数不存在的点来划分函数 $f(x)$ 的定义区间，就能保证 $f'(x)$ 在各个部分区间内保持固定的符号，因而函数 $f(x)$ 在每个部分区间上单调.

【例18】 确定函数 $f(x)=2x^3-9x^2+12x-3$ 的单调区间.

解 该函数的定义域为 $(-\infty,+\infty)$.
而 $f'(x)=6x^2-18x+12=6(x-1)(x-2)$，令 $f'(x)=0$，得 $x_1=1,x_2=2$.
列表如下.

x	$(-\infty,1]$	$[1,2]$	$[2,+\infty)$
$f'(x)$	+	−	+
$f(x)$	↗	↘	↗

函数 $f(x)$ 在区间 $(-\infty,1]$ 和 $[2,+\infty)$ 内单调增加，在区间 $[1,2]$ 上单调减少.

【例19】 讨论函数 $y=x^3$ 的单调性.

解 函数的定义域为 $(-\infty,+\infty)$. 函数的导数为 $y'=3x^2$. 除 $x=0$ 时，$y'=0$ 外，在其余各点处均有 $y'>0$，所以函数在 $[-\infty,0)$ 及 $[0,+\infty)$ 上都是单调增加的. 从而在整个定义域 $(-\infty,+\infty)$ 内 $y=x^3$ 是单调增加的. 其在 $x=0$ 处曲线有一水平切线.

说明：一般地，如果 $f'(x)$ 在某区间内的有限个点处为零，在其余各点处均为正（或负）时，那么 $f(x)$ 在该区间上仍旧是单调增加（或单调减少）的.

【例20】 证明：当 $x>1$ 时，$2\sqrt{x}>3-\dfrac{1}{x}$.

证明 令 $f(x)=2\sqrt{x}-\left(3-\dfrac{1}{x}\right)$，则 $f'(x)=\dfrac{1}{\sqrt{x}}-\dfrac{1}{x^2}=\dfrac{1}{x^2}(x\sqrt{x}-1)$.

因为当 $x>1$ 时，$f'(x)>0$. 因此 $f(x)$ 在 $[1,+\infty)$ 上单调增加，从而当 $x>1$ 时，$f(x)>f(1)$. 又由于 $f(1)=0$，故 $f(x)>f(1)=0$，

即 $2\sqrt{x}-\left(3-\dfrac{1}{x}\right)>0$，也就是 $2\sqrt{x}>\left(3-\dfrac{1}{x}\right)(x>1)$.

二、函数的极值及其求法

定义 设函数 $f(x)$ 在 x_0 的某一邻域 $U(x_0)$ 内有定义，如果对于去心邻域 $\overset{\circ}{U}(x_0)$ 内的任一 x，有 $f(x)<f(x_0)$ [或 $f(x)>f(x_0)$]，则称 $f(x_0)$ 是函数 $f(x)$ 的一个极大值（或极小值）.

函数的极大值与极小值统称为函数的极值，使函数取得极值的点称为极值点，如图3-5所示. 需要说明的是：函数的极大值和极小值概念是局部性的. 如果 $f(x_0)$ 是 $f(x)$ 的一个极大值，那只是就 x_0 附近的一个局部范围来说，$f(x_0)$ 是 $f(x)$ 的一个最大值；如果就 $f(x)$ 的整个定义域来说，$f(x_0)$ 不一定是最大值. 对于极小值情况类似.

定理2 （必要条件）设函数 $f(x)$ 在点 x_0 处可导，且在 x_0 处取得极值，那么函数在 x_0 处的导数为零，即 $f'(x_0)=0$.

使导数为零的点，我们称为函数 $f(x)$ 的驻点.

上述定理可叙述为：可导函数 $f(x)$ 的极值点必定是函数的驻点. 但是反过来，函数 $f(x)$ 的驻点却不一定是极值点.

考察函数 $f(x)=x^3$ 在 $x=0$ 处的情况. 显然 $x=0$ 是函数 $f(x)=x^3$ 的驻点，但 $x=0$ 却不是函数 $f(x)=x^3$ 的极值点.

定理3 （第一种充分条件）设函数 $f(x)$ 在点 x_0 处连续，在 x_0 的某去心邻域 $\overset{\circ}{U}(x_0,\delta)$ 内可导.

(1) 若 $x\in(x_0-\delta,x_0)$ 时，$f'(x)>0$，而 $x\in(x_0,x_0+\delta)$ 时，$f'(x)<0$，则函数

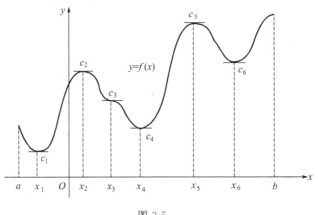

图 3-5

$f(x)$ 在 x_0 处取得极大值；

(2) 若 $x \in (x_0-\delta, x_0)$ 时，$f'(x) < 0$，而 $x \in (x_0, x_0+\delta)$ 时，$f'(x) > 0$，则函数 $f(x)$ 在 x_0 处取得极小值；

(3) 如果 $x \in \overset{\circ}{U}(x_0,\delta)$ 时，$f'(x)$ 不改变符号，则函数 $f(x)$ 在 x_0 处没有极值.

上述定理也可简单地叙述为：当 x 在 x_0 的邻近渐增地经过 x_0 时，如果 $f'(x)$ 的符号由负变正，那么 $f(x)$ 在 x_0 处取得极大值；如果 $f'(x)$ 的符号由正变负，那么 $f(x)$ 在 x_0 处取得极小值；如果 $f'(x)$ 的符号并不改变，那么 $f(x)$ 在 x_0 处没有极值.

运用极值的第一充分条件可知，求极值点和极值的一般步骤是：

(1) 求出导数 $f'(x)$；

(2) 求出 $f(x)$ 的全部驻点和不可导点；

(3) 列表判断 [考察 $f'(x)$ 的符号在每个驻点和不可导点的左右邻近的情况，以便确定该点是否是极值点，如果是极值点，还要按定理 2 确定对应的函数值是极大值还是极小值]；

(4) 确定出函数的所有极值点和极值.

【例 21】 求出函数 $f(x) = x^3 - 3x^2 - 9x + 5$ 的极值.

解 $f'(x) = 3x^2 - 6x - 9 = 3(x+1)(x-3)$

令 $f'(x) = 0$，得驻点 $x_1 = -1, x_2 = 3$. 列表讨论如下.

x	$(-\infty, -1)$	-1	$(-1, 3)$	3	$(3, +\infty)$
$f'(x)$	$+$	0	$-$	0	$+$
$f(x)$	↗	极大值	↘	极小值	↗

所以极大值 $f(-1) = 10$，极小值 $f(3) = -22$.

【例 22】 求函数 $f(x) = (x-4)\sqrt[3]{(x+1)^2}$ 的极值.

解 显然函数 $f(x)$ 在 $(-\infty, +\infty)$ 内连续，除 $x = -1$ 外处处可导，且 $f'(x) = \dfrac{5(x-1)}{3\sqrt[3]{x+1}}$.

令 $f'(x) = 0$，得驻点 $x = 1$，$x = -1$ 为 $f(x)$ 的不可导点.

列表判断如下.

x	$(-\infty, -1)$	1	$(-1, 1)$	1	$(1, +\infty)$
$f'(x)$	$+$	不可导	$-$	0	$+$
$f(x)$	↗	0	↘	$-3\sqrt[3]{4}$	↗

所以极大值为 $f(-1)=0$，极小值为 $f(1)=-3\sqrt[3]{4}$。如果 $f(x)$ 存在二阶导数且在驻点处的二阶导数不为零，则有如下定理。

定理 4（第二种充分条件） 设函数 $f(x)$ 在点 x_0 处具有二阶导数且 $f'(x_0)=0$，$f''(x_0)\neq 0$，那么

(1) 当 $f''(x_0)<0$ 时，函数 $f(x)$ 在 x_0 处取得极大值；

(2) 当 $f''(x_0)>0$ 时，函数 $f(x)$ 在 x_0 处取得极小值。

说明：如果函数 $f(x)$ 在驻点 x_0 处的二阶导数 $f''(x_0)\neq 0$，那么该点 x_0 一定是极值点，并可以按 $f''(x_0)$ 的符号来判定 $f(x_0)$ 是极大值还是极小值。但如果 $f''(x_0)=0$，定理 4 就不能应用。

例如，讨论函数 $f(x)=x^4$，$g(x)=x^3$ 在点 $x=0$ 是否有极值？

因为 $f'(x)=4x^3$，$f''(x)=12x^2$，所以 $f'(0)=0$，$f''(0)=0$ 但当 $x<0$ 时 $f'(x)<0$，当 $x>0$ 时 $f'(x)>0$，所以 $f(0)$ 为极小值。而 $g'(x)=3x^2$，$g''(x)=6x$，所以 $g'(0)=0$，$g''(0)=0$。但 $g(0)$ 不是极值。

运用极值的第二种充分条件可知，求函数极值的第二种方法的一般步骤是：

(1) 确定定义域，并求出所给函数的全部驻点；

(2) 考察函数的二阶导数在驻点处的符号，确定极值点；

(3) 求出极值点处的函数值，得到极值。

【例 23】 求出函数 $f(x)=x^3+3x^2-24x-20$ 的极值。

解 $f'(x)=3x^2+6x-24=3(x+4)(x-2)$

令 $f'(x)=0$，得驻点 $x_1=-4,x_2=2$，由于 $f''(x)=6x+6$，

由于 $f''(-4)=-18<0$，所以极大值 $f(-4)=60$；

而 $f''(2)=18>0$，所以极小值 $f(2)=-48$。

注意 当 $f''(x_0)=0$ 时，$f(x)$ 在点 x_0 处不一定取得极值，此时仍用定理 2 判断。

需要指出的是：函数的不可导点，也可能是函数的极值点，此时也可用定理 2 判断。

【例 24】 求出函数 $f(x)=1-(x-2)^{\frac{2}{3}}$ 的极值。

解 由于 $f'(x)=-\frac{2}{3}(x-2)^{-\frac{1}{3}}(x\neq 2)$，所以 $x=2$ 时函数 $f(x)$ 的导数 $f'(x)$ 不存在

但当 $x<2$ 时，$f'(x)>0$；当 $x>2$ 时，$f'(x)<0$。所以 $f(2)=1$ 为 $f(x)$ 的极大值。

【例 25】 求函数 $f(x)=(x^2-1)^3+1$ 的极值。

解 $f'(x)=6x(x^2-1)^2$，令 $f'(x)\ 0$，求得驻点 $x_1=-1,x_2=0,x_3=1$。又 $f''(x)=6(x^2-1)(5x^2-1)$，所以 $f''(0)=6>0$。

因此 $f(x)$ 在 $x=0$ 处取得极小值，极小值为 $f(0)=0$。

因为 $f''(-1)=f''(1)=0$，所以用定理 3 无法判别。而 $f(x)$ 在 $x=-1$ 处的左右邻域内 $f'(x)<0$，所以 $f(x)$ 在 $x=-1$ 处没有极值；同理，$f(x)$ 在 $x=1$ 处也没有极值。

【思考题】 回忆以往根据函数单调性的定义讨论函数单调性的方法，与根据定理讨论单调性的方法比较，哪种方法更为简便？

【习题 3-3】

1. 判定下列函数在定义区间内的单调性。

   (1) $f(x)=x-\operatorname{arccot}x$；
   (2) $f(x)=\mathrm{e}^{-\sqrt{x}}$；
   (3) $f(x)=\ln\left(x+\sqrt{1+x^2}\right)$；
   (4) $f(x)=2x^3-6x^2-18x-7$；

(5) $f(x) = 2 - (x^2 - 2)^{\frac{2}{3}}$;   (6) $y = x + \sqrt{1-x}$.

2. 讨论下列各函数的单调性，确定单调区间.

(1) $f(x) = 2x^3 - 9x^2 + 12x - 3$;   (2) $y = x^4 - 2x^2 - 5$;

(3) $y = x + \sqrt{1-x}$;   (4) $y = 2x^2 - \ln x$;

(5) $y = \ln(x + \sqrt{1+x^2})$.

3. 证明不等式：$\ln(1+x) > \dfrac{\arctan x}{1+x}$ $(x > 0)$.

4. 证明当 $0 < x < \dfrac{\pi}{2}$ 时，$\tan x + \sin x > 2x$.

5. 求函数 $y = 2x^3 - 6x^2 - 18x - 7$ 的极值.

6. 求函数 $f(x) = e^x \cos x$ 的极值.

7. 设函数 $f(x) = (x-5)^{\frac{4}{3}}$ ，求函数的极值.

8. 已知函数 $f(x) = a\ln x + bx^2 + x$ 在 $x = 1$ 与 $x = 2$ 处有极限，试求常数 a、b 之值.

9. 求下列各题中函数的极值点与极值.

(1) $y = x - \ln(x+1)$;   (2) $y = \arctan x - \dfrac{1}{2}\ln(1+x^2)$;

(3) $y = 2e^x + e^{-x}$;   (4) $y = \dfrac{x}{1+x^2}$;

(5) $y = x + \sqrt{1-x}$.

第四节 函数的最大值和最小值

函数的极值是函数在局部的最大或最小值．本节讨论的是函数在其定义域或指定范围上的最大值或最小值．

一、极值与最值的关系

若函数 $f(x)$ 在闭区间 $[a,b]$ 上连续，则函数的最大值和最小值一定存在．函数的最大值和最小值有可能在区间的端点取得，如果最大值不在区间的端点取得，则必在开区间 (a,b) 内取得．在这种情况下，最大值一定是函数的极大值．因此，函数在闭区间 $[a,b]$ 上的最大值一定是函数的所有极大值和函数在区间端点的函数值中最大者．同理，函数在闭区间 $[a,b]$ 上的最小值一定是函数的所有极小值和函数在区间端点的函数值中最小者.

二、最大值和最小值的求法

设 $f(x)$ 在 (a,b) 内的驻点和不可导点（它们是可能的极值点）为 $x_1, x_2, \cdots, x_n$ ，则比较 $f(a), f(x_1), f(x_2), \cdots, f(x_n), f(b)$ 的大小，其中最大的便是函数 $f(x)$ 在 $[a,b]$ 上的最大值，最小的便是函数 $f(x)$ 在 $[a,b]$ 上的最小值.

根据以上讨论求最大值和最小值时，应该先求出 $f(x)$ 在 (a,b) 内的全部驻点处的值及 $f(a)$ 和 $f(b)$，如果函数还有不可导的点，还要算出不可导点的函数值．将它们加以比较，其中最大者即为函数 $f(x)$ 在 $[a,b]$ 上的最大值，最小者为 $f(x)$ 在 $[a,b]$ 的最小值.

综上所述求最大值和最小值的一般步骤是：

（1）求驻点和不可导点；

（2）求区间端点及驻点和不可导点的函数值，比较大小，其中最大的就是最大值，最小的就是最小值.

特别注意的是：如果函数在区间内只有一个极值，则这个极值就是最值（最大值或最小值）．

如果函数 $f(x)$ 在一个区间（有限或无限，开或闭）内可导且只有一个驻点 x_0，且该驻点 x_0 是函数 $f(x)$ 的极值点，那么当 $f(x_0)$ 是极大值时，$f(x_0)$ 就是该区间上的最大值；当 $f(x_0)$ 是极小值时，$f(x_0)$ 就是在该区间上的最小值．如图 3-6、图 3-7 所示．

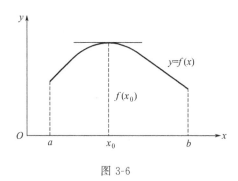

图 3-6

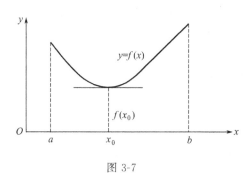

图 3-7

【例 26】 设函数 $f(x)=(x-2)^2(x+1)^{\frac{2}{3}}$ 在闭区间 $[-2,3]$ 上最大值及最小值．

解 指定的区间为 $[-2,3]$．

$$f'(x)=2(x-2)(x+1)^{\frac{2}{3}}+\frac{2}{3}(x-2)^2(x+1)^{-\frac{1}{3}}=\frac{2(x-2)(4x+1)}{3\sqrt[3]{x+1}}$$

驻点：$x=2,-\frac{1}{4}$．$f'(x)$ 不存在的点：$x=-1$．

$$f(-1)=0, f\left(-\frac{1}{4}\right)=\left(\frac{9}{4}\right)^2\left(\frac{3}{4}\right)^{\frac{2}{3}}, f(2)=0, f(-2)=16, f(3)=4^{\frac{2}{3}}.$$

比较可得：$M=f(-2)=16, m=f(-1)=f(2)=0$．

【例 27】 求函数 $y=2x^3+3x^2-12x+14$ 在 $[-3,4]$ 上的最大值和最小值．

解 $$f'(x)=6x^2+6x-12$$

解方程 $f'(x)=0$，得 $x_1=-2, x_2=1$．

由于 $f(-3)=23, f(-2)=34, f(1)=7, f(4)=142$，

因此函数 $y=2x^3+3x^2-12x+14$ 在 $[-3,4]$ 上的最大值为 $f(4)=142$，最小值为 $f(1)=7$．

三、最大值、最小值的应用

【例 28】 在甲、乙两个工厂，甲厂位于一直线河岸的岸边 A 处，乙厂与甲厂在河的同侧，乙厂位于离河岸 40km 的 B 处，乙厂到河岸的垂足 D 与 A 相距 50km，两厂要在此岸边

合建一个供水站 C，从供水站到甲厂和乙厂的水管费用分别为每千米 $3a$ 元和 $5a$ 元，问供水站 C 建在岸边何处才能使水管费用最省？

分析：根据题设条件作出图形，分析各已知条件之间的关系，借助图形的特征，合理选择这些条件间的联系方式，适当选定变化，构造相应的函数关系。

解 根据题意知，只有点 C 在线段 AD 上某一适当位置，才能使总费用最省，设 C 点距 D 点 x km，则

∵ $$BD = 40, AC = 50 - x,$$
∴ $$BC = \sqrt{BD^2 + CD^2} = \sqrt{x^2 + 40^2}$$

又设总的水管费用为 y 元，依题意有：

$$y = 30(5a - x) + 5a\sqrt{x^2 + 40^2}\ (0 < x < 50)$$

$$y' = -3a + \frac{5ax}{\sqrt{x^2 + 40^2}},$$

令 $y' = 0$，解得 $x = 30$.

在 $(0, 50)$ 上，y 只有一个极值点，根据实际问题的意义，函数在 $x = 30$（km）处取得最小值，此时 $AC = 50 - x = 20$(km).

∴ 供水站建在 A 和 D 之间距甲厂 20km 处，可使水管费用最省。

在实际问题中往往根据问题的性质可以断定函数 $f(x)$ 确有最大值或最小值，且一定在定义区间内部取得。这时如果 $f(x)$ 在定义区间内部只有一个驻点 x_0，那么不必讨论 $f(x_0)$ 是否是极值就可断定 $f(x_0)$ 是最大值或最小值。

【**例 29**】 设计一个建筑模型。它下部的形状是高为 10cm 的正六棱柱，上部的形状是侧棱长为 30cm 的正六棱锥，如图 3-8 所示。试问当建筑模型的顶点 O 到底面中心 O_1 的距离为多少时，建筑模型的体积最大？

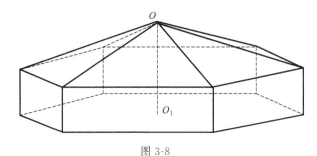

图 3-8

解 设模型顶点 O 到底面中心 O_1 的距离 OO_1 为 x cm，则 $10 < x < 40$.

由题设可得正六棱锥底面边长为 $\sqrt{30^2 - (x-10)^2} = \sqrt{800 + 20 - x^2}$，

故底面正六边形的面积为 $6 \times \frac{\sqrt{3}}{4}(\sqrt{800 + 20x - x^2})^2 = \frac{3\sqrt{3}}{2}(800 + 20x - x^2)$，

建筑模型的体积为

$$V(x) = \frac{3\sqrt{3}}{2}(800 + 20x - x^2)\left[\frac{1}{3}(x-10) + 10\right] = \frac{\sqrt{3}}{2}(16000 + 1200 - x^3)$$

求导得 $$V'(x) = \frac{\sqrt{3}}{2}(1200 - 3x^2)$$

令 $V'(x)=0$，解得 $x=-20$（不合题意，舍去），所以 $x=20$.

当 $10<x<20$ 时，$V'(x)>0$，$V(x)$ 为增函数；

当 $20<x<40$ 时，$V'(x)<0$，$V(x)$ 为减函数.

∴当 $x=20$ 时，$V(x)$ 最大.

因此，建筑模型的顶点 O 到底面中心 O_1 的距离 OO_1 为 20cm 时，模型的体积最大，最大体积为 $16000\sqrt{3}\text{cm}^3$.

【例 30】 某房地产公司有 50 套公寓要出租，当租金定为每月 180 元时，公寓会全部租出去. 当租金每月增加 10 元时，就有一套公寓租不出去，而租出去的房子每月需花费 20 元的整修维护费. 试问房租定为多少可获得最大收入？

解 设房租为每月 x 元，租出去的房子有 $\left(50-\dfrac{x-180}{10}\right)$ 套

每月总收入为 $R(x)=(x-20)\left(50-\dfrac{x-180}{10}\right)$

$R(x)=(x-20)\left(68-\dfrac{x}{10}\right)$，$R'(x)=\left(68-\dfrac{x}{10}\right)+(x-20)\left(-\dfrac{1}{10}\right)=70-\dfrac{x}{5}$

$R'(x)=0 \Rightarrow x=350$　　（惟一驻点）

故每月每套租金为 350 元时收入最高. 最大收入为

$$R(x)=(350-20)\times\left(68-\dfrac{350}{10}\right)=10890(元).$$

通过以上讨论可以看出，实际问题求最值步骤：

(1) 建立目标函数；(2) 求最值.

【思考题】 是否存在这样的函数 $f(x)$，它在某区间内有极小值和极大值，但 $f(x)$ 在该区间内既没有最小值也没有最大值.

【习题 3-4】

1. 求下列各函数在相应区间上的最大值和最小值.

   (1) $f(x)=x^3-3x+3$，$\left[-3,\dfrac{3}{2}\right]$；

   (2) $f(x)=xe^{-x}$，$(-\infty,+\infty)$；

   (3) $f(x)=x+2\sqrt{x}$，$[0,4]$；

   (4) $f(x)=\sqrt{5-4x}$，$[-1,1]$；

   (5) $f(x)=x^x$，$[0.1,+\infty]$；

   (6) $y=\sin^3 x+\cos^3 x$，$\left[-\dfrac{\pi}{4},\dfrac{3}{4}\pi\right]$；

   (7) $y=\arctan\dfrac{1-x}{1+x}$，$[0,1]$；

   (8) $y=x+\sqrt{1-x}$，$[-5,1]$；

2. 在位于第一象限中的椭圆弧 $\dfrac{x^2}{8}+\dfrac{y^2}{18}=1(x\geqslant 0,y\geqslant 0)$ 上找一点，使该点的切线与椭圆弧及两坐标轴所围成的图形的面积最小.

3. 把一根长为 a 的铅丝切成两段，一段围成圆形，一段围成正方形. 问：这两段铅丝各多长时，圆形面积与正方形面积之和最小？

4. 用面积为 A 的一块铁皮做一个有盖圆柱形油桶. 问：油桶的直径为多长时，油桶的容积最大？这时油桶的高是多少？

5. 造一个容积为 V 的有盖圆柱形油桶. 问：油桶的底半径和高各为多少时，用料最少？

6. 要制作一个下部为矩形，上部为半圆形的窗户，半圆的直径等于矩形的宽，要求窗户的周长为 l，问矩形的宽和高各为多少时，窗户的面积最大？

*第五节 曲线的凹凸及函数图形的描绘

为了准确地描绘函数的图像,仅了解函数的单调性和极值是不够的,还应知道它的弯曲方向以及不同弯曲方向的分界点,即本节讨论的曲线的凹凸性和拐点.

一、凹凸性的概念

观察图 3-9、图 3-10,我们看到,曲线向下弯曲的弧段位于该弧段上任意一点的切线的上方;而向上弯曲的弧段位于该弧段上任意一点的切线的下方.据此,我们给出如下定义.

定义 设函数 $y=f(x)$ 在某区间内连续,如果在该区间内,函数的曲线位于其上任意一点切线的上方(图 3-9),则称该曲线在这个区间内是凹的;如果在该区间内,函数的 y 曲线位于其上任意一点切线的下方(图 3-10),则称该曲线在这个区间内是凸的.

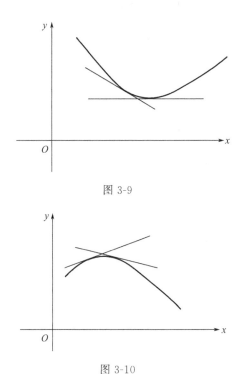

图 3-9

图 3-10

二、曲线凹凸性的判定

定理 设函数 $f(x)$ 在区间 $[a,b]$ 上连续,在 (a,b) 内二阶可导,对于任意 $x \in (a,b)$,

(1) 若 $f''(x)>0$,对应的曲线 $y=f(x)$ 为 (a,b) 上的凹曲线;

(2) 若 $f''(x)<0$,对应的曲线 $y=f(x)$ 为 (a,b) 上的凸曲线.

证明从略.

【例 31】 判定曲线 $f(x)=3x^2-x^3$ 的凹凸性.

解 函数 $f(x)=3x^2-x^3$ 的定义域为 $(-\infty,+\infty)$,$f'(x)=6x-3x^2$,$f''(x)=6-6x$,当 $x<1$ 时 $f''(x)>0$,所以曲线 $f(x)$ 在 $(-\infty,1)$ 内是凹的;当 $x>1$ 时,$f''(x)<0$,所

以曲线 $f(x)$ 在 $(1,+\infty)$ 内是凸的.

定义 连续曲线 $y=f(x)$ 上凹的曲线弧与凸的曲线弧的分界点叫做曲线的拐点.

注意 拐点是指曲线上的点,故应写为 $(x_0,f(x_0))$,而不能称拐点为 x_0. 由上面的讨论可知,拐点产生于 $f''(x_0)=0$ 及 $f''(x)$ 不存在的点.

定理 (拐点的必要条件)若函数 $y=f(x)$ 在 x_0 处二阶导数 $f''(x_0)$ 存在,且点 $y=f(x)$ 为曲线 $y=f(x)$ 的拐点,则 $f''(x_0)=0$.

注意 $f''(x_0)=0$ 是点 $(x_0,f(x_0))$ 为拐点的必要条件,而非充分条件. 例如 $y=x^4$,则 $y''=12x^2$,当 $x=0$ 时,$y''=0$,但 $(0,0)$ 不是曲线 $y=x^4$ 的拐点,因为点 $(0,0)$ 两侧二阶导数不变号.

此外,如果函数 $y=f(x)$ 在 x_0 处的二阶导数 $f''(x_0)$ 不存在,$(x_0,f(x_0))$ 也可能是曲线的拐点.

由此确定曲线 $y=f(x)$ 的凹凸区间和拐点的步骤:

(1) 确定函数 $y=f(x)$ 的定义域;
(2) 求出二阶导数 $f''(x)$;
(3) 求使二阶导数为零的点和使二阶导数不存在的点;
(4) 判断或列表判断,确定出曲线凹凸区间和拐点.

注 根据具体情况(1)步及(3)步有时可省略.

【例32】 判断曲线 $y=x^3$ 的凹凸性.

解 因为 $y'=3x^2$,$y''=6x$.

令 $y''=0$ 得 $x=0$.

当 $x<0$ 时,$y''<0$,所以曲线在 $(-\infty,0]$ 内为凸的;
当 $x>0$ 时,$y''>0$,所以曲线在 $[0,+\infty)$ 内为凹的.

【例33】 求曲线 $y=2x^3+3x^2-12x+14$ 的拐点.

解 $y'=6x^2+6x-12$,$y''=12x+6=6(2x+1)$.

令 $y''=0$,得 $x=-\dfrac{1}{2}$

因为当 $x<-\dfrac{1}{2}$ 时,$y''<0$;当 $x>-\dfrac{1}{2}$ 时,$y''>0$,所以点 $\left(-\dfrac{1}{2},\dfrac{41}{2}\right)$ 是曲线的拐点.

三、渐近线

在中学里同学们学过双曲线,知道双曲线有两条渐近线,并且根据双曲线的这两条渐近线可了解双曲线在无穷远处的伸展性质,对于一般的曲线,我们也想了解其在无穷远处的变化趋势.

定义 当曲线 $y=f(x)$ 上的一动点 P 沿曲线移向无穷远时,如果点 P 到某定直线 l 的距离趋向于零,那么直线 l 就称为曲线 $y=f(x)$ 的一条渐近线.

1. 铅直渐近线(垂直于 x 轴的渐近线)

定义 如果 $\lim\limits_{x\to x_0^+}f(x)=\infty$ 或 $\lim\limits_{x\to x_0^-}f(x)=\infty$,那么 $x=x_0$ 就是曲线 $y=f(x)$ 的一条铅直渐近线.

例如,曲线 $y=\dfrac{1}{(x+2)(x-3)}$ 有两条铅直渐近线 $x=-2$,$x=3$.

2. 水平渐近线(平行于 x 轴的渐近线)

定义 如果 $\lim\limits_{x\to+\infty}f(x)=b$ 或 $\lim\limits_{x\to-\infty}f(x)=b$($b$ 为常数),那么 $y=b$ 就是曲线 $y=f(x)$ 的一条水平渐近线.

例如，对于曲线 $y = e^x$ 来说，因为 $\lim\limits_{x \to -\infty} e^x = 0$，所以直线 $y = 0$ 即 x 轴为 $y = e^x$ 曲线的一条水平渐近线．

【例 34】 求曲线 $f(x) = \dfrac{2(x-2)(x+3)}{x-1}$ 的渐近线．

解 因为 $\lim\limits_{x \to 1^+} f(x) = -\infty, \lim\limits_{x \to 1^-} f(x) = +\infty$

所以 $x = 1$ 是铅直渐近线．

四、描绘函数图形的一般步骤

描点法是作函数图像的基本方法，由于不能取很多的点，所以不能准确做出函数的图像．现在通过对函数的单调性、奇偶性、周期性、凹凸性、极值点、拐点、渐近线等函数性质的讨论，就能有选择地描绘出反映函数变化特征的点，这样就可以较准确地描绘出函数的图像，因此描绘函数图形的一般步骤是：

(1) 确定函数的定义域，并求函数的一阶和二阶导数；
(2) 求出一阶、二阶导数为零的点，并求出一阶、二阶导数不存在的点；
(3) 列表分析，确定曲线的单调性和凹凸性；
(4) 确定曲线的渐近线；
(5) 确定并描出曲线上极值对应的点、拐点、与坐标轴的交点、其他特殊点；
(6) 根据需要可适当再描出一些点，如曲线与坐标轴的交点等，列表，连接这些点并画出函数的图形．

【例 35】 画出函数 $y = x^3 - x^2 - x + 1$ 的图形．

解 (1) 函数的定义域为 $(-\infty, +\infty)$，

(2) $y' = 3x^2 - 2x - 1 = (3x+1)(x-1)$

令 $y' = 0$ 得 $x_1 = -\dfrac{1}{3}, x_2 = 1$，再令 $y'' = 0$ 得 $x = \dfrac{1}{3}$．

(3) 列表分析如下

x	$\left(-\infty, -\dfrac{1}{3}\right)$	$-\dfrac{1}{3}$	$\left(-\dfrac{1}{3}, \dfrac{1}{3}\right)$	$\dfrac{1}{3}$	$\left(\dfrac{1}{3}, 1\right)$	1	$(1, +\infty)$
y'	$+$	0	$-$	$-$	$-$	0	$+$
y''	$-$	$-$	$-$	0	$+$	$+$	$+$
y	↗	极大	↘	拐点	↘	极小	↗

因为当 $x \to +\infty$ 时，$y \to +\infty$；当 $x \to -\infty$ 时，$y \to -\infty$．故无水平渐近线．

计算特殊点：$f\left(-\dfrac{1}{3}\right) = \dfrac{32}{27}$，$f\left(\dfrac{1}{3}\right) = \dfrac{16}{27}$，$f(1) = 0$，$f(0) = 1$；$f(-1) = 0$，$f\left(\dfrac{3}{2}\right) = \dfrac{5}{8}$．

描点连线画出图形如图 3-11 所示．

【思考题】 函数的极值与最值有何关系？

【习题 3-5】

1. 求下列各函数的凹凸区间及拐点．

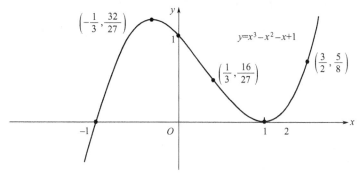

图 3-11

(1) $y = x^3 - 6x^2 + x - 1$；   (2) $y = \dfrac{x}{x-1} + x$；

(3) $y = x\mathrm{e}^{-x}$；   (4) $y = a - \sqrt[3]{x-b}$；

(5) $y = \ln(x^2 - 1)$；   (6) $y = \sqrt{1+x^2}$.

2. 求下列曲线的水平渐近线或垂直渐近线.

(1) $y = x\sin\dfrac{1}{x}$；   (2) $y = \dfrac{1}{1 - \mathrm{e}^{-x^2}}$.

3. 已知函数 $y = ax^3 + bx^2 + cx + d$ 有拐点 $(-1, 4)$，且在 $x = 0$ 处有极大值 2. 求 a, b, c, d 的值.

4. 描绘下列各函数的图形.

(1) $y = \dfrac{x^2}{x+1}$；   (2) $y = 1 + \dfrac{1-2x}{x^2}$；

(3) $y = \dfrac{1+x^2}{x}$；   (4) $y = \dfrac{2x-1}{(x-1)^2}$；

(5) $y = \dfrac{x}{1+x^2}$.

【复习题三】

一、填空题

1. 函数的极值点可能是_____和_____.
2. 设 $f(x) = (x-1)^2$ 在 $[0, 2]$ 上满足罗尔定理的条件，当 $\xi = $ _____时，$f'(\xi) = 0$.
3. 曲线 $y = x^3 - 3x^2 + 3x$ 的拐点为_____.
4. 曲线 $y = \dfrac{\mathrm{e}^{-x}}{x}$ 的水平渐近线为_____，垂直渐近线为_____.
5. 函数 $y = \sin x^2$ 在区间 $\left[-\dfrac{\pi}{2}, \dfrac{\pi}{2}\right]$ 上满足罗尔定理，公式中的 $\xi = $ _____.
6. 曲线 $y = x\mathrm{e}^{-x}$ 的拐点坐标为_____.
7. 设 $y = 2x^2 + ax + 3$ 在 $x = 1$ 时取得极小值，则 $a = $ _____.
8. 函数 $y = 2^{x^2}$ 的单调增加区间为_____.
9. 曲线 $y = 1 - \sqrt[3]{x-2}$ 的拐点是_____.
10. 曲线 $y = \dfrac{x}{x^2+1} - 3$ 的水平渐近线为_____.
11. 函数 $y = \mathrm{e}^{-\frac{1}{x}}$ 的单调增加区间是_____.

12. $f(x)=x(x-1)(x-2)(x-3)$，则方程 $f'(x)=0$ 有_____个实根.

13. 当 $a=$_____时，函数 $f(x)=a\sin x+\dfrac{1}{3}$ 在 $x=\dfrac{\pi}{3}$ 处有极值.

二、选择题

1. 若 x_0 为函数 $y=f(x)$ 的极值点，则下列命题正确的是（   ）.
   A. $f'(x_0)=0$ B. $f''(x_0)=0$
   C. $f'(x_0)=0$ 或 $f'(x_0)$ 不存在 D. $f'(x_0)$ 不存在

2. 设 $f(x)$ 在 $[0,1]$ 上连续，在 $(0,1)$ 内可导，$f'(x)>0$ 且 $f(0)<0$，$f(1)>0$，则 $f(x)$ 在 $(0,1)$ 内（   ）.
   A. 至少有两个零点 B. 有且仅有一个零点
   C. 没有零点 D. 零点个数不能确定

3. 设 $a<x<b$，$f'(x)<0$，$f''(x)<0$，则在区间 (a,b) 内曲线弧 $y=f(x)$ 的图形（   ）.
   A. 沿 x 轴正向下降且凸 B. 沿 x 轴正向下降且凹
   C. 沿 x 轴正向上升且凸 D. 沿 x 轴正向下降且凹

4. 设函数 $y=f(x)$ 二阶可导，且 $f'(x)<0$，$f''(x)<0$，又 $\Delta y=f(x+\Delta x)-f(x)$，$\mathrm{d}y=f'(x)\Delta x$，则当 $\Delta x>0$ 时，有（   ）.
   A. $\Delta y>\mathrm{d}y>0$ B. $\Delta y<\mathrm{d}y<0$
   C. $\mathrm{d}y>\Delta y>0$ D. $\mathrm{d}y<\Delta y<0$

5. 曲线 $y=x\sin\dfrac{1}{x}$（   ）.
   A. 仅有水平渐近线 B. 既有水平渐近线，又有垂直渐近线
   C. 仅有垂直渐近线 D. 既无水平渐近线，又无垂直渐近线

6. 曲线 $y=x^2(x-6)$ 在区间 $(4,+\infty)$ 内是（   ）.
   A. 单调增加且凸 B. 单调增加且凹
   C. 单调减少且凸 D. 单调减少且凹

7. 如果 $f'(x_0)=f''(x_0)=0$，则下列结论中正确的是（   ）.
   A. x_0 是极大值点
   B. $(x_0,f(x_0))$ 是拐点
   C. x_0 是极小值点
   D. 可能 x_0 是极值点，也可能 $(x_0,f(x_0))$ 是拐点

8. 已知 $f(x)$ 在 (a,b) 内具有二阶导数，且（   ），则 $f(x)$ 在 (a,b) 内单调增加且凸.
   A. $f'(x)>0,f''(x)>0$ B. $f'(x)>0,f''(x)<0$
   C. $f'(x)<0,f''(x)>0$ D. $f'(x)<0,f''(x)<0$

9. 当 $x>0$ 时，曲线 $y=\dfrac{1}{x+1}$（   ）.
   A. 有且仅有水平渐近线
   B. 有且仅有垂直渐近线
   C. 既有水平渐近线，又有垂直渐近线
   D. 既无水平渐近线，又无垂直渐近线

10. 设 $f(x)=|\ln x|$，则 $x=1$ 是 $f(x)$ 的（   ）.
    A. 驻点 B. 极大值点
    C. 极小值点 D. 可导点

三、解答题

1. 求 $\lim\limits_{x\to 0}\dfrac{x-\arctan x}{\ln(1+x^3)}$.

2. 若 $\lim\limits_{x\to\pi}f(x)$ 存在，且 $f(x)=\dfrac{\sin x}{x-\pi}+2\lim\limits_{x\to\pi}f(x)$，求 $\lim\limits_{x\to\pi}f(x)$.

3. 设 $f(x)=a\ln x+bx^2+x$ 在 $x=1$ 与 $x=2$ 处有极值，求常数 a 和 b 的值.

4. 设 $y=ax^3-6ax^2+b$ 在 $[-1,2]$ 上的最大值为 3，最小值为 -29，又 $a>0$，求 a,b.

5. 求 $y=(x+1)(x-1)^3$ 的单调区间.

6. 当 a,b 为何值时，点 $(1,-2)$ 是曲线 $y=ax^3+bx^2$ 的拐点.

7. 已知函数 $y=ax^3+bx^2+cx+d$ 有拐点 $(-1,4)$，且在 $x=0$ 处有极小值 2，求 a,b,c,d，并画出图形.

第四章 不定积分

前面我们已经学习了一元函数的导数、微分及其应用．它解决的问题是：已知一个函数，求它的导数或微分；但是在科研和实际问题中往往会遇到与此相反的问题：已知一个函数的导数或微分，求这个函数．为解决这类问题，产生了积分学．它由不定积分和定积分两个部分组成．本章中我们将学习不定积分的概念、性质和求积分的几种方法．

第一节 不定积分的概念

一、原函数与不定积分

1. 原函数的概念

有许多实际问题，要求我们解决微分法的逆运算，就是要求由某函数的已知导数去求原来的函数．

例如，已知自由落体任意时刻 t 的运动速度为 $v(t) = gt$，求落体的运动规律（设运动开始时，物体在原点）。这个问题就是要从关系式 $s'(t) = gt$ 还原出函数 $s(t)$ 来。逆着用导数公式，易知 $s(t) = \frac{1}{2}gt^2$，这就是所求的运动规律．

一般的，如果已知 $F'(x) = f(x)$，如何求 $F(x)$？为此，我们引入下述定义．

定义 设函数 $f(x)$ 在某个区间 I 上有定义，如果存在函数 $F(x)$，对于区间 I 上任意一点 x，都有

$$F'(x) = f(x) \text{ 或 } dF(x) = f(x)dx$$

则称函数 $F(x)$ 是函数 $f(x)$ 在该区间上的一个原函数．

例如：因为在区间 $(-\infty, +\infty)$ 内有 $(x^2)' = 2x$，所以 x^2 是 $2x$ 在区间 $(-\infty, +\infty)$ 内的一个原函数，又因为 $(x^2+1)' = 2x, (x^2+\sqrt{2})' = 2x, (x^2+C)' = 2x$（$C$ 为任意常数）也成立．所以 $x^2+1, x^2+\sqrt{2}, x^2+C$ 都是 $2x$ 在区间 $(-\infty, +\infty)$ 内的原函数．

又如：因为 $(\sin x)' = \cos x$，所以 $\sin x$ 是 $\cos x$ 在区间 $(-\infty, +\infty)$ 内的一个原函数．

显然，$\sin x - 1, \sin x + 3, \sin x + C$（$C$ 为任意常数）也都是 $\cos x$ 在区间 $(-\infty, +\infty)$ 内的原函数．

一般的，若 $F(x)$ 是 $f(x)$ 在某区间上的一个原函数，则函数族 $F(x) + C$（C 为任意常数）都是 $f(x)$ 在该区间上的原函数．这是由于

$$[F(x)+C]' = F'(x) + (C)' = f(x)$$

由此可见，若 $f(x)$ 有原函数 $F(x)$，那么它就有无穷多个原函数．那么函数族 $F(x)+C$ 是否包含了 $f(x)$ 的全部原函数呢？答案是肯定的．事实上，设 $F(x)$ 是 $f(x)$ 在区间 I 上的一个确定的原函数，$\varphi(x)$ 是 $f(x)$ 在区间 I 上的任一个原函数，即有：

$$F'(x) = f(x), \varphi'(x) = f(x)$$

因为

$$[\varphi(x) - F(x)]' = \varphi'(x) - F'(x) = f(x) - f(x) = 0$$

由微分中值定理的推论得

$$\varphi(x) - F(x) = C\ (C\ 为常数)$$

移项得：

$$\varphi(x) = F(x) + C$$

由于 $\varphi(x)$ 是 $f(x)$ 的任意一个原函数，所以 $F(x) + C$ 是 $f(x)$ 在区间 I 上的全体原函数的表达式.

2. 不定积分的概念

定义 若 $F(x)$ 是 $f(x)$ 在区间 I 上的一个原函数，则 $f(x)$ 的所有原函数 $F(x) + C$（C 为任意常数）称为 $f(x)$ 在该区间上的不定积分，记

$$\int f(x) \mathrm{d}x$$

即

$$\int f(x) \mathrm{d}x = F(x) + C$$

其中，符号"$\int$"称为积分号；$f(x)$ 称为被积函数；$f(x)\mathrm{d}x$ 称为被积表达式（或被积式）；x 称为积分变量；C 称为积分常数.

【例 1】 求下列不定积分.

(1) $\int 2x \mathrm{d}x$； (2) $\int \cos x \mathrm{d}x$；

(3) $\int \dfrac{\mathrm{d}x}{1+x^2}$； (4) $\int \sec^2 x \mathrm{d}x$.

解 由不定积分的定义可知，只要求出被积函数一个原函数之后，再加上一个积常数 C 即可.

(1) 被积函数为 $2x$，因为 $(x^2)' = 2x$，即 x^2 是 $2x$ 的一个原函数，所以

$$\int 2x \mathrm{d}x = x^2 + C$$

(2) 被积函数为 $\cos x$，因为 $(\sin x)' = \cos x$，即 $\sin x$ 是 $\cos x$ 的一个原函数，所以

$$\int \cos x \mathrm{d}x = \sin x + C$$

(3) 被积函数为 $\dfrac{1}{1+x^2}$，因为 $(\arctan x)' = \dfrac{1}{1+x^2}$，即 $\arctan x$ 是 $\dfrac{1}{1+x^2}$ 的一个原函数，所以

$$\int \dfrac{\mathrm{d}x}{1+x^2} = \arctan x + C$$

(4) 被积函数为 $\sec^2 x$，因为 $(\tan x)' = \sec^2 x$，即 $\tan x$ 是 $\sec^2 x$ 的一个原函数，所以

$$\int \sec^2 x \mathrm{d}x = \tan x + C$$

【例2】 求不定积分 $\int \dfrac{1}{x} \mathrm{d}x$.

解 因为 $\dfrac{1}{x}$ 的定义域为 $x \in (-\infty, 0) \cup (0, +\infty)$，当 $x > 0$ 时，$(\ln x)' = \dfrac{1}{x}$，当 $x < 0$ 时，$[\ln(-x)]' = \dfrac{1}{-x} \times (-1) = \dfrac{1}{x}$ 所以

$$\int \dfrac{1}{x} \mathrm{d}x = \ln|x| + C$$

二、不定积分的基本性质

由不定积分定义可知，求不定积分与求导数或（求微分）是两种互逆的运算，即

$$\left[\int f(x)\mathrm{d}x\right]' = f(x) \quad 或 \quad \mathrm{d}\left[\int f(x)\mathrm{d}x\right] = f(x)\mathrm{d}x$$

上式表明，若先求积分后求导数（或求微分），则两者的作用抵消．

$$\int F'(x)\mathrm{d}x = F(x) + C \quad 或 \quad \int \mathrm{d}F(x) = F(x) + C$$

上式表明，若先求导数（或求微分）后求积分，则两者的作用抵消后再加上积分常数 C．

三、基本积分公式

由于不定积分运算与微分运算互为逆运算，所以由微分的基本公式可得如下不定积分的基本公式．

(1) $\int k \mathrm{d}x = kx + C$（$k$ 为常数）；

(2) $\int x^u \mathrm{d}x = \dfrac{1}{u+1} x^{u+1} + C$；

(3) $\int \dfrac{1}{x} \mathrm{d}x = \ln|x| + C$；

(4) $\int a^x \mathrm{d}x = \dfrac{a^x}{\ln a} + C$；特别地，$\int \mathrm{e}^x \mathrm{d}x = \mathrm{e}^x + C$；

(5) $\int \cos x \mathrm{d}x = \sin x + C$；

(6) $\int \sin x \mathrm{d}x = -\cos x + C$；

(7) $\int \sec^2 x \mathrm{d}x = \tan x + C$；

(8) $\int \csc^2 x \mathrm{d}x = -\cot x + C$；

(9) $\int \sec x \tan x \mathrm{d}x = \sec x + C$；

(10) $\int \csc x \cot x \mathrm{d}x = -\csc x + C$；

(11) $\int \dfrac{\mathrm{d}x}{\sqrt{1-x^2}} = \arcsin x + C = -\arccos x + C$；

(12) $\int \dfrac{\mathrm{d}x}{1+x^2} = \arctan x + C = -\mathrm{arccot}\, x + C$；

上述公式是求不定积分的基础，必须熟记，会用．

【例3】 求不定积分．

(1) $\int \dfrac{1}{x^2} dx$；　　　　　(2) $\int \dfrac{1}{x\sqrt{x}} dx$．

解　先把被积函数化为幂函数的形式，再利用基本积分公式（1），得

(1) $\int \dfrac{1}{x^2} dx = \int x^{-2} dx = \dfrac{1}{-2+1} x^{-2+1} + C = -\dfrac{1}{x} + C$

(2) $\int \dfrac{1}{x\sqrt{x}} dx = \int x^{-\frac{3}{2}} dx = \dfrac{1}{-\dfrac{3}{2}+1} x^{-\frac{3}{2}+1} + C = -2 x^{-\frac{1}{2}} + C$

四、不定积分的几何意义

若 $y = F(x)$ 是 $f(x)$ 的一个原函数，则称 $y = F(x)$ 的图形是 $f(x)$ 的积分曲线．由于不定积分

$$\int f(x) dx = F(x) + C$$

是 $f(x)$ 的所有原函数，所以它对应的图形是一族积分曲线，称它为积分曲线族，如图 4-1 所示．这就是不定积分的几何意义．积分曲线族 $y = F(x) + C$ 的特点如下．

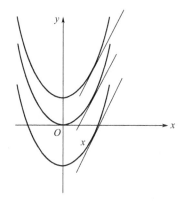

图 4-1

（1）积分曲线族中任意一条曲线，可由其中某一条沿 y 轴平行移动而得到．例如曲线 $y = x^2$ 沿 y 轴平行移动 $|C|$ 单位而得到．当 $C > 0$ 时，向上移动；当 $C < 0$ 时，向下移动；从而得到 $\int 2x dx = x^2 + C$ 的任意一条曲线．

（2）由于 $[F(x) + C]' = F'(x) = f(x)$，即横坐标相同点 x 处，每条积分曲线上相应点的切线斜率相等，都等于 $f(x)$，从而使相应点的切线相互平行．当需要从积分曲线族中求出过点 (x_0, y_0) 的一条积分曲线时，则只要把 x_0, y_0 代入 $y = F(x) + C$ 中解出 C．

【例4】 已知曲线过点 $(1, 3)$，且在其上任一点 (x, y) 处的切线斜率为 $2x$，求该曲线方程．

解　设所求曲线为 $y = f(x)$．
依题意，得

$$y' = f'(x) = 2x$$

所以

$$y = \int 2x dx = x^2 + C$$

由条件 $y|_{x=1}=3$，得 $C=2$. 于是所求曲线为
$$y = x^2 + 2$$

【例 5】 一质点作直线运动，已知其速度为 $v=\sin t$，而且 $s|_{t=0}=1$. 求质点运动的位移 $s(t)$ 随时间 t 变化的关系式.

解 设质点运动的位移 $s(t)$ 与 t 之间的函数关系为 $s=s(t)$，依题意，有
$$v = s'(t) = \sin t$$

所以
$$s = \int \sin t \, dt = -\cos t + C$$

由条件 $s|_{t=0}=1$ 代入上式中得 $C=2$，于是质点运动的规律为
$$s(t) = -\cos t + 2$$

【思考题】 1. 填空：(1) 函数 x^2 的全体原函数是 _____
(2) 函数 x^2 是函数 _____ 的原函数.
2. 不定积分的基本性质是什么？

【习题 4-1】

1. 说明 $y=\ln x, y=\ln(ax), y=\ln(bx)+c$ ($a>0, b<0$) 是同一个函数的原函数.
2. 求下列不定积分.

   (1) $\int \dfrac{(x-2)(x^2+1)}{x^2} dx$；
   (2) $\int (\sqrt{x}+1)(x-\sqrt{x}+1) dx$；
   (3) $\int \dfrac{1+2x^2}{x^2(1+x^2)} dx$；
   (4) $\int \dfrac{\cos 2\theta}{\sin^2 2\theta} d\theta$；
   (5) $\int a^x e^x dx$.

3. 设有一曲线 $y=f(x)$，在其上任一点 (x,y) 处切线的斜率为 $\dfrac{1}{\sqrt{x}}$，并且此曲线通过点 $(4,3)$，求曲线的方程.

4. 设有一通过原点的曲线，在其上任一点 (x,y) 处的切线斜率为 $-2+2ax+3x^2$，其中 a 为常数，且知其经过点 $\left(-\dfrac{1}{3}, \dfrac{20}{27}\right)$，求曲线的方程.

第二节 不定积分的性质和直接积分法

一、不定积分的性质

性质 1 两个函数代数和的不定积分等于各个函数不定积分的代数和，即
$$\int [f(x) \pm g(x)] dx = \int f(x) dx \pm \int g(x) dx$$

证明 根据不定积分定义，只需验证上式右端的导数等于左端的被积分函数
$$\left[\int f(x) dx \pm \int g(x) dx\right]' = \left[\int f(x) dx\right]' \pm \left[\int f(x) dx\right]' = f(x) \pm g(x)$$

性质 1 可推广到有限多个函数代数和的情况，即
$$\int [f_1(x) \pm f_2(x) \pm \cdots \pm f_n(x)] dx = \int f_1(x) dx \pm \int f_2(x) dx \pm \cdots \pm \int f_n(x) dx$$

性质 2 被积函数中不为零的常数因子可以提到积分号外，即

$$\int kf(x)\mathrm{d}x = k\int f(x)\mathrm{d}x \quad (k \text{ 为不等于零的常数})$$

证明 类似性质的证法，有

$$\left[k\int f(x)\mathrm{d}x\right]' = k\left[\int f(x)\mathrm{d}x\right]' = kf(x)$$

二、不定积分的基本积分法

利用不定积分的基本公式和性质求不定积分的方法称为**直接积分法**. 用直接积分法可求出某些简单的不定积分.

【例 6】 求不定积分 $\int (2^x - 2\sin x + 2x\sqrt{x})\mathrm{d}x$.

解 用直接积分法

$$\int (2^x - 2\sin x + 2x\sqrt{x})\mathrm{d}x = \frac{2^x}{\ln 2} + C_1 - 2(-\cos x + C_2) + 2\left(\frac{2}{5}x^{\frac{5}{2}} + C_3\right)$$

$$= \frac{2^x}{\ln 2} + 2\cos x + \frac{4}{5}x^{\frac{5}{2}} + (C_1 - 2C_2 + 2C_3)$$

$$= \frac{2^x}{\ln 2} + 2\cos x + \frac{4}{5}x^{\frac{5}{2}} + C$$

其中 $C = C_1 - 2C_2 + 2C_3$，即各积分常数可以合并，因此，求代数和的不定积分时，只需在最后写出一个积分常数 C 即可.

【例 7】 求 $\int \frac{(1-x)^3}{x^2}\mathrm{d}x$.

解 把被积函数变形，化为代数和形式，再用积分性质和基本积分公式进行积分.

$$\int \frac{(1-x)^3}{x^2}\mathrm{d}x = \int \frac{1 - 3x + 3x^2 - x^3}{x^2}\mathrm{d}x$$

$$= \int \left(\frac{1}{x^2} - \frac{3}{x} + 3 - x\right)\mathrm{d}x$$

$$= \int \frac{\mathrm{d}x}{x^2} - 3\int \frac{1}{x}\mathrm{d}x + 3\int \mathrm{d}x - \int x\mathrm{d}x$$

$$= -\frac{1}{x} - 3\ln|x| + 3x - \frac{1}{2}x^2 + C.$$

【例 8】 求 $\int \left(\frac{3}{1+x^2} - 2\cos x\right)\mathrm{d}x$.

解 应先分项，后积分.

$$\int \left(\frac{3}{1+x^2} - 2\cos x\right)\mathrm{d}x = 3\int \frac{\mathrm{d}x}{1+x^2} - 2\int \cos x\mathrm{d}x$$

$$= 3\arctan x - 2\sin x + C$$

【例 9】 求 $\int \left(\frac{1}{2\sqrt{x}} - \frac{2}{\sqrt{1-x^2}} + 3\mathrm{e}^x\right)\mathrm{d}x$.

解 $\int \left(\frac{1}{2\sqrt{x}} - \frac{2}{\sqrt{1-x^2}} + 3\mathrm{e}^x\right)\mathrm{d}x = \frac{1}{2}\int \frac{1}{\sqrt{x}}\mathrm{d}x - 2\int \frac{1}{\sqrt{1-x^2}}\mathrm{d}x + 3\int \mathrm{e}^x\mathrm{d}x$

$$= \frac{1}{2} \times \frac{x^{-\frac{1}{2}+1}}{-\frac{1}{2}+1} - 2\arcsin x + 3\mathrm{e}^x + C$$

$$= \sqrt{x} - 2\arcsin x + 3e^x + C$$

【例 10】 求不定积分 $\int \dfrac{2x^2+1}{x^2(x^2+1)}dx$.

解
$$\int \dfrac{2x^2+1}{x^2(x^2+1)}dx = \int \dfrac{1+x^2+x^2}{x^2(x^2+1)}dx$$
$$= \int \dfrac{1}{x^2}dx + \int \dfrac{1}{1+x^2}dx$$
$$= -\dfrac{1}{x} + \arctan x + C$$

【例 11】 求 $\int \dfrac{(x-\sqrt{x})(1+\sqrt{x})}{\sqrt[3]{x}}dx$.

解
$$\int \dfrac{(x-\sqrt{x})(1+\sqrt{x})}{\sqrt[3]{x}}dx = \int \dfrac{x\sqrt{x}-\sqrt{x}}{\sqrt[3]{x}}dx = \int \left(x^{\frac{7}{6}} - x^{\frac{1}{6}}\right)dx$$
$$= \int x^{\frac{7}{6}}dx - \int x^{\frac{1}{6}}dx = \dfrac{6}{13}x^{\frac{13}{6}} - \dfrac{6}{7}x^{\frac{7}{6}} + C$$

【例 12】 求 $\int \dfrac{2x^2}{1+x^2}dx$.

解
$$\int \dfrac{2x^2}{1+x^2}dx = 2\int \dfrac{1+x^2-1}{1+x^2}dx$$
$$= 2\int \left(1 - \dfrac{1}{1+x^2}\right)dx = 2\int dx - 2\int \dfrac{1}{1+x^2}dx$$
$$= 2x - 2\arctan x + C$$

【例 13】 求 $\int \tan^2 x\, dx$.

解
$$\int \tan^2 x\, dx = \int (\sec^2 x - 1)dx$$
$$= \int \sec^2 x\, dx - \int dx = \tan x - x + C$$

【例 14】 求 $\int \sin^2 \dfrac{x}{2}dx$.

解 对这个积分，先利用三角恒等式对被积函数进行变形，再利用积分性质和基本积分公式积分.

$$\int \sin^2 \dfrac{x}{2}dx = \int \dfrac{1}{2}(1-\cos x)dx = \dfrac{1}{2}\int dx - \dfrac{1}{2}\int \cos x\, dx = \dfrac{1}{2}x - \dfrac{1}{2}\sin x + C$$

【例 15】 求 $\int \dfrac{\cos 2x}{\cos x - \sin x}dx$.

解
$$\int \dfrac{\cos 2x}{\cos x - \sin x}dx = \int \dfrac{\cos^2 x - \sin^2 x}{\cos x - \sin x}dx = \int (\cos x + \sin x)dx$$
$$= \sin x - \cos x + C$$

【思考题】 $\int \cos 2x \,\mathrm{d}x = \sin 2x$ 对吗?

【习题 4-2】

1. 求 $\int \sqrt[m]{x^n}\,\mathrm{d}x$.

2. 求 $\int \left(\dfrac{1}{\sqrt{x}} + \sqrt{x}\right)\mathrm{d}x$.

3. 求 $\int \dfrac{(1-x)^2}{\sqrt{x}}\mathrm{d}x$.

4. 求 $\int (\mathrm{e}^x + 1)\mathrm{d}x$.

5. 求 $\int (ax^2 + bx + c)\mathrm{d}x$ (a,b,c 为常数).

6. 求 $\int \dfrac{1}{\sqrt{2gh}}\,\mathrm{d}h$.

7. 求 $\int \dfrac{3x^3 - 2x^2 + x + 1}{x^3}\mathrm{d}x$.

8. 求 $\int \dfrac{x^3 - 27}{x - 3}\mathrm{d}x$.

9. 求 $\int \left(\dfrac{x+2}{x}\right)^2 \mathrm{d}x$.

10. 求 $\int \left(5^x - \dfrac{2}{\sqrt{1-x^2}} + 2\sin x\right)\mathrm{d}x$.

11. 求 $\int \dfrac{\sin 2x}{2\sin x}\mathrm{d}x$.

12. 求 $\int \dfrac{\cos 2x}{\sin^2 x}\mathrm{d}x$.

13. 求 $\int \dfrac{\sqrt{1+x^2}}{\sqrt{1-x^4}}\mathrm{d}x$.

14. 求 $\int \sec x(\sec x - \tan x)\mathrm{d}x$.

第三节　换元积分法

在积分中,常常会遇到用直接积分法无法求出函数的不定积分的情况,如 $\tan x$ 和 $\ln x$ 这样一些基本初等函数的积分都不能用直接积分法求得. 因此有必要寻求更多的求积分方法. 本节所讲的换元积分法就是其中之一. 所谓换元法,简单说来,就是要通过积分变量代换,使欲求的积分化为可通过积分的基本公式和性质可求出的积分或原函数为已知的其他形式.

一、第一换元积分法

例如,求 $\int \cos 2x\,\mathrm{d}x$.

显然,不能直接利用基本的积分公式 $\int \cos x\,\mathrm{d}x = \sin x + C$.

因为被积函数 $\cos 2x$ 是 $\cos u$ 与 $u = 2x$ 的复合函数. 为了求出该积分,我们把它改写成

$$\int \cos 2x\,\mathrm{d}x = \frac{1}{2}\int \cos 2x\,\mathrm{d}(2x)$$

令 $2x = u$,把 u 看作新的积分变量,便可应用基本积分公式

$$\int \cos 2x\,\mathrm{d}x = \frac{1}{2}\int \cos u\,\mathrm{d}u = \frac{1}{2}\sin u + C$$

再把 u 换成 $2x$,得

$$\int \cos 2x\,\mathrm{d}x = \frac{1}{2}\sin 2x + C$$

从结果来分析：容易验证 $\frac{1}{2}\sin 2x$ 是 $\cos 2x$ 的一个原函数．也就是说上述结果是正确的．现在就要看能否把 $\int \cos x \mathrm{d}x = \sin x + C$（其中 x 是自变量）用到 $\int \cos u \mathrm{d}u = \sin u + C$（其中 u 是自变量 x 的函数，是中间变量）．下面的定理回答了这个问题．

定理 设 $f(u)$ 连续函数，且 $F(u)$ 是 $f(u)$ 的一个原函数，$u = \varphi(x)$，$\varphi'(x)$ 是连续函数，则

$$\int f[\varphi(x)]\varphi'(x)\mathrm{d}x = \int f(u)\mathrm{d}u = F(u) + C = F[\varphi(x)] + C$$

【例 16】 求 $\int (a+bx)^n \mathrm{d}x \quad (n > 1, n \in \mathbf{N}, b \neq 0)$．

解 为了应用公式

$$\int x^\alpha \mathrm{d}x = \frac{x^{\alpha+1}}{\alpha+1} + C \quad (\alpha \neq -1)$$

我们把所求积分写成

$$\int (a+bx)^n \mathrm{d}x = \frac{1}{b}\int (a+bx)^n \mathrm{d}(a+bx)$$

令 $a + bx = u$，则有

$$\int (a+bx)^n \mathrm{d}x = \frac{1}{b}\int u^n \mathrm{d}u = \frac{1}{b} \times \frac{u^{n+1}}{n+1} + C$$

再把 u 换成 $a + bx$ 得

$$\int (a+bx)^n \mathrm{d}x = \frac{(a+bx)^{n+1}}{b(n+1)} + C$$

用上式求不定积分的方法称为第一换元法，也叫做凑微分法．第一换元积分法的具体步骤可分为以下三步．

（1）凑微分 将被积表达式凑成 $f[\varphi(x)]\varphi'(x)\mathrm{d}x$ 的形式，由于 $\varphi'(x)\mathrm{d}x = \mathrm{d}[\varphi(x)]$，于是所求积分可化为 $\int f[\varphi(x)]\mathrm{d}[\varphi(x)]$．

（2）换元 令 $u = \varphi(x)$，所求积分化为 $\int f(u)\mathrm{d}u$，求出积分 $\int f(u)\mathrm{d}u$．

（3）回代 用 $u = \varphi(x)$ 还原，即

$$\int f(u)\mathrm{d}u = F(u) = F[\varphi(x)] + C$$

其中第(1)步是关键．下面介绍几个常用的凑微分等式供参考（其中 a,b 为常数，且 $a \neq 0$）．

$\mathrm{d}x = \frac{1}{a}\mathrm{d}(ax+b)$; $\qquad x\mathrm{d}x = \frac{1}{2}\mathrm{d}(x^2) = \frac{1}{2a}\mathrm{d}(ax^2+b)$;

$\frac{1}{x}\mathrm{d}x = \frac{1}{a}\mathrm{d}(a\ln|x|+b)$; $\qquad \frac{\mathrm{d}x}{\sqrt{x}} = 2\mathrm{d}\sqrt{x} = \frac{2}{a}\mathrm{d}(a\sqrt{x}+b)$;

$\frac{\mathrm{d}x}{x^2} = -\mathrm{d}\left(\frac{1}{x}\right)$; $\qquad \mathrm{e}^x \mathrm{d}x = \mathrm{d}\mathrm{e}^x$;

$\cos x \mathrm{d}x = \mathrm{d}\sin x$; $\qquad \sin x \mathrm{d}x = -\mathrm{d}\cos x$;

$\sec^2 x \mathrm{d}x = \mathrm{d}\tan x$; $\qquad \sec\tan x \mathrm{d}x = \mathrm{d}\sec x$;

$\frac{\mathrm{d}x}{\sqrt{1-x^2}} = \mathrm{d}\arcsin x$; $\qquad \frac{\mathrm{d}x}{1+x^2} = \mathrm{d}\arctan x$.

【例 17】 求 $\int \dfrac{1}{1-2x}\mathrm{d}x$.

解 令 $u = 1-2x$，则 $\mathrm{d}u = -2\mathrm{d}x$.

$$\int \dfrac{1}{1-2x}\mathrm{d}x = \dfrac{1}{2}\int \dfrac{1}{1-2x}\mathrm{d}(1-2x)$$
$$= -\dfrac{1}{2}\int \dfrac{1}{u}\mathrm{d}u = -\dfrac{1}{2}\ln|u| + C = -\dfrac{1}{2}\ln|1-2x| + C$$

【例 18】 求 $\int \sin^3 x \cos^2 x \mathrm{d}x$.

解 令 $u = \cos x$，则 $\mathrm{d}u = -\sin x \mathrm{d}x$，

$$\int \sin^3 x \cos^2 x \mathrm{d}x = -\int \sin^2 x \cos^2 x \mathrm{d}(\cos x)$$
$$= -\int (1-\cos^2 x)\cos^2 x \mathrm{d}(\cos x)$$
$$= -\int (1-u^2) u^2 \mathrm{d}u = -\dfrac{u^3}{3} + \dfrac{u^5}{5} + C$$
$$= (\text{回代 } u = \cos x) -\dfrac{1}{3}\cos^3 x + \dfrac{1}{5}\cos^5 x + C$$

【例 19】 求 $\int x^2 \sqrt{4-3x^3}\mathrm{d}x$.

解 令 $u = 4-3x^3$，

$$\int x^2 \sqrt{4-3x^3}\mathrm{d}x = -\dfrac{1}{9}\int \sqrt{4-3x^3}\mathrm{d}(4-3x^3)$$
$$= -\dfrac{1}{9}\times \dfrac{2}{3} u^{\frac{3}{2}} + C$$
$$= -\dfrac{2}{27}\times (4-3x^3)^{\frac{3}{2}} + C$$

注意 在应用相当熟练后，碰到比较简单的变换 $u = \varphi(x)$，就不必把它明白写出．有些积分并不能直接用第一换元积分法求出，需要对被积函数先进行恒等变形，然后再进行凑微分、换元求出积分．

【例 20】 求 $\int \sin^2 x \mathrm{d}x$.

解
$$\int \sin^2 x \mathrm{d}x = \int \dfrac{1-\cos 2x}{2}\mathrm{d}x$$
$$= \dfrac{1}{2}\int \mathrm{d}x - \dfrac{1}{4}\int \cos 2x \mathrm{d}(2x)$$
$$= \dfrac{1}{2}x - \dfrac{1}{4}\sin 2x + C$$

【例 21】 求 $\int \dfrac{1}{\sqrt{a^2-x^2}}\mathrm{d}x \, (a > 0)$.

解 因为 $\int \dfrac{1}{\sqrt{a^2-x^2}}\mathrm{d}x = \int \dfrac{1}{\sqrt{1-\left(\dfrac{x}{a}\right)^2}}\mathrm{d}\left(\dfrac{x}{a}\right)$，所以

$$\int \dfrac{1}{\sqrt{a^2-x^2}}\mathrm{d}x = \arcsin \dfrac{x}{a} + C$$

上式可作为公式使用.

【例 22】 求 $\int \dfrac{1}{a^2+x^2}\mathrm{d}x$.

解 因为 $\int \dfrac{1}{a^2+x^2}\mathrm{d}x = \dfrac{1}{a}\int \dfrac{1}{1+\left(\dfrac{x}{a}\right)^2}\mathrm{d}\left(\dfrac{x}{a}\right)$，所以

$$\int \dfrac{1}{a^2+x^2}\mathrm{d}x = \dfrac{1}{a}\arctan\dfrac{x}{a} + C$$

【例 23】 求 $\int \dfrac{1}{a^2-x^2}\mathrm{d}x$.

解
$$\int \dfrac{1}{a^2-x^2}\mathrm{d}x = \int \dfrac{1}{2a}\left(\dfrac{1}{a+x}+\dfrac{1}{a-x}\right)\mathrm{d}x$$
$$= \dfrac{1}{2a}\left[\int \dfrac{1}{a+x}\mathrm{d}(a+x) - \int \dfrac{1}{a-x}\mathrm{d}(a-x)\right]$$
$$= \dfrac{1}{2a}[\ln|a+x| - \ln|a-x|] + C$$

即
$$\int \dfrac{1}{a^2-x^2}\mathrm{d}x = \dfrac{1}{2a}\ln\left|\dfrac{a+x}{a-x}\right| + C$$

【例 24】 求 $\int \tan x\,\mathrm{d}x$.

解 $\int \tan x\,\mathrm{d}x = \int \dfrac{\sin x}{\cos x}\mathrm{d}x = -\int \dfrac{\mathrm{d}(\cos x)}{\cos x}$
$$= \ln|\cos x| + C = \ln|\sec x|$$

用类似的方法可得：
$$\int \cot x\,\mathrm{d}x = \int \dfrac{\cos x}{\sin x}\mathrm{d}x = \int \dfrac{\mathrm{d}(\sin x)}{\sin x} = \ln|\sin x| + C = -\ln|\csc x| + C$$

【例 25】 求 $\int \sec x\,\mathrm{d}x$.

解 $\int \sec x\,\mathrm{d}x = \int \dfrac{\sec x(\sec x + \tan x)\mathrm{d}x}{\sec x + \tan x}$
$$= \int \dfrac{\sec^2 x + \sec x \tan x}{\sec x + \tan x}\mathrm{d}x$$
$$= \int \dfrac{\mathrm{d}(\sec x + \tan x)}{\sec x + \tan x}$$
$$= \ln|\sec x + \tan x| + C$$

即
$$\int \sec x\,\mathrm{d}x = \ln|\sec x + \tan x| + C$$

用类似的方法可得：
$$\int \csc x\,\mathrm{d}x = \ln|\csc x - \cot x| + C$$

【例 26】 求 $\int \sin 3x \sin 2x\,\mathrm{d}x$.

解 由三角函数的和差公式，得

$$\sin 3x \sin 2x = \frac{1}{2}(\cos x - \cos 5x)$$

得

$$\int \sin 3x \sin 2x \mathrm{d}x = \frac{1}{2}\int \cos x \mathrm{d}x - \frac{1}{2}\int \cos 5x \mathrm{d}x = \frac{1}{2}\sin x - \frac{1}{10}\sin 5x + C$$

【例 27】 求 $\int \tan^5 x \sec^3 x \mathrm{d}x$.

解
$$\begin{aligned}\int \tan^5 x \sec^3 x \mathrm{d}x &= \int \tan^4 x \sec^2 x \sec x \tan x \mathrm{d}x \\ &= \int (\sec^2 x - 1)^2 \sec^2 x \mathrm{d}(\sec x) \\ &= \int (\sec^6 x - 2\sec^4 x + \sec^2 x) \mathrm{d}(\sec x) \\ &= \frac{1}{7}\sec^7 x - \frac{2}{5}\sec^5 x + \frac{1}{3}\sec^3 x + C\end{aligned}$$

【例 28】 求 $\int \tan^4 x \mathrm{d}x$.

解
$$\begin{aligned}\int \tan^4 x \mathrm{d}x &= \int \tan^2 x \tan^2 x \mathrm{d}x \\ &= \int \tan^2 x (\sec^2 x - 1) \mathrm{d}x \\ &= \int \tan^2 x \sec^2 x \mathrm{d}x - \int \tan^2 x \mathrm{d}x \\ &= \int \tan^2 x \mathrm{d}(\tan x) - \int \sec^2 x \mathrm{d}x + \int \mathrm{d}x \\ &= \frac{1}{3}\tan^3 x - \tan x + x + C\end{aligned}$$

【例 29】 求 $\int \frac{1}{1+\mathrm{e}^x}\mathrm{d}x$.

解
$$\begin{aligned}\int \frac{\mathrm{d}x}{1+\mathrm{e}^x} &= \int \frac{(1+\mathrm{e}^x) - \mathrm{e}^x}{1+\mathrm{e}^x}\mathrm{d}x \\ &= \int \mathrm{d}x - \int \frac{\mathrm{e}^x}{1+\mathrm{e}^x}\mathrm{d}x \\ &= \int \mathrm{d}x - \int \frac{1}{1+\mathrm{e}^x}\mathrm{d}(1+\mathrm{e}^x) \\ &= x - \ln(1+\mathrm{e}^x) + C\end{aligned}$$

二、第二换元积分法

第一换元积分法虽然利用比较广泛，但对于某些积分，如 $\int \sqrt{a^2 - x^2}\mathrm{d}x$，$\int x\sqrt{x+1}\mathrm{d}x$，$\int \frac{\mathrm{d}x}{\sqrt{a^2 + x^2}}$ 等，就不一定适合．这些被积函数则需要进行相反方式的换元，即 $x = \varphi(t)$，把 t 作为新的积分变量，才可求出结果，即

$$\int f(x)\mathrm{d}x = \int f[\varphi(t)]\mathrm{d}[\varphi(t)] = F(t) + C = F[\phi(x)] + C$$

这种方法称为第二换元积分法．使用第二换元积分法的关键是恰当选择变换函数 $x = $

$\varphi(t)$. 对于 $x=\varphi(t)$，要求其单调可导，$\varphi'(t)\neq 0$，且其反函数 $t=\varphi^{-1}(x)$ 存在. 下面通过例题来说明第二换元积分法的求法.

【例 30】 求 $\int \sqrt{a^2-x^2}\,\mathrm{d}x$ $(a>0)$

解 令 $x=a\sin t$ $\left(-\dfrac{\pi}{2}<t<\dfrac{\pi}{2}\right)$，

则 $\mathrm{d}x=a\cos t\,\mathrm{d}t$，代入原式得：

$$\int \sqrt{a^2-x^2}\,\mathrm{d}x = \int \sqrt{a^2-a^2\sin^2 t}\, a\cos t\,\mathrm{d}t$$

$$= a^2\int \cos^2 t\,\mathrm{d}t = \dfrac{a^2}{2}\int (1+\cos 2t)\,\mathrm{d}t$$

$$= \dfrac{a^2}{2}\left(\int \mathrm{d}t + \int \cos 2t\,\mathrm{d}t\right) = \dfrac{a^2}{2}\left(t+\dfrac{1}{2}\sin 2t\right)+C$$

由于 $\sin t = \dfrac{x}{a}\left(-\dfrac{\pi}{2}<t<\dfrac{\pi}{2}\right)$

所以 $\cos t = \dfrac{\sqrt{a^2-x^2}}{a}$

则 $\sin 2t = 2\sin t\cos t = 2\dfrac{x\sqrt{a^2-x^2}}{a^2}$

即 $\int \sqrt{a^2-x^2}\,\mathrm{d}x = \dfrac{1}{2}x\sqrt{a^2-x^2}+\dfrac{a^2}{2}\arcsin\dfrac{x}{a}+C$

【例 31】 求 $\int \dfrac{1}{\sqrt{a^2+x^2}}\,\mathrm{d}x$ $(a>0)$.

解 令 $x=a\tan t$ $\left(-\dfrac{\pi}{2}<t<\dfrac{\pi}{2}\right)$，则 $\mathrm{d}x=a\sec^2 t\,\mathrm{d}t$.

代入原式，得

$$\int \dfrac{1}{\sqrt{a^2+x^2}}\,\mathrm{d}x = \int \dfrac{1}{\sqrt{a^2+a^2\tan^2 t}}a\sec^2 t\,\mathrm{d}t$$

$$= \int \dfrac{1}{a\sec t}a\sec^2 t\,\mathrm{d}t = \int \sec t\,\mathrm{d}t = \ln|\sec t+\tan t|+C_1$$

由于 $\tan t = \dfrac{x}{a}$，则 $\sec t = \dfrac{\sqrt{a^2+x^2}}{a}$.

故有 $\int \dfrac{1}{\sqrt{a^2+x^2}}\,\mathrm{d}x = \ln\left|\dfrac{\sqrt{a^2+x^2}}{a}+\dfrac{x}{a}\right|+C_1$

或 $\int \dfrac{1}{\sqrt{a^2+x^2}}\,\mathrm{d}x = \ln\left|x+\sqrt{a^2+x^2}\right|+C$ （这里，$C=C_1-\ln a$）

同理，可令 $x=a\sec t\left(0<t<\dfrac{\pi}{2},-\dfrac{\pi}{2}<t<0\right)$，得

$$\int \dfrac{1}{\sqrt{x^2-a^2}}\,\mathrm{d}x = \ln\left|x+\sqrt{x^2-a^2}\right|+C$$

【例 32】 求 $\int \dfrac{1}{x\sqrt{1+x^2}}\,\mathrm{d}x$ $(x>0)$.

解 令 $x=\tan t$，则 $\mathrm{d}x=\sec^2 t\,\mathrm{d}t$. 代入原式得：

$$\int \frac{1}{x\sqrt{1+x^2}}dx = \int \frac{1}{\tan t \sec t}\sec^2 t dt = \int \csc t dt$$
$$= \ln|\csc t - \cot t| + C$$

回代 $x = \arctan t$ 得：
$$\int \frac{1}{x\sqrt{1+x^2}}dx = \ln(\sqrt{1+x^2}+1) - \ln x + C$$

从例 30~例 32 中可以看到，当被积函数含有根式：$\sqrt{a^2-x^2}$，$\sqrt{x^2+a^2}$，$\sqrt{x^2-a^2}$ 时，可以用三角式换元，以消除被积函数中的根号，从而使被积表达式简化，即当被积函数含有：

(1) $\sqrt{a^2-x^2}$ 时，可令 $x = a\sin t$；

(2) $\sqrt{x^2+a^2}$ 时，可令 $x = a\tan t$；

(3) $\sqrt{x^2-a^2}$ 时，可令 $x = a\sec t$.

利用三角函数进行变量替换，但有时也可直接用代数式进行变量置换，叫代数代换.

【例 33】 求 $\int \frac{1}{\sqrt{x}(1+\sqrt[3]{x})}dx$.

解 被积函数中有根式 $\sqrt{x}$ 与 $\sqrt[3]{x}$，它们的根指数分别为 2 与 3. 为了同时消除这些根式，令以 2 与 3 的最小公倍数 6 为根指数，然后以 x 的根式 $\sqrt[6]{x}$ 为新的积分变量 t.

令 $\sqrt[6]{x} = t$，$x = t^6$，$dx = 6t^5 dt$.

这时 $\sqrt{x} = t^3$，$\sqrt[3]{x} = t^2$，代入得

$$\int \frac{1}{\sqrt{x}(1+\sqrt[3]{x})}dx = 6\int \frac{t^2}{1+t^2}dt$$
$$= 6\int \left(1 - \frac{1}{1+t^2}\right)dt$$
$$= 6\int dt - 6\int \frac{1}{1+t^2}dt$$
$$= 6t - 6\arctan t + C$$
$$= 6\sqrt[6]{x} - 6\arctan \sqrt[6]{x} + C$$

【例 34】 求 $\int \frac{dx}{x\sqrt{1+x^2}}$.

解 令 $\sqrt{1+x^2} = t$，$x = \sqrt{t^2-1}$、则 $dx = \frac{t}{\sqrt{t^2-1}}dt$.

$$\int \frac{dx}{x\sqrt{1+x^2}} = \int \frac{t}{\sqrt{t^2-1} \cdot \sqrt{t^2-1}}dt$$
$$= \int \frac{1}{t^2-1}dt = \frac{1}{2}\ln\left|\frac{t-1}{t+1}\right| + C$$
$$= \frac{1}{2}\ln\left|\frac{(\sqrt{1+x^2}-1)^2}{x^2}\right| + C = \ln\left|\frac{\sqrt{1+x^2}-1}{x}\right| + C$$

【例 35】 求 $\int \frac{dx}{\sqrt{9x^2+6x-1}}$.

解 由于 $9x^2 + 6x - 1 = (3x+1)^2 - (\sqrt{2})^2$，

所以

$$\int \frac{\mathrm{d}x}{\sqrt{9x^2+6x-1}} = \frac{1}{3}\int \frac{1}{\sqrt{(3x+1)^2-(\sqrt{2})^2}}\mathrm{d}(3x+1)$$
$$= \frac{1}{3}\ln\left|3x+1+\sqrt{9x^2+6x-1}\right|+C$$

【思考题】 1. 第一换元积分法与第二换元积分法的不同在何处？

2. 用不同的解法求同一个积分 $I = \int \sin 2x \mathrm{d}x$；

$$I = 2\int \sin x \cos x \mathrm{d}x = \sin^2 x + C_1; \quad I = 2\int \cos x \sin x \mathrm{d}x = -\cos^2 x + C_2;$$

$$I = \frac{1}{2}\int \sin 2x \mathrm{d}(2x) = -\frac{1}{2}\cos 2x + C_2.$$

这里是否有矛盾？如何解决这种现象．

【习题 4-3】

求下列不定积分．

(1) $\int \frac{1}{(2x+3)^9}\mathrm{d}x$；

(2) $\int \sqrt{1-3x}\mathrm{d}x$；

(3) $\int \sin(\omega t + \varphi)\mathrm{d}t$；

(4) $\int \mathrm{e}^{-\frac{x}{2}}\mathrm{d}x$；

(5) $\int \frac{1}{\sin^2\left(\frac{\pi}{4}-2x\right)}\mathrm{d}x$；

(6) $\int 10^{2x}\mathrm{d}x$；

(7) $\int \frac{1}{\sqrt{2-3x^2}}\mathrm{d}x$；

(8) $\int \frac{x}{(1+3x^2)^2}\mathrm{d}x$；

(9) $\int \frac{2x-3}{x^2-3x+8}\mathrm{d}x$；

(10) $\int \frac{x}{4+x^4}\mathrm{d}x$；

(11) $\int \frac{x}{\sqrt{2-4x^4}}\mathrm{d}x$；

(12) $\int x\sqrt[3]{1+x^2}\mathrm{d}x$；

(13) $\int \frac{1}{\cos^2 x(1+\tan x)}\mathrm{d}x$；

(14) $\int \cos^3\theta \sin\theta \mathrm{d}\theta$；

(15) $\int \frac{\sin x}{2+\cos^2 x}\mathrm{d}x$；

(16) $\int x^2 \mathrm{e}^{-3}\mathrm{d}x$；

(17) $\int \frac{\sqrt{\ln x}}{x}\mathrm{d}x$；

(18) $\int \frac{\mathrm{e}^x}{\mathrm{e}^{2x}+4}\mathrm{d}x$；

(19) $\int \frac{\sqrt{\arctan x}}{1+x^2}\mathrm{d}x$；

(20) $\int \frac{1}{\sqrt{x}(1+2x)}\mathrm{d}x$；

(21) $\int \frac{\sqrt{x^2-a^2}}{x}\mathrm{d}x$；

(22) $\int \frac{\mathrm{d}x}{x^2\sqrt{x^2+1}}$；

(23) $\int \frac{\mathrm{d}x}{x(x^6+4)}$；

(24) $\int \frac{\mathrm{d}x}{\sqrt{1+\mathrm{e}^x}}$.

第四节 分部积分法

分部积分法也是求不定积分的基本方法之一，常常用于被积函数是两种不同类型函数乘

积的积分，如

$$\int x^a a^x \mathrm{d}x ; \int x^a \sin\omega x \, \mathrm{d}x ; \int x^a \arctan x \mathrm{d}x ; \int \mathrm{e}^x \cos\omega x \, \mathrm{d}x$$ 等，分部积分是乘积的微分公式的逆运算.

设函数 $u = u(x), v = v(x)$ 具有连续导数：$u' = u'(x), v' = v'(x)$. 根据乘积微分公式

$$(uv)' = u'v + uv' \text{ 或 } \mathrm{d}(uv) = v\mathrm{d}u + u\mathrm{d}v$$

于是，有

$$\int \mathrm{d}(uv) = \int u\mathrm{d}v + \int v\mathrm{d}u$$

即

$$\int u\mathrm{d}v = uv - \int v\mathrm{d}u$$

上式称为分部积分公式，利用上式求不定积分的方法称为**分部积分法**，它要求使用该公式时，必须是 $\int u\mathrm{d}v$ 比较难以求出，而 $\int v\mathrm{d}u$ 较 $\int u\mathrm{d}v$ 易积出.

【例 36】 求 $\int x\mathrm{e}^x \mathrm{d}x$.

解 被积函数是幂函数与指数函数的乘积，用分部积分法可设 $v = \mathrm{e}^x, u = x$，则 $\mathrm{d}v = \mathrm{e}^x \mathrm{d}x, \mathrm{d}u = \mathrm{d}x$ 由分部积分公式，得

$$\int x\mathrm{e}^x \mathrm{d}x = \int x\mathrm{d}\mathrm{e}^x$$
$$= x\mathrm{e}^x - \int \mathrm{e}^x \mathrm{d}x = x\mathrm{e}^x - \mathrm{e}^x + C$$

【例 37】 求 $\int x\cos x \mathrm{d}x$.

解 被积函数是幂函数与三角函数的乘积时，可用分部积分法，设 $u = x, \mathrm{d}v = \cos x \mathrm{d}x$，得：

$$\int x\cos x \mathrm{d}x = \int x\mathrm{d}\sin x = x\sin x - \int \sin x \mathrm{d}x = x\sin x + \cos x + C$$

【例 38】 求 $\int x^3 \ln x \mathrm{d}x$.

解 被积函数是幂函数与对数函数的乘积，用分部积分公式，可设 $u = \ln x, v = x^4, \mathrm{d}v = x^3 \mathrm{d}x$. 得

$$\int x^3 \ln x \mathrm{d}x = \frac{1}{4} \int \ln x \mathrm{d}(x^4)$$
$$= \frac{1}{4} x^4 \ln x - \frac{1}{4} \int x^4 \frac{1}{x} \mathrm{d}x = \frac{x^4}{4} \ln x - \frac{1}{16} x^4 + C$$

【例 39】 求 $\int x\arctan x \mathrm{d}x$.

解 被积函数是幂函数与反正切函数的乘积，用分部积分法得

$$\int x\arctan x \mathrm{d}x = \frac{1}{2} \int \arctan x \mathrm{d}x^2$$
$$= \frac{1}{2} x^2 \arctan x - \frac{1}{2} \int \frac{x^2}{1+x^2} \mathrm{d}x$$
$$= \frac{1}{2} x^2 \arctan x - \frac{1}{2} \int \left(1 - \frac{1}{1+x^2}\right) \mathrm{d}x$$

$$= \frac{1}{2}x^2 \arctan x - \frac{1}{2}(x - \arctan x) + C$$

$$= \frac{1}{2}(x^2+1)\arctan x - \frac{1}{2}x + C$$

从以上各例看出，当被积函数是两种不同类型函数乘积时，可考虑用分部积分法计算，其中选择 u 的规律如下："**指、三、幂、对、反，谁在后面谁为 u**". 这里的"后面"是指"指数函数、三角函数、幂函数、对数函数、反三角函数"排列的先后顺序. 如对数函数在幂函数的后面，就选对数函数为 u.

有时要多次使用分部积分法，才能求出结果.

【例 40】 求 $\int x^2 \cos x \mathrm{d}x$.

解
$$\int x^2 \cos x \mathrm{d}x = \int x^2 \mathrm{d}(\sin x)$$
$$= x^2 \sin x - 2\int x \sin x \mathrm{d}x = x^2 \sin x + 2\int x \mathrm{d}(\cos x)$$
$$= x^2 \sin x + 2\left(x\cos x - \int \cos x \mathrm{d}x\right)$$
$$= x^2 \sin x + 2x\cos x - 2\sin x + C$$

【例 41】 求 $\int \sec^3 x \mathrm{d}x$.

解
$$\int \sec^3 x \mathrm{d}x = \int \sec x \mathrm{d}(\tan x)$$
$$= \sec x \tan x - \int \tan^2 x \sec x \mathrm{d}x$$
$$= \sec x \tan x - \int (\sec^2 x - 1)\sec x \mathrm{d}x$$
$$= \sec x \tan x - \int \sec^3 x \mathrm{d}x + \int \sec x \mathrm{d}x$$

将等式右端的第一个积分移到左端，并将右端第二个积分求出，得
$$2\int \sec^3 x \mathrm{d}x = \sec x \tan x + \ln|\sec x + \tan x| + C$$

从而
$$\int \sec^3 x \mathrm{d}x = \frac{1}{2}\sec x \tan x + \frac{1}{2}\ln|\sec x + \tan x| + C$$

【例 42】 求 $\int \mathrm{e}^x \sin x \mathrm{d}x$.

解 $\int \mathrm{e}^x \sin x \mathrm{d}x = -\int \mathrm{e}^x \mathrm{d}\cos x = -\mathrm{e}^x \cos x + \int \mathrm{e}^x \cos x \mathrm{d}x$,

对于 $\int \mathrm{e}^x \cos x \mathrm{d}x$ 再进行分部积分，故
$$\int \mathrm{e}^x \sin x \mathrm{d}x = -\mathrm{e}^x \cos x + \left(\mathrm{e}^x \sin x - \int \mathrm{e}^x \sin x \mathrm{d}x\right)$$

整理得
$$2\int \mathrm{e}^x \sin x \mathrm{d}x = \mathrm{e}^x (\sin x - \cos x) + C_1$$

右端要加上积分常数 C_1，两端除以 2，且记 $C = \dfrac{C_1}{2}$，得

$$\int e^x \sin x \, dx = \frac{1}{2} e^x (\sin x - \cos x) + C$$

需要注意的是，上面例 40、例 42 中在第二次用分部积分法时，u、dv 的选取必须与第一次一致，如例 42 中，必须还选取 $u = e^x$；否则，将成为恒等式.

有时，一个积分的计算需要换元法与分部积分法结合进行.

【例 43】 求 $I = \int e^{\sqrt[3]{x}} dx$.

解 先换元，令 $t = \sqrt[3]{x}, x = t^3, dx = 3t^2 dt$，则

$$I = \int e^t 3t^2 dt = 3\int t^2 e^t dt = 3t^2 e^t - 6\int t e^t dt$$
$$= 3t^2 e^t - 6t e^t + 6\int e^t dt$$
$$= 3t^2 e^t - 6t e^t + 6e^t + C$$
$$= 3e^{\sqrt[3]{x}}(\sqrt[3]{x^2} - 2\sqrt[3]{x} + 2) + C$$

【思考题】 在使用分部积分法时，一般情况下如何选取 u？

【习题 4-4】

求下列各积分.

(1) $\int \arccos x \, dx$；

(2) $\int x \arcsin x \, dx$；

(3) $\int \frac{\ln(\ln x)}{x} dx$；

(4) $\int (\ln x)^2 dx$；

(5) $\int x^2 e^{-x} dx$；

(6) $\int \sin \sqrt{x} \, dx$；

(7) $\int \frac{x e^x}{\sqrt{e^x - 1}} dx$；

(8) $\int \frac{\arctan x}{x^2 (1 + x^2)} dx$；

(9) $\int \frac{\arcsin x}{\sqrt{1 - x^2}} dx$；

(10) $\int \frac{x \arctan x}{\sqrt{1 + x^2}} dx$；

(11) $\int e^x \sin^2 x \, dx$；

(12) $\int \sin^{n-1} x \sin(n+1) x \, dx$；

(13) $\int x \tan^2 x \, dx$；

(14) $\int \cos^4 x \, dx$；

(15) $I_1 = \int \sin(\ln x) dx$ 与 $I_2 = \int \cos(\ln x) dx$.

第五节 有理函数的积分

有理函数是指两个多项式的商，即 $R(x) = \frac{P(x)}{Q(x)}$，这里 $P(x)$ 与 $Q(x)$ 不可约. 当 $Q(x)$ 的次数高于 $P(x)$ 的次数时，$R(x)$ 是真分式，否则 $R(x)$ 为假分式.

从中学代数中我们知道，任何一个有理数，都可以通过多项式除法化成一个多项式加上一个真分式. 由于多项式部分是很容易积分的，因此我们主要讨论真分式如何积分.

【例 44】 求 $\int \frac{x+5}{(x-1)^2} dx$.

解
$$\int \frac{x+5}{(x-1)^2}\mathrm{d}x = \int \frac{x-1+6}{(x-1)^2}\mathrm{d}x = \int \left[\frac{1}{x-1} + \frac{6}{(x-1)^2}\right]\mathrm{d}x$$
$$= \int \frac{\mathrm{d}(x-1)}{x-1} + 6\int \frac{\mathrm{d}(x-1)}{(x-1)^2}$$
$$= \ln|x-1| - \frac{6}{x-1} + C$$

【例 45】 求 $\int \frac{x}{x^2+2x+2}\mathrm{d}x$.

解 被积函数的分母没有实根，被积函数已是最简有理真分式．这是可用配方法消去一次项求积分．由此

$$\int \frac{x}{x^2+2x+2}\mathrm{d}x = \int \frac{(x+1)\mathrm{d}(x+1)}{(x+1)^2+1} - \int \frac{1}{(x+1)^2+1}\mathrm{d}x$$
$$= \frac{1}{2}\int \frac{\mathrm{d}[(x+1)^2+1]}{(x+1)^2+1} - \arctan(x+1)$$
$$= \frac{1}{2}\ln[(x+1)^2+1] - \arctan(x+1) + C$$

【例 46】 求 $\int \frac{x+1}{x^2-4x+3}\mathrm{d}x$.

解 分母可以分解因式：$x^2-4x+3 = (x-1)(x-3)$

设 $\frac{x+1}{x^2-4x+3} = \frac{A}{x-1} + \frac{B}{x-3}$，

用 $(x-1)(x-3)$ 乘等式两边，得

$$x+1 = A(x-3) + B(x-1)$$

即

$$x+1 = (A+B)x + (-3A-B)$$

比较两边系数，得

$$A+B = 1, -3A-B = 1$$

由此解出

$$A = -1 \qquad B = 2$$

所以

$$\int \frac{x+1}{x^2-4x+3}\mathrm{d}x = \int \left(\frac{-1}{x-1} + \frac{2}{x-3}\right)\mathrm{d}x$$
$$= -\int \frac{1}{x-1}\mathrm{d}x + 2\int \frac{1}{x-3}\mathrm{d}x$$
$$= -\ln|x-1| + 2\ln|x-3| + C$$

【例 47】 求 $\int \frac{x^2+2x-1}{(x-1)(x^2-x+1)}\mathrm{d}x$.

解 设

$$\frac{x^2+2x-1}{(x-1)(x^2-x+1)} = \frac{A}{x-1} + \frac{Bx+C}{x^2-x+1}$$

去分母，得

$$x^2+2x-1 = A(x^2-x+1) + (Bx+C)(x-1)$$

令 $x=1$，得 $A=2$．

令 $x=0$（即比较常数项），得
$$-1=A-C, \quad 所以 C=3.$$
比较 x^2 的系数，得
$$1=A+B, \quad 所以 B=-1.$$
即
$$\frac{x^2+2x-1}{(x-1)(x^2-x+1)}=\frac{2}{x-1}-\frac{x-3}{x^2-x+1}$$
因此
$$\int \frac{x^2+2x-1}{(x-1)(x^2-x+1)}dx = \int \frac{2}{x-1}dx - \int \frac{x-3}{x^2-x+1}dx$$
$$= 2\ln|x-1| - \frac{1}{2}\int \frac{2x-1-5}{x^2-x+1}dx$$
$$= 2\ln|x-1| - \frac{1}{2}\int \frac{2x-1}{x^2-x+1}dx + \frac{5}{2}\int \frac{1}{x^2-x+1}dx$$
$$= 2\ln|x-1| - \frac{1}{2}\int \frac{d(x^2-x+1)}{x^2-x+1} + \frac{5}{2}\int \frac{d\left(x-\frac{1}{2}\right)}{\left(x-\frac{1}{2}\right)^2+\left(\frac{\sqrt{3}}{2}\right)^2}$$
$$= 2\ln|x-1| - \frac{1}{2}\ln(x^2-x+1) + \frac{5}{2}\cdot\frac{2}{\sqrt{3}}\arctan\frac{x-\frac{1}{2}}{\frac{\sqrt{3}}{2}} + C$$
$$= \ln\frac{(x-1)^2}{\sqrt{x^2-x+1}} + \frac{5}{\sqrt{3}}\arctan\frac{2x-1}{\sqrt{3}} + C$$

【例 48】 求 $\int \frac{x^2+1}{x(x-1)^2}dx.$

解 设
$$\frac{x^2+1}{x(x-1)^2} = \frac{A}{x} + \frac{B}{x-1} + \frac{C}{(x-1)^2}$$
去分母，得
$$x^2+1 = A(x-1)^2 + Bx(x-1) + Cx$$
令 $x=0$，得 $A=1$；
令 $x=1$，得 $C=2$.
比较 x^2 的系数，得 $1=A+B$，所以 $B=0$.
即
$$\frac{x^2+1}{x(x-1)^2} = \frac{1}{x} + \frac{2}{(x-1)^2}$$
因此
$$\int \frac{x^2+1}{x(x-1)^2}dx = \int \frac{1}{x}dx + \int \frac{2}{(x-1)^2}dx$$
$$= \ln|x| - \frac{2}{x-1} + C$$

这里介绍的把真分式分解成部分分式的方法，简称部分分式法. 这是解决有理函数积分的很有效的方法.

【思考题】 如何用部分分式法分解一个真分式？

【习题 4-5】

求下列各积分.

(1) $\int \dfrac{x+3}{x^2-5x+6}\mathrm{d}x$. (2) $\int \dfrac{x-2}{x^2+2x+3}\mathrm{d}x$.

(3) $\int \dfrac{1}{x(x-1)^2}\mathrm{d}x$. (4) $\int \dfrac{1}{x(x^2+1)}\mathrm{d}x$.

【复习题四】

一、选择题（在下列各小题的四个答案中，选出一个正确的答案，并将其号码写在题后的括号内）

1. 下列等式中，正确的是（　　）.

   A. $\int f'(x)\mathrm{d}x = f(x)$ B. $\int f'(\mathrm{e}^x)\mathrm{d}x = f(\mathrm{e}^x)+C$

   C. $\left[\int f(\sqrt{x})\mathrm{d}x\right]' = f(\sqrt{x})+C$ D. $\int x f'(1-x^2)\mathrm{d}x = -\dfrac{1}{2}f(1-x^2)+C$

2. 设 $f(x)$ 是连续函数，且 $\int f(x)\mathrm{d}x = F(x)+C$，则下列各式正确的是（　　）.

   A. $\int f(x^2)\mathrm{d}x = f(x^2)+C$ B. $\int f(3x+2)\mathrm{d}x = F(3x+2)+C$

   C. $\int f(\mathrm{e}^x)\mathrm{d}x = f(\mathrm{e}^x)+C$ D. $\int f(\ln 2x)\dfrac{1}{x}\mathrm{d}x = F(\ln 2x)+C$

3. 若 $f'(x) = g'(x)$，则下列式子一定成立的是（　　）.

   A. $f(x) = g(x)$ B. $\int \mathrm{d}[f(x)] = \int \mathrm{d}[g(x)]$

   C. $\left[\int f(x)\mathrm{d}x\right]' = \left[\int g(x)\mathrm{d}x\right]'$ D. $f(x) = g(x)+1$

4. 设 $f(x)$ 有原函数 $x\ln x$，则 $\int x f(x)\mathrm{d}x = $（　　）.

   A. $x^2\left(\dfrac{1}{2}+\dfrac{1}{4}\ln x\right)+C$ B. $x^2\left(\dfrac{1}{4}+\dfrac{1}{2}\ln x\right)+C$

   C. $x^2\left(\dfrac{1}{4}-\dfrac{1}{2}\ln x\right)+C$ D. $x^2\left(\dfrac{1}{2}-\dfrac{1}{4}\ln x\right)+C$

5. 若 $\ln|x|$ 是函数 $f(x)$ 的一个原函数，则 $f(x)$ 的另一个原函数是（　　）.

   A. $\ln|ax|$ B. $\dfrac{1}{a}\ln|ax|$ C. $\ln|x+a|$ D. $\dfrac{1}{2}(\ln x)^2$

二、填空题

1. $\dfrac{\mathrm{d}}{\mathrm{d}x}\left[\int f(2x)\mathrm{d}x\right] = $ _____.

2. $\dfrac{\mathrm{d}}{\mathrm{d}x}\int f(x)\mathrm{d}(\arctan x) = $ _____.

3. 若 $f'(x) = \dfrac{1}{\sqrt{1-x^2}}$，且 $f(1) = \dfrac{3}{2}\pi$，则 $f(x) = $ _____.

4. 若 $\arctan x$ 是函数 $f(x)$ 的一个原函数，则 $f'(x) = $ _____.

5. 若曲线 $y = f(x)$ 在点 x 处的切线斜率为 $-x+2$，且过点 $(2,5)$，则该曲线方程为 _____.

6. 设 $\int f(x)\mathrm{d}x = x^2+C$，则 $\int x f(1-x^2)\mathrm{d}x = $ _____.

三、求下列不定积分

(1) $\int \dfrac{1}{\sin x\cos x}\mathrm{d}x$; (2) $\int \sqrt{\dfrac{1-x}{1+x}}\mathrm{d}x$; (3) $\int \dfrac{\sqrt{a^2+x^2}}{x^2}\mathrm{d}x$;

(4) $\int \sqrt{1+3\cos^2 x}\sin 2x \mathrm{d}x$; (5) $\int x^2 \sqrt{x-1}\mathrm{d}x$; (6) $\int x^2 \cos^2 x \mathrm{d}x$;

(7) $\int \dfrac{(\sin x - 5\cos x)}{\sin x + \cos x}\mathrm{d}x$; (8) $\int \sin 5x \cos 3x \mathrm{d}x$; (9) $\int \tan x \sec^3 x \mathrm{d}x$;

(10) $\int \cos^2 x \tan^5 x \mathrm{d}x$; (11) $\int \dfrac{\sec^2(\ln x)}{x}\mathrm{d}x$; (12) $\int \dfrac{1}{1+\sqrt[3]{x}}\mathrm{d}x$;

(13) $\int e^x \sin x \cos x \mathrm{d}x$; (14) $\int \dfrac{1}{\sqrt{25x^2 - 9}}\mathrm{d}x$; (15) $\int \dfrac{\ln \cos x}{\cos^2 x}\mathrm{d}x$;

(16) $\int x \tan^2 x \mathrm{d}x$; (17) $\int \dfrac{(1+\tan x)}{\sin 2x}\mathrm{d}x$; (18) $\int \dfrac{e^x - e^{-x}}{e^x + e^{-x}}\mathrm{d}x$;

(19) $\int \dfrac{\mathrm{d}x}{4x^2 + 4x - 3}$; (20) $\int x^2 \ln(1+x)\mathrm{d}x$; (21) $\int x \sin 2x \mathrm{d}x$;

(22) $\int \ln x \mathrm{d}x$; (23) $\int \arctan x \mathrm{d}x$; (24) $\int \dfrac{\ln x}{x^3}\mathrm{d}x$;

(25) $\int \dfrac{\mathrm{d}x}{x(x-1)^2}$.

四、证明

$$\int \sin^n x \mathrm{d}x = -\dfrac{1}{n}\sin^{n-1}x \cos x + \dfrac{n-1}{n}\int \sin^{n-2}x \mathrm{d}x$$

第五章 定积分及其应用

本章的主要内容是通过实际问题的解决方法，给出定积分的概念、性质及运算方法，并运用元素法解决一些实际问题.

第一节 定积分的概念与性质

一、两个实例

1. 曲边梯形面积

所谓曲边梯形是指如图 5-1 所示图形，它的三条边是直线段，其中有两条垂直于另一条（称为底边）. 如果以底边所在的直线为 x 轴，以上的曲边梯形就是由直线 $x=a$，$x=b$，$y=0$ 及曲线 $y=f(x)$ 所围成的图形.

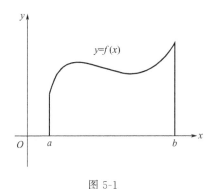

图 5-1

一般的，由任意连续曲线围成的图形的面积（如图 5-2 所示的图形的面积）可以看作以区间 $[a,b]$ 为底边，分别以曲线弧为曲边的两个曲边梯形的面积的差. 因此要计算一般的连续曲线围成的平面图形的面积，关键在于求曲边梯形的面积.

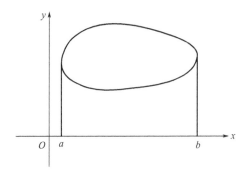

图 5-2

那么如何求如图 5-2 所示的曲边梯形的面积呢？我们设想：把该曲边梯形沿着平行于 y 轴的方向分割成许多细细的曲边梯形，把每个小的曲边梯形近似看作矩形，用公式求得小矩形的面积，然后把小矩形的面积加起来就是曲边梯形的面积的近似值，分割越细，误差越小．于是，当所有的矩形的宽度都趋于零时，小矩形的面积的和的极限就是曲边梯形的面积的精确值了．

根据以上思路，可以按以下四个步骤求出曲边梯形的面积．

设 $y=f(x)$ 在 $[a,b]$ 上非负，且连续，求由直线 $x=a$，$x=b$，$y=0$ 及曲线 $y=f(x)$ 所围成的曲边梯形的面积（图 5-3）.

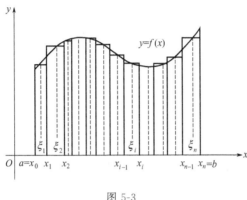

图 5-3

（1）分割　在区间 $[a,b]$ 中任意插入若干个分点：

$$a=x_0<x_1<x_2<\cdots<x_{n-1}<x_n=b,$$

把 $[a,b]$ 分成 n 个小区间

$$[x_0,x_1],[x_1,x_2],\cdots,[x_{n-1},x_n],$$

它们的长度依次为：

$$\Delta x_1=x_1-x_0,\Delta x_2=x_2-x_1,\cdots,\Delta x_n=x_n-x_{n-1}$$

经过每一个分点作平行于 y 轴的直线段，把曲边梯形分成 n 个窄曲边梯形．

（2）取近似　在每个小区间 $[x_{i-1},x_i]$ 上任取一点 ξ_i，以 $[x_{i-1},x_i]$ 为底，$f(\xi_i)$ 为高的窄边矩形的面积近似替代第 i 个窄边梯形（$i=1,2,\cdots,n$）的面积 ΔA_i，即

$$\Delta A_i\approx f(\xi_i)\Delta x_i$$

（3）求和　把得到的 n 个窄矩形面积之和作为所求曲边梯形面积 A 的近似值，即

$$A\approx f(\xi_i)\Delta x_1+f(\xi_2)\Delta x_2+\cdots+f(\xi_n)\Delta x_n$$
$$=\sum_{i=1}^{n}f(\xi_i)\Delta x_i$$

（4）求极限　为了保证全部 Δx_i 都无限缩小，因此，设 $\lambda=\max\{\Delta x_1,\Delta x_2,\cdots,\Delta x_n\}$，$\lambda\to 0$ 时，上述和式的极限就是曲边梯形的面积．即

$$A=\lim_{\lambda\to 0}\sum_{i=1}^{n}f(\xi_i)\Delta x_i$$

2．变速直线运动的路程

设某物体作直线运动,速度为 $v=v(t)$,计算在 $[T_1,T_2]$ 时间段内物体所经过的路程 s.

(1)分割 在 $[T_1,T_2]$ 内任意插入若干个分点:
$$T_1=t_0<t_1<t_2<\cdots<t_{n-1}<t_n=T_2$$
把 $[T_1,T_2]$ 分成 n 个小段:
$$[t_0,t_1],[t_1,t_2],\cdots,[t_{n-1},t_n]$$
各小段时间长依次为:
$$\Delta t_1=t_1-t_0,\Delta t_2=t_2-t_1,\cdots,\Delta t_n=t_n-t_{n-1}$$
相应各段的路程为:
$$\Delta s_1,\Delta s_2,\cdots,\Delta s_n$$

(2)取近似 在 $[t_{i-1},t_i]$ 上任取一个时刻 $\xi_i(t_{i-1}\leqslant\xi_i\leqslant t_i)$,以 ξ_i 时的速度 $v(\xi_i)$ 来代替 $[t_{i-1},t_i]$ 上各个时刻的速度,则得:
$$\Delta s_i\approx v(\xi_i)\Delta t_i \quad (i=1,2,\cdots,n)$$

(3)求和 把各个小时间段内物体经过的位移相加,就得到总位移的近似值,即
$$s\approx v(\xi_1)\Delta t_1+v(\xi_2)\Delta t_2+\cdots+v(\xi_n)\Delta t_n=\sum_{i=1}^{n}v(\xi_i)\Delta t_i$$

(4)求极限 设 $\lambda=\max\{\Delta t_1,\Delta t_2,\cdots,\Delta t_n\}$,当 $\lambda\to 0$ 时,上述和式的极限就是总位移的精确值,即
$$s=\lim_{\lambda\to 0}\sum_{i=1}^{n}v(\xi_i)\Delta t_i$$

从以上两个例子看出,虽然实际问题的意义不同,但是解决问题的方法是相同的,并且最后所得到的结果都归结为和式极限.在科学技术中有许多实际问题也是归结为这类和式极限.抛开实际问题的具体意义,数学上把这类和式极限进行概括、抽象出定积分的概念.

二、定积分的定义

定义 设函数 $f(x)$ 在 $[a,b]$ 上有界,在 $[a,b]$ 中任意插入若干个分点:
$$a=x_0<x_1<x_2<\cdots<x_{n-1}<x_n=b$$
把区间 $[a,b]$ 分成 n 个小区间:
$$[x_0,x_1],[x_1,x_2],\cdots,[x_{n-1},x_n],$$
各个小区间的长度依次为:
$$\Delta x_1=x_1-x_0,\Delta x_2=x_2-x_1,\cdots,\Delta x_n=x_n-x_{n-1}$$
在每个小区间 $[x_{i-1},x_i]$ 上任取一点 $\xi_i(x_{i-1}\leqslant\xi_i\leqslant x_i)$,作函数值 $f(\xi_i)$ 与小区间长度 Δx_i 的乘积 $f(\xi_i)\Delta x_i(i=1,2,\cdots,n)$,并作出和:
$$s=\sum_{i=1}^{n}f(\xi_i)\Delta x_i$$

记 $\lambda = \max\{\Delta x_1, \Delta x_2, \cdots, \Delta x_n\}$. 如果不论对 $[a,b]$ 怎样分法，也不论在小区间 $[x_{i-1}, x_i]$ 上点 ξ_i 怎样取法，只要当 $\lambda \to 0$ 时，和 s 总趋于确定的极限 I，这时我们称这个极限 I 为函数 $f(x)$ 在区间 $[a,b]$ 上的定积分（简称积分），记作 $\int_a^b f(x) \mathrm{d}x$，即

$$\int_a^b f(x) \mathrm{d}x = I = \lim_{\lambda \to 0} \sum_{i=1}^n f(\xi_i) \Delta x_i$$

其中，$f(x)$ 称为被积函数；$f(x)\mathrm{d}x$ 称为被积表达式；x 称为积分变量；a 称为积分下限；b 称为积分上限；$[a,b]$ 称为积分区间.

关于定积分的定义作以下几点说明.

(1) 所谓和式极限 $\sum_{i=1}^n f(\xi_i) \Delta x_i$ 存在 [即函数 $f(x)$ 可积]，是指不论对区间 $[a,b]$ 怎样分法，也不论对点 ξ_i ($x_{i-1} \leqslant \xi_i \leqslant x_i$) 怎样取法，极限都存在且相同.

(2) 因为定积分是和式极限，它是由函数 $f(x)$ 与区间 $[a,b]$ 所确定的. 因此，它与积分变量的记号无关，即

$$\int_a^b f(x) \mathrm{d}x = \int_a^b f(t) \mathrm{d}t = \int_a^b f(u) \mathrm{d}u$$

(3) 该定义是在积分下限 a 小于积分上限 b 的情况下给出的，如果 $a > b$，同样可给出定积分 $\int_a^b f(x) \mathrm{d}x$ 的定义. 此时，只要把插入点的顺序反过来写

$$a = x_0 > x_1 > x_2 > \cdots > x_{i-1} > x_i > \cdots > x_{n-1} > x_n = b$$

即可. 由于 $x_{i-1} > x_i$，$\Delta x_i = x_i - x_{i-1} < 0$，于是有：

$$\int_a^b f(x) \mathrm{d}x = -\int_b^a f(x) \mathrm{d}x$$

特殊地，当 $a = b$ 时，规定 $\int_a^b f(x) \mathrm{d}x = 0$.

根据定积分的定义，上面两个例子都可以用定积分表示如下.

(1) 曲边梯形面积 A 等于函数 $f(x)$ 在区间 $[a,b]$ 上的定积分，即：

$$A = \int_a^b f(x) \mathrm{d}x$$

(2) 变速直线运动的路程 s 是速度函数 $v = v(t)$ 在时间间隔 $[T_1, T_2]$ 上的定积分，即

$$s = \int_{T_1}^{T_2} v(t) \mathrm{d}t$$

下面举一个用定义计算定积分的例子.

【例 1】 用定义计算 $\int_0^1 \mathrm{e}^{-x} \mathrm{d}x$.

解 被积函数 $f(x) = \mathrm{e}^{-x}$，在区间 $[0,1]$ 上连续，所以 e^{-x} 在 $[0,1]$ 可积. 为了计算方便起见，把区间 $[0,1]$ 等分成 n 份，分点为：

$$x_0 = 0, x_1 = \frac{1}{n}, x_2 = \frac{2}{n}, \cdots, x_i = \frac{i}{n} \cdots, x_n = \frac{n}{n} = 1.$$

每个子区间的长度都是 $\Delta x_i = \frac{1}{n}$，在每个子区间 $\left[\frac{i-1}{n}, \frac{i}{n}\right]$ 上都取左端点为 ξ_i，即 $\xi_i =$

$\frac{i-1}{n}$. 于是，和式为

$$\sum_{i=1}^{n} f(\xi_i) \Delta x_i = \sum_{i=1}^{n} e^{-\frac{i-1}{n}} \frac{1}{n}$$
$$= \frac{1}{n}(1 + e^{-\frac{1}{n}} + e^{-\frac{2}{n}} + \cdots + e^{-\frac{n-1}{n}})$$

上式括号内是一个公比为 $e^{-\frac{1}{n}} < 1$，首项为 1 的等比数列的前 n 项和. 由等比数列的前 n 项和公式，得

$$\sum_{i=1}^{n} f(\xi_i) \Delta x_i = \frac{1}{n} \times \frac{1-(e^{-\frac{1}{n}})^n}{1-e^{-\frac{1}{n}}} = (1-e^{-1}) \frac{-\frac{1}{n}}{e^{-\frac{1}{n}}-1}$$

当 $\lambda = \max(\Delta x_i) \to 0^+$ 时，即 $n \to +\infty$ 有：

$$\lim_{n \to +\infty} \frac{-\frac{1}{n}}{e^{-\frac{1}{n}}-1} = 1$$

于是有：

$$\int_0^1 e^{-x} dx = \lim_{\lambda \to 0} \sum_{i=1}^{n} f(\xi_i) \Delta x_i = \lim_{n \to +\infty} (1-e^{-1}) \frac{-\frac{1}{n}}{e^{-\frac{1}{n}}-1}$$
$$= (1-e^{-1}) \lim_{n \to +\infty} \frac{-\frac{1}{n}}{e^{-\frac{1}{n}}-1} = 1-e^{-1} = 1-\frac{1}{e}$$

从例 1 可以看出，用定义计算定积分是很困难的.

三、定积分的几何意义

由曲边梯形的面积知，当 $f(x) > 0$ 时，定积分在几何上表示曲边 $y = f(x)$ 在区间 $[a, b]$ 上方的曲边梯形面积 A，即 $A = \int_a^b f(x) dx$. 如果 $f(x) < 0$，这时曲边梯形在 x 轴下方，$f(\xi_i) < 0$，和式的极限值小于零，即：

$$\lim_{\lambda \to 0} \sum_{i=1}^{n} f(\xi_i) \Delta x_i < 0$$

此时该定积分为负值，它的几何表示是在 x 轴下方的曲边梯形面积的相反数，如图 5-4 所示. 即

$$A = -\int_a^b f(x) dx$$

当 $f(x)$ 在区间 $[a, b]$ 上有正有负时，如果我们规定位于 x 轴上方的面积为正，下方为负，则定积分 $\int_a^b f(x) dx$ 在几何上表示是几个曲边梯形面积的代数和. 这就是定积分的几何意义，如图 5-5 所示. 即：

$$\int_a^b f(x) dx = A_1 - A_2 + A_3$$

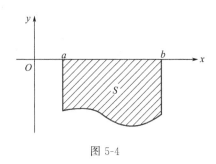

图 5-4

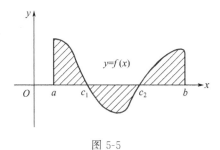

图 5-5

四、定积分的性质

下列各性质中的函数都假设在积分区间上可积,但积分下限未必小于积分上限.

性质 1 函数和（差）的定积分等于它们的定积分的和（差），即

$$\int_a^b [f(x) \pm g(x)] dx = \int_a^b f(x) dx \pm \int_a^b g(x) dx$$

证明
$$\int_a^b [f(x) \pm g(x)] dx = \lim_{\lambda \to 0} \sum_{i=1}^n [f(\xi_i) \pm g(\xi_i)] \Delta x_i$$

$$= \lim_{\lambda \to 0} \sum_{i=1}^n f(\xi_i) \Delta x_i \pm \lim_{\lambda \to 0} \sum_{i=1}^n g(\xi_i) \Delta x_i$$

$$= \int_a^b f(x) dx \pm \int_a^b g(x) dx$$

性质 2 被积函数的常数因子可以提到积分号外面，即

$$\int_a^b k f(x) dx = k \int_a^b f(x) dx \quad （k 是常数）$$

性质 3 如果将积分区间分成两部分，则在整个区间上的定积分等于这两个区间上定积分之和，即设 $a < c < b$，则：

$$\int_a^b f(x) dx = \int_a^c f(x) dx + \int_c^b f(x) dx$$

注意 对于 a, b, c 的任何相对位置，上述等式仍成立，即不论 a, b, c 的大小关系如何，上述等式仍成立.

性质 4 如果在区间 $[a, b]$ 上，$f(x) \equiv 1$，则 $\int_a^b f(x) dx = \int_a^b dx = b - a$

性质 5 如果在区间 $[a, b]$ 上，$f(x) \geqslant 0$，则

$$\int_a^b f(x) dx \geqslant 0 \quad (a < b)$$

证明 因 $f(x) \geqslant 0$，故 $f(\xi_i) \geqslant 0 (i=1,2,3,\cdots,n)$，又因

$$\Delta x_i \geqslant 0 (i=1,2,\cdots,n), \text{ 故 } \sum_{i=1}^{n} f(\xi_i) \Delta x_i \geqslant 0.$$

设 $\lambda = \max\{\Delta x_1, \Delta x_2, \cdots, \Delta x_n\}$，$\lambda \to 0$ 时，便得欲证的不等式.

推论 1 如果在 $[a,b]$ 上，$f(x) \leqslant g(x)$，则

$$\int_a^b f(x) \mathrm{d}x \leqslant \int_a^b g(x) \mathrm{d}x \quad (a < b)$$

推论 2 $\quad \left| \int_a^b f(x) \mathrm{d}x \right| \leqslant \int_a^b |f(x)| \mathrm{d}x$

性质 6 如果存在两个数 M, m，使函数 $f(x)$ 在区间 $[a,b]$ 有 $m \leqslant f(x) \leqslant M$，则

$$m(b-a) \leqslant \int_a^b f(x) \mathrm{d}x \leqslant M(b-a) \quad (a < b)$$

性质 7 （定积分中值定理）如果函数 $f(x)$ 在闭区间 $[a,b]$ 上连续，则在积分区间 $[a,b]$ 上至少存在一点 ξ，使下式成立．

$$\int_a^b f(x) \mathrm{d}x = f(\xi)(b-a) \quad (a \leqslant \xi \leqslant b)$$

证明 利用性质 6，$m \leqslant \dfrac{1}{b-a} \int_a^b f(x) \mathrm{d}x \leqslant M$；再由闭区间上连续函数的介值定理，知在 $[a,b]$ 上至少存在一点 ξ，使 $f(\xi) = \dfrac{1}{b-a} \int_a^b f(x) \mathrm{d}x$，故得此性质.

显然无论 $a > b$，还是 $a < b$，上述等式恒成立．

【例 2】 比较下列各对积分值的大小.

(1) $\int_0^1 \sqrt[3]{x} \mathrm{d}x$ 与 $\int_0^1 x^3 \mathrm{d}x$；　　(2) $\int_0^1 x \mathrm{d}x$ 与 $\int_0^1 \ln(1+x) \mathrm{d}x$．

解 (1) 根据幂函数的性质，在 $[0,1]$ 上，有

$$\sqrt[3]{x} \geqslant x^3$$

由性质 5，得

$$\int_0^1 \sqrt[3]{x} \mathrm{d}x \geqslant \int_0^1 x^3 \mathrm{d}x$$

(2) 令 $f(x) = x - \ln(1+x)$，在 $[0,1]$ 上，有

$$f'(x) = 1 - \frac{1}{1+x} = \frac{x}{1+x} > 0$$

即函数 $f(x)$ 在区间 $[0,1]$ 上单调增加，
所以

$$f(x) \geqslant f(0) = [x - \ln(1+x)]|_{x=0} = 0$$

从而有 $x \geqslant \ln(1+x)$，由性质 5 得

$$\int_0^1 x \mathrm{d}x \geqslant \int_0^1 \ln(1+x) \mathrm{d}x$$

【思考题】 定积分与不定积分的概念有何区别？

【习题 5-1】

1. 由曲线 $y = x^3$，直线 $x = 2, x = 3$ 及 x 轴所围成的曲边梯形，试用定积分表示该曲边梯形面积 A．

2. 利用定积分的几何意义，说明下列各题．

　(1) $\int_0^{2\pi} \cos x \, dx = 0$；
　(2) $\int_0^{\pi} \sin x \, dx = 2\int_0^{\frac{\pi}{2}} \sin x \, dx$；

　(3) $\int_0^a \sqrt{a^2 - x^2} \, dx = \frac{\pi}{4} a^2 \ (a > 0)$；

　(4) $\int_{-a}^a f(x) \, dx = \begin{cases} 0, & \text{当 } f(x) \text{ 为奇函数时} \\ 2\int_0^a f(x) \, dx, & \text{当 } f(x) \text{ 为偶函数时} \end{cases}$；

　(5) $\int_{-\pi}^{\pi} \sin x \, dx = 0$．

3. 利用定积分的性质，比较下列各对积分值的大小．

　(1) $\int_0^1 x^2 \, dx$ 与 $\int_0^1 x \, dx$；
　(2) $\int_1^2 \ln x \, dx$ 与 $\int_1^2 \ln^2 x \, dx$；

　(3) $\int_0^1 e^x \, dx$ 与 $\int_0^1 \ln(1+x) \, dx$；
　(4) $\int_0^{\frac{\pi}{2}} x \, dx$ 与 $\int_0^{\frac{\pi}{2}} \sin x \, dx$．

4. 由定积分的几何意义判定积分值．

　(1) $\int_0^2 2x \, dx$；
　(2) $\int_0^1 \sqrt{1 - x^2} \, dx$；

　(3) $\int_1^2 (1 - x) \, dx$；
　(4) $\int_{-\frac{\pi}{2}}^{\frac{3\pi}{2}} \sin x \, dx$．

第二节　微积分的基本公式

从第一节例 2 看到，直接用定义计算定积分的值比较困难．所以，需要寻找简便而有效的计算方法．让我们先看下面的例子．

设一物体在一直线上运动，在这直线上取原点，正方向，单位长度，使其成为一数轴，在时刻 t 时物体的位移为 $s(t)$，速度为 $v(t)$．

物体在时间间隔 $[t_1, t_2]$ 内经过的路程可以用速度函数 $v(t)$ 在 $[t_1, t_2]$ 上的定积分来表达，即

$$\int_{t_1}^{t_2} v(t) \, dt$$

另一方面，这段路程可以通过位移函数 $s(t)$ 在区间 $[t_1, t_2]$ 的增量来表示，如图 5-6 所示．

图 5-6

即
$$s(t_2) - s(t_1)$$
故
$$\int_{t_1}^{t_2} v(t) \mathrm{d}x = s(t_2) - s(t_1)$$

注意到 $s'(t) = v(t)$，即 $s(t)$ 是 $v(t)$ 的原函数，由此可以得出如下结论.

定理 如果函数 $F(x)$ 是连续函数 $f(x)$ 在区间 $[a,b]$ 上的一个原函数，则
$$\int_a^b f(x) \mathrm{d}x = F(b) - F(a)$$

设 $F(x)$ 与 $\Phi(x)$ 均是 $f(x)$ 的原函数，则有：
$$F(x) - \Phi(x) = C \quad (a \leqslant x \leqslant b)$$
即
$$\Phi(b) - \Phi(a) = F(b) - F(a)$$

故对于 $f(x)$ 在 $[a,b]$ 上的任意一原函数 $F(x)$，都有
$$\int_a^b f(x) \mathrm{d}x = F(b) - F(a)$$

为方便起见，把 $F(b) - F(a)$ 记作 $[F(x)]_a^b$.

上式称为牛顿-莱布尼茨公式，也称为微积分的基本公式. 该公式充分表达了定积分与原函数之间的内在联系，它把定积分的计算问题转化为求原函数问题，从而给定积分的计算提供了简便而有效的方法.

【例3】 计算 $\int_0^1 x^2 \mathrm{d}x$.

解 $\int_0^1 x^2 \mathrm{d}x = \left[\dfrac{x^3}{3}\right]_0^1 = \dfrac{1^3}{3} - \dfrac{0^3}{3} = \dfrac{1}{3}$

【例4】 计算 $\int_{-1}^{\sqrt{3}} \dfrac{1}{1+x^2} \mathrm{d}x$.

解 $\int_{-1}^{\sqrt{3}} \dfrac{1}{1+x^2} \mathrm{d}x = [\arctan x]_{-1}^{\sqrt{3}} = \dfrac{7}{12}\pi$

【例5】 计算 $\int_{-2}^{-1} \dfrac{1}{x} \mathrm{d}x$.

解 $\int_{-2}^{-1} \dfrac{1}{x} \mathrm{d}x = [\ln|x|]_{-2}^{-1} = \ln 1 - \ln 2 = -\ln 2$

【例6】 计算 $y = \sin x$ 在 $[0, \pi]$ 上与 x 轴所围成平面图形的面积.

解 $A = \int_0^\pi \sin x \mathrm{d}x = [-\cos x]_0^\pi = 2$

【例7】 计算 $\int_0^\pi \sqrt{\sin x - \sin^3 x} \mathrm{d}x$.

解 把被积函数化简，
$$\int_0^\pi \sqrt{\sin x - \sin^3 x} \mathrm{d}x = \int_0^\pi \sqrt{\sin x(1 - \sin^2 x)} \mathrm{d}x$$
$$= \int_0^\pi \sqrt{\sin x} |\cos x| \mathrm{d}x$$

右端的被积函数中出现了 $|\cos x|$，由于 $\cos x$ 在区间 $[0,\frac{\pi}{2}]$ 上和 $[\frac{\pi}{2},\pi]$ 上符号不同，必须分区间来计算.

$$\int_0^\pi \sqrt{\sin x - \sin^3 x}\,dx = \int_0^\pi \sqrt{\sin x}\,|\cos x|\,dx$$

$$= \int_0^{\frac{\pi}{2}} \sqrt{\sin x}\cos x\,dx - \int_{\frac{\pi}{2}}^\pi \sqrt{\sin x}\cos x\,dx$$

$$= \int_0^{\frac{\pi}{2}} \sqrt{\sin x}\,d(\sin x) - \int_{\frac{\pi}{2}}^\pi \sqrt{\sin x}\,d(\sin x)$$

$$= \frac{2}{3}\sin^{\frac{3}{2}}x\Big|_0^{\frac{\pi}{2}} - \frac{2}{3}\sin^{\frac{3}{2}}x\Big|_{\frac{\pi}{2}}^\pi$$

$$= \frac{2}{3} - \left(-\frac{2}{3}\right) = \frac{4}{3}$$

【例 8】 设 $f(x) = \begin{cases} x^2+1, & 0 \leqslant x \leqslant 1 \\ 3-x, & 1 < x \leqslant 3 \end{cases}$，求 $\int_0^3 f(x)\,dx$.

解
$$\int_0^3 f(x)\,dx = \int_0^1 (x^2+1)\,dx + \int_1^3 (3-x)\,dx$$
$$= \left(\frac{x^3}{3}+x\right)\Big|_0^1 + \left(3x-\frac{x^2}{2}\right)\Big|_1^3 = \frac{10}{3}$$

【思考题】 牛顿-莱布尼茨公式的具体内容是什么？

【习题 5-2】

1. 求下列各题中函数的导数.

   (1) $\Phi(x) = \int_0^x \sin t^2\,dt$；

   (2) $F(x) = \int_x^3 \frac{1}{\sqrt{1+t^2}}\,dt$.

2. 计算下列定积分.

   (1) $\int_1^2 \left(x+\frac{1}{x}\right)^2 dx$；

   (2) $\int_{-\frac{1}{2}}^{\frac{1}{2}} \frac{1}{\sqrt{1-x^2}}\,dx$；

   (3) $\int_{-1}^0 \frac{2x^2}{x^2+1}\,dx$；

   (4) $\int_{\frac{\pi}{6}}^{\frac{\pi}{2}} \cos^2 x\,dx$.

第三节 定积分的换元积分法与分部积分法

与不定积分的基本积分方法相对应，定积分也有换元积分法和分部积分法. 重提这些积分方法的目的在于指出不定积分与定积分计算方法的不同之处，同时简化定积分的计算，当然最终的计算，都离不开微积分的基本公式.

一、定积分的换元积分法

定理 设函数 $f(x)$ 在区间 $[a,b]$ 上连续，函数 $x = \varphi(t)$ 满足：

(1) 在区间 $[\alpha,\beta]$ 上可导，且 $\varphi'(t)$ 连续；

(2) $a = \varphi(\alpha)$，$b = \varphi(\beta)$，当 $t \in [\alpha,\beta]$ 时，$x \in [a,b]$，则

$$\int_a^b f(x)\,dx = \int_\alpha^\beta f[\varphi(t)]\varphi'(t)\,dt$$

【例9】 计算 $\int_0^a \sqrt{a^2-x^2}\,\mathrm{d}x \quad (a>0)$.

解 设 $x=a\sin t$ 则 $\mathrm{d}x = \cos t\,\mathrm{d}t$ 且.

$x=0$ 时 $t=0$；$x=a$ 时 $t=\dfrac{\pi}{2}$.

故
$$\int_0^a \sqrt{a^2-x^2}\,\mathrm{d}x = a^2\int_0^{\frac{\pi}{2}} \cos^2 t\,\mathrm{d}t = \frac{a^2}{2}\int_0^{\frac{\pi}{2}}(1+\cos 2t)\,\mathrm{d}t$$
$$= \frac{a^2}{2}\left[t+\frac{1}{2}\sin 2t\right]_0^{\frac{\pi}{2}} = \frac{\pi a^2}{4}$$

【例10】 计算 $\int_{-2}^{-\sqrt{2}} \dfrac{1}{x\sqrt{x^2-1}}\,\mathrm{d}x$.

解 令 $x=\sec t$，则 $\mathrm{d}x=\sec t\tan t\,\mathrm{d}t$，$x=-2 \rightarrow t=\dfrac{2\pi}{3}$，$x=-\sqrt{2} \rightarrow t=\dfrac{3\pi}{4}$，故

$$\int_{-2}^{-\sqrt{2}} \frac{1}{x\sqrt{x^2-1}}\,\mathrm{d}x \xlongequal{x=\sec t} \int_{\frac{2\pi}{3}}^{\frac{3\pi}{4}} \frac{1}{\sec t\,|\tan t|}\sec t\tan t\,\mathrm{d}t$$

$$\xlongequal{x=\sec t} -\int_{\frac{2\pi}{3}}^{\frac{3\pi}{4}}\mathrm{d}t = -\frac{\pi}{12}$$

或
$$\int_{-2}^{-\sqrt{2}} \frac{1}{x\sqrt{x^2-1}}\,\mathrm{d}x = \int_{-2}^{-\sqrt{2}} \frac{1}{-x^2\sqrt{1-\frac{1}{x^2}}}\,\mathrm{d}x = \int_{-2}^{-\sqrt{2}} \frac{1}{\sqrt{1-\frac{1}{x^2}}}\,\mathrm{d}\left(\frac{1}{x}\right)$$

$$= \arcsin\frac{1}{x}\bigg|_{-2}^{-\sqrt{2}} = \arcsin\left(\frac{1}{-\sqrt{2}}\right)-\arcsin\left(\frac{1}{-2}\right)$$

$$= -\frac{\pi}{4}+\frac{\pi}{6} = -\frac{\pi}{12}$$

注意 换元的同时注意要变换积分上、下限.

【例11】 计算 $\int_0^4 \dfrac{x+2}{\sqrt{2x+1}}\,\mathrm{d}x$.

解 设 $t=\sqrt{2x+1}$，则 $x=\dfrac{t^2-1}{2}$.

$x=0$ 时 $t=1$；$x=4$ 时 $t=3$.

故
$$\int_0^4 \frac{x+2}{\sqrt{2x+1}}\,\mathrm{d}x = \int_1^3 \frac{\frac{t^2-1}{2}+2}{t}t\,\mathrm{d}t$$
$$= \frac{1}{2}\int_1^3 (t^2+3)\,\mathrm{d}t$$
$$= \frac{1}{2}\left[\frac{t^3}{3}+3t\right]_1^3 = \frac{22}{3}$$

【例12】 证明.

(1) 若 $f(x)$ 在 $[-a,a]$ 上连续且为偶函数，则
$$\int_{-a}^a f(x)\,\mathrm{d}x = 2\int_0^a f(x)\,\mathrm{d}x$$

(2) 若 $f(x)$ 在 $[-a,a]$ 上连续且为奇函数，则
$$\int_{-a}^a f(x)\,\mathrm{d}x = 0$$

证明 $\int_{-a}^a f(x)\,\mathrm{d}x = \int_{-a}^0 f(x)\,\mathrm{d}x + \int_0^a f(x)\,\mathrm{d}x$

$$= -\int_a^0 f(-x)dx + \int_0^a f(x)dx$$
$$= \int_0^a f(-x)dx + \int_0^a f(x)dx$$
$$= \int_0^a [f(x) + f(-x)]dx$$

(1) $f(x)$ 为偶函数时，$f(x) + f(-x) = 2f(x)$ 故 $\int_{-a}^a f(x)dx = 2\int_0^a f(x)dx$

(2) $f(x)$ 为奇函数时，$f(x) + f(-x) = 0$

故
$$\int_{-a}^a f(x)dx = 0$$

【例 13】 若 $f(x)$ 在 $[0,1]$ 上连续，证明以下积分过程.

(1) $\int_0^{\frac{\pi}{2}} f(\sin x)dx = \int_0^{\frac{\pi}{2}} f(\cos x)dx$

(2) $\int_0^\pi x f(\sin x)dx = \frac{\pi}{2}\int_0^\pi f(\sin x)dx$，由此计算
$$\int_0^\pi \frac{x\sin x}{1+\cos^2 x}dx$$

证明 (1) 设 $x = \frac{\pi}{2} - t$，则 $dx = -dt$

且当 $x = 0$ 时，$t = \frac{\pi}{2}$；当 $x = \frac{\pi}{2}$ 时 $t = 0$.

故
$$\int_0^{\frac{\pi}{2}} f(\sin x)dx = -\int_{\frac{\pi}{2}}^0 f\left[\sin\left(\frac{\pi}{2}-t\right)\right]dt$$
$$= \int_{\frac{\pi}{2}}^0 f(\cos t)dt$$
$$= \int_{\frac{\pi}{2}}^0 f(\cos t)dx$$

(2) 设 $x = \pi - t$，
$$\int_0^\pi x f(\sin x)dx = \int_\pi^0 (\pi-t)f[\sin(\pi-t)d(-t)]$$
$$= \int_\pi^0 \pi f(\sin t)dt - \int_\pi^0 t f(\sin t)dt$$
$$\int_0^\pi \pi f(\sin t)dx = \frac{\pi}{2}\int_0^\pi f(\sin t)dt$$

利用此公式可得：
$$\int_0^\pi \frac{x\sin x}{1+\cos^{2x}}dx = \frac{\pi}{2}\int_0^\pi \frac{\sin x}{1+\cos^{2x}}dx$$
$$= -\frac{\pi}{2}\int_0^\pi \frac{1}{1+\cos^{2x}}d\cos x$$
$$= -\frac{\pi}{2}[\arctan(\cos x)]_0^\pi$$
$$= \frac{\pi^2}{4}$$

【例 14】 若 $f(x)$ 为连续的奇函数，证明 $\int_0^x f(t)dt$ 是偶函数.

证明 由于 $f(x)$ 为连续的奇函数，所以有 $f(-x) = -f(x)$，记 $\varphi(x) = \int_0^x f(t)dt$，则

$$\varphi(-x) = \int_0^{-x} f(t)dt \xlongequal{t=-u} \int_0^x f(-u)(-du) = \int_0^x f(u)du = \int_0^x f(t)dt = \varphi(x)$$

证得：$\varphi(x) = \int_0^x f(t)dt$ 是偶函数.

二、定积分的分部积分法

设函数 $u(x)$，$v(x)$ 在区间 $[a,b]$ 上有连续的导数，由 $(uv)' = u'v + uv'$，有

$$uv' = (uv)' - u'v$$

两端作定积分：$\int_a^b uv'dx = \int_a^b (uv)'dx - \int_a^b u'vdx = (uv)\big|_a^b - \int_a^b u'vdx$，

得到定积分的分部积分公式

$$\int_a^b uv'dx = (uv)\big|_a^b - \int_a^b u'vdx \quad \text{或} \quad \int_a^b udv = (uv)\big|_a^b - \int_a^b vdu$$

【例 15】 计算 $\int_0^{\frac{1}{2}} \arcsin x\, dx$.

解 设 $u = \arcsin x$，$du = dx$，则

$$\int_0^{\frac{1}{2}} \arcsin x\, dx = [x\arcsin x]_0^{\frac{1}{2}} - \int_0^{\frac{1}{2}} \frac{1}{\sqrt{1-x^2}}dx$$

$$= \frac{1}{2}\arcsin\frac{1}{2} + \int_0^{\frac{1}{2}} x\frac{1}{\sqrt{1-x^2}}dx$$

$$= \frac{\pi}{12} + \frac{\sqrt{3}}{2} - 1$$

【例 16】 计算 $\int_1^e \sqrt[3]{x}\ln x\, dx$.

解 $\int_1^e \sqrt[3]{x}\ln x\, dx \xlongequal{\sqrt[3]{x}=u} \int_1^{\sqrt[3]{e}} u\ln u^3 \cdot 3u^2 du = \frac{9}{4}\int_1^{\sqrt[3]{e}} \ln u^3\, du^4$

$$= \frac{9}{4}\left[u^4\ln u^3\Big|_1^{\sqrt[3]{e}} - \int_1^{\sqrt[3]{e}} u^4 \frac{1}{u}du\right]$$

$$= \frac{9}{4}\left[e^{\frac{4}{3}}\ln\sqrt[3]{e} - \frac{1}{4}(e^{\frac{4}{3}} - 1)\right] = \frac{9}{16} + \frac{3}{16}e^{\frac{4}{3}}$$

【例 17】 计算 $\int_0^\pi e^x \sin x\, dx$.

解 $\int_0^\pi e^x\sin x\, dx = \int_0^\pi \sin x\, de^x = e^x\sin x\Big|_0^\pi - \int_0^\pi e^x\cos x\, dx = -\int_0^\pi e^x\cos x\, dx$

$$= -\left(e^x\cos x\Big|_0^\pi + \int_0^\pi e^x\sin x\, dx\right)$$

$$= -(-e^\pi - 1) - \int_0^\pi e^x\sin x\, dx$$

移项后可得：
$$\int_0^\pi e^x \sin x \, dx = \frac{e^\pi + 1}{2}$$

【例 18】 计算 $\int_0^1 e^{\sqrt{x}} dx$.

解 设 $\sqrt{x} = t$，则
$$\int_0^1 e^{\sqrt{x}} dx = \int_0^1 e^t dt^2 = 2\int_0^1 t e^t dt$$
$$= 2\int_0^1 t \, de^t$$
$$= 2[te^t]_0^1 - 2\int_0^1 e^t dt$$
$$= 2e - 2(e-1) = 2$$

【例 19】 设函数 $f(x)$ 连续，且 $F(x) = \int_0^x f(t) dt$. 证明：
$$\int_0^1 F(x) dx = \int_0^1 (1-x) f(x) dx.$$

证明
$$\int_0^1 F(x) dx = xF(x)\Big|_0^1 - \int_0^1 x F'(x) dx = F(1) - \int_0^1 x F'(x) dx$$
$$= \int_0^1 f(x) dx - \int_0^1 x f(x) dx = \int_0^1 (1-x) f(x) dx$$

【思考题】 定积分的分部积分法中如何选取 u？

【习题 5-3】

1. 计算下列各定积分.

(1) $\int_{\frac{1}{e}}^{e} |\ln x| dx$；

(2) $\int_0^\pi x \sin^2 x \, dx$；

(3) $\int_1^4 \frac{\sin \sqrt{x}}{\sqrt{x}} dx$；

(4) $\int_0^a \sqrt{a^2 - x^2} dx \, (a > 0)$；

(5) $\int_0^{\frac{\pi}{2}} \sin^5 x \cos x \, dx$；

(6) $\int_0^{\ln 2} \sqrt{e^x - 1} \, dx$；

(7) $\int_1^e \frac{(1 + \ln x)^4}{x} dx$；

(8) $\int_0^{\sqrt{2}} \sqrt{2 - x^2} \, dx$；

(9) $\int_0^{\frac{\pi}{2}} \cos^5 x \sin x \, dx$；

(10) $\int_0^\pi \sqrt{\sin^3 x - \sin^5 x} \, dx$；

(11) $\int_1^2 \frac{\sqrt{x^2 - 1}}{x} dx$；

(12) $\int_e^{e^2} \frac{5 + \ln x}{x} dx$.

2. 计算下列各定积分.

(1) $\int_0^\pi x \sin x \, dx$；

(2) $\int_0^1 x \arctan x \, dx$；

(3) $\int_0^1 e^{\sqrt{x}} dx$；

(4) $\int_1^e \sin(\ln x) dx$；

(5) $\int_1^e x \ln x \, dx$；

(6) $\int_0^{\frac{1}{2}} \arcsin x \, dx$.

*第四节 广义积分

在定积分的定义中,要求积分区间为有限区间 $[a,b]$,被积函数 $f(x)$ 在闭区间 $[a,b]$ 上要有界,将这两个限制分别放宽,即为两类广义积分.

一、无穷限广义积分

定义 设函数 $f(x)$ 在区间 $[a,+\infty)$ 上连续,取 $b>a$. 如果极限

$$\lim_{b\to+\infty}\int_a^b f(x)\mathrm{d}x$$

存在,则称此极限为函数 $f(x)$ 在无穷区间 $[a,+\infty)$ 上的广义积分,记作 $\int_a^{+\infty} f(x)\mathrm{d}x$,即

$$\int_a^{+\infty} f(x)\mathrm{d}x = \lim_{b\to+\infty}\int_a^b f(x)\mathrm{d}x$$

这时也称广义积分 $\int_a^{+\infty} f(x)\mathrm{d}x$ 收敛;如果上述极限不存在,函数 $f(x)$ 在无穷区间 $(a,+\infty)$ 上的广义积分 $\int_a^{+\infty} f(x)\mathrm{d}x$ 就没有意义,习惯上称为广义积分 $\int_a^{+\infty} f(x)\mathrm{d}x$ 发散,这时 $\int_a^{+\infty} f(x)\mathrm{d}x$ 不再表示数值了.

类似地,设函数 $f(x)$ 在区间 $(-\infty,b]$ 上连续,取 $b>a$. 如果极限

$$\lim_{a\to-\infty}\int_a^b f(x)\mathrm{d}x$$

存在,则称此极限为函数 $f(x)$ 在无穷区间 $(-\infty,b]$ 上的广义积分,记作 $\int_{-\infty}^b f(x)\mathrm{d}x$,即

$$\int_{-\infty}^b f(x)\mathrm{d}x = \lim_{a\to-\infty}\int_a^b f(x)\mathrm{d}x$$

这时也称广义积分 $\int_{-\infty}^b f(x)\mathrm{d}x$ 收敛;如果上述极限不存在,就称广义积分 $\int_{-\infty}^b f(x)\mathrm{d}x$ 发散.

设函数 $f(x)$ 在区间 $(-\infty,+\infty)$ 上连续,如果广义积分 $\int_{-\infty}^0 f(x)\mathrm{d}x$ 和 $\int_0^{+\infty} f(x)\mathrm{d}x$ 都收敛,则称上述两广义积分之和为函数 $f(x)$ 在无穷区间 $(-\infty,+\infty)$ 上的广义积分,记作 $\int_{-\infty}^{+\infty} f(x)\mathrm{d}x$,即

$$\int_{-\infty}^{+\infty} f(x)\mathrm{d}x = \int_{-\infty}^0 f(x)\mathrm{d}x + \int_0^{+\infty} f(x)\mathrm{d}x$$
$$= \lim_{a\to-\infty}\int_{-a}^0 f(x)\mathrm{d}x + \lim_{b\to-\infty}\int_0^b f(x)\mathrm{d}x$$

这时也称广义积分 $\int_{-\infty}^{+\infty} f(x)\mathrm{d}x$ 收敛;否则就称广义积分 $\int_{-\infty}^{+\infty} f(x)\mathrm{d}x$ 发散.

【例 20】 计算积分 $\int_0^{+\infty} \dfrac{1}{1+x^2}\mathrm{d}x$.

解 $\int_0^{+\infty} \frac{1}{1+x^2} dx = \lim_{b \to +\infty} \int_0^b \frac{1}{1+x^2} dx = \lim_{b \to +\infty} [\arctan x]_0^b = \lim_{b \to +\infty} [\arctan b] = \frac{\pi}{2}$

注 $\forall b > a$，已知 $f(x)$ 在区间 $[a,b]$ 上的一个原函数是 $F(x)$，则

$$\int_a^{+\infty} f(x) dx = \lim_{b \to +\infty} \int_a^b f(x) dx$$
$$= \lim_{b \to +\infty} [F(x)]_a^b = \lim_{b \to +\infty} [F(b) - F(a)]$$
$$= \lim_{b \to +\infty} F(b) - F(a)$$

记 $\lim_{b \to +\infty} F(b) = F(+\infty)$，则有类似于牛顿-莱布尼兹公式的记号：

$$\int_a^{+\infty} f(x) dx = \lim_{b \to +\infty} F(b) - F(a) = F(x) \Big|_a^{+\infty} = F(+\infty) - F(a)$$

同理，也有 $\int_{-\infty}^b f(x) dx = \lim_{a \to -\infty} \int_a^b f(x) dx = \lim_{a \to -\infty} F(x)_a^b = \lim_{a \to -\infty} [F(b) - F(a)]$
$$= F(b) - \lim_{a \to -\infty} F(a) = F(b) - F(-\infty)$$

可以记为：$\int_{-\infty}^b f(x) dx = F(x) \Big|_{-\infty}^b = F(b) - F(-\infty)$.

【例 21】 讨论广义积分 $\int_a^{+\infty} \frac{1}{x^p} dx$（$a > 0$，$p > 0$）的敛散性.

解 $p \neq 1$ 时，$\int_a^{+\infty} \frac{1}{x^p} dx = \frac{1}{-p+1}(x^{-p+1})_a^{+\infty} = \begin{cases} +\infty(\text{发散}) & (p < 1) \\ \frac{1}{p-1} a^{1-p} & (p > 1) \end{cases}$；

$p = 1$ 时，$\int_a^{+\infty} \frac{1}{x^p} dx = \int_a^{+\infty} \frac{1}{x} dx = \ln(x)_a^{+\infty} = +\infty$ 发散；

所以，$\int_a^{+\infty} \frac{1}{x^p} dx = \begin{cases} \frac{a^{1-p}}{p-1}(\text{收敛}) & (p > 1) \\ \text{发散} & (p \leqslant 1) \end{cases}$.

并由此可知，$\int_2^{+\infty} \frac{1}{x^2} dx$ 收敛，而 $\int_2^{+\infty} \frac{1}{\sqrt{x}} dx$ 则发散.

二、无界函数的广义积分

定义 设函数 $f(x)$ 在 $(a,b]$ 上连续，且 $\lim_{x \to a^+} f(x) = \infty$，取 $\varepsilon > 0$，如果极限 $\lim_{\varepsilon \to +\infty} \int_{a+\varepsilon}^b f(x) dx$ 存在，则称此极限为函数 $f(x)$ 在 $(a,b]$ 上的广义积分，仍然记作 $\int_a^b f(x) dx$，即

$$\int_a^b f(x) dx = \lim_{\varepsilon \to +\infty} \int_{a+\varepsilon}^b f(x) dx$$

这时也称广义积分 $\int_a^b f(x) dx$ 收敛. 如果上述极限不存在，就称广义积分 $\int_a^b f(x) dx$ 发散.

类似地，设函数 $f(x)$ 在 $[a,b)$ 上连续，且 $\lim_{x \to b^-} f(x) = \infty$，取 $\varepsilon > 0$，如果极限

$$\lim_{\varepsilon \to +\infty} \int_a^{b-\varepsilon} f(x) dx$$

存在，则定义

$$\int_a^b f(x)\mathrm{d}x = \lim_{\varepsilon \to +\infty} \int_a^{b-\varepsilon} f(x)\mathrm{d}x$$

否则，就称广义积分 $\int_a^b f(x)\mathrm{d}x$ 发散.

设函数 $f(x)$ 在 $[a,b]$ 上除点 $c(a<c<b)$ 外连续，$\lim\limits_{x \to c} f(x) = \infty$，如果两个广义积分

$$\int_a^c f(x)\mathrm{d}x \text{ 与 } \int_c^b f(x)\mathrm{d}x$$

都收敛，则定义

$$\int_a^b f(x)\mathrm{d}x = \int_a^c f(x)\mathrm{d}x + \int_c^b f(x)\mathrm{d}x$$
$$= \lim_{\varepsilon \to +\infty} \int_a^{c-\varepsilon} f(x)\mathrm{d}x + \lim_{\varepsilon' \to +\infty} \int_{c+\varepsilon'}^b f(x)\mathrm{d}x$$

否则，就称广义积分发散.

【例 22】 计算积分 $\int_1^2 \dfrac{1}{x\sqrt{x^2-1}}\mathrm{d}x$.

解 $\int_1^2 \dfrac{1}{x\sqrt{x^2-1}}\mathrm{d}x = \lim\limits_{\varepsilon \to 0^+}\int_{1+\varepsilon}^2 \dfrac{1}{x\sqrt{x^2-1}}\mathrm{d}x = -\lim\limits_{\varepsilon \to 0^+}\int_{1+\varepsilon}^2 \dfrac{1}{\sqrt{1-\dfrac{1}{x^2}}}\mathrm{d}\left(\dfrac{1}{x}\right)$

$= -\lim\limits_{\varepsilon \to 0^+}\left(\arcsin\dfrac{1}{x}\right)\Big|_{1+\varepsilon}^2 = -\lim\limits_{\varepsilon \to 0^+}\left[\dfrac{\pi}{6} - \arcsin\dfrac{1}{1+\varepsilon}\right]$

$= -\dfrac{\pi}{6} + \lim\limits_{\varepsilon \to 0^+}\arcsin\dfrac{1}{1+\varepsilon} = -\dfrac{\pi}{6} + \dfrac{\pi}{2} = \dfrac{\pi}{3}$

【例 23】 讨论积分 $\int_a^b \dfrac{1}{(x-a)^k}\mathrm{d}x$ ($k>0$) 的敛散性.

解 $x=a$ 是被积函数 $\dfrac{1}{(x-a)^k}$ 的无界点，故

$k \neq 1$，$\int_a^b \dfrac{1}{(x-a)^k}\mathrm{d}x = \dfrac{1}{-k+1}(x-a)^{-k+1}\Big|_a^b = \begin{cases} \dfrac{(b-a)^{1-k}}{1-k} & (k<1) \\ +\infty \text{ 发散} & (k>1) \end{cases}$;

$k=1$，$\int_a^b \dfrac{1}{(x-a)^k}\mathrm{d}x = \int_a^b \dfrac{1}{x-a}\mathrm{d}x = [\ln(x-a)]_a^b = +\infty$;

所以，$\int_a^b \dfrac{1}{(x-a)^k}\mathrm{d}x = \begin{cases} \dfrac{(b-a)^{1-k}}{1-k} & (k<1) \\ +\infty \text{ 发散} & (k \geq 1) \end{cases}$.

【例 24】 计算积分 $\int_2^4 \dfrac{1}{x(1-\ln x)}\mathrm{d}x$.

解 $\int_2^4 \dfrac{1}{x(1-\ln x)}\mathrm{d}x = -\int_2^4 \dfrac{1}{x(1-\ln x)}\mathrm{d}(1-\ln x)$
$= -\ln|1-\ln x|\Big|_2^4 = \ln(1-\ln 2) - \ln|1-\ln 4|$

根据这一结果，此积分是收敛的. 但事实上其却是一个发散的广义积分，以上的解法错

误. 被积函数的无界点 $x=e$ 被夹在区间 $[2,4]$ 中间,从而正确的解法是:

$$\int_2^4 \frac{1}{x(1-\ln x)}dx = \int_2^e \frac{1}{x(1-\ln x)}dx + \int_e^4 \frac{1}{x(1-\ln x)}dx$$

因为广义积分

$$\int_2^e \frac{1}{x(1-\ln x)}dx = -\ln(1-\ln x)\Big|_2^e$$
$$= -[\lim_{x\to e^-}\ln(1-\ln x) - \ln(1-\ln 2)] = +\infty$$

发散,由定义,原积分发散.

【思考题】 $F(+\infty)$ 记号的含义.

【习题 5-4】

1. 计算下列各广义积分.

(1) $\int_1^{+\infty} \frac{1}{x^2}dx$;

(2) $\int_2^{+\infty} \frac{1}{x}dx$;

(3) $\int_e^{+\infty} \frac{\ln x}{x}dx$;

(4) $\int_{-\infty}^{+\infty} \frac{2x}{x^2+1}dx$.

2. 计算下列各广义积分.

(1) $\int_1^e \frac{dx}{x\sqrt{1-(\ln x)^2}}$;

(2) $\int_0^1 \frac{x}{\sqrt{1-x^2}}dx$.

第五节 平面图形的面积

一、定积分的微元法

设 $f(x)$ 在区间 $[a,b]$ 上连续,且 $f(x) \geqslant 0$,求以曲线 $y=f(x)$ 为曲边,底为 $[a,b]$ 的曲边梯形的面积 A,如图 5-7 所示.

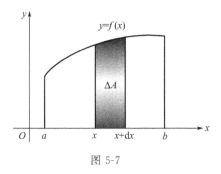

图 5-7

求曲边梯形的面积步骤如下.

(1) 分割 用任意一组分点 $a = x_0 < x_1 < \cdots < x_{i-1} < x_i < \cdots < x_n = b$ 将区间分成 n 个小区间 $[x_{i-1}, x_i]$,其长度为

$$\Delta x_i = x_i - x_{i-1}(i=1,2,\cdots,n)$$

并记 $\lambda = \max\{\Delta x_1, \Delta x_2, \cdots, \Delta x_n\}$,相应的,曲边梯形被划分成 n 个窄曲边梯形,第 i 个窄

曲边梯形的面积记为 $\Delta A_i, i=1,2,\cdots,n$. 于是

$$A = \sum_{i=1}^{n} \Delta A_i$$

(2) 取近似 以不变高代替变高，以矩形代替曲边梯形，给出"零"的近似值：

$$\Delta A_i \approx f(\xi_i)\Delta x_i, \xi_i \in [x_{i-1}, x_i] \ (i=1,2,\cdots,n)$$

(3) 求和 积零为整，给出"整"的近似值：

$$A \approx \sum_{i=1}^{n} f(\xi_i)\Delta x_i$$

(4) 取极限 使近似值向精确值转化：

$$A = \lim_{\lambda \to 0} \sum_{i=1}^{n} f(\xi_i)\Delta x_i = \int_a^b f(x)\mathrm{d}x$$

上述做法蕴含有如下两个实质性的问题.

(1) 若将 $[a,b]$ 分成部分区间 $[x_{i-1}, x_i]\ (i=1,2,\cdots,n)$，则 A 相应的分成部分量 ΔA_i $(i=1,2,\cdots,n)$，而

$$A = \sum_{i=1}^{n} \Delta A_i$$

这表明：所求量 A 对于区间 $[a,b]$ 具有可加性.

(2) 用 $f(\xi_i)\Delta x_i$ 近似 ΔA_i，误差应是 Δx_i 的高阶无穷小.

只有这样，和式 $\sum_{i=1}^{n} f(\xi_i)\Delta x_i$ 的极限方才是精确值 A. 故关键是确定

$$\Delta A_i \approx f(\xi_i)\Delta x_i \quad [\Delta A_i - f(\xi_i)\Delta x_i = o(\Delta x_i)]$$

通过对求曲边梯形面积问题的回顾、分析、提炼，我们可以给出用定积分计算某个量的条件与步骤，具体内容如下.

(1) 能用定积分计算的量 F，应满足下列三个条件：

① F 与变量 x 的变化区间 $[a,b]$ 有关；

② F 对于区间 $[a,b]$ 具有可加性；

③ F 部分量 ΔF_i 可近似地表示成 $f(\xi_i)\Delta x_i$.

(2) 写出计算 F 的定积分表达式步骤：

① 根据问题，选取一个变量 x 为积分变量，并确定它的变化区间 $[a,b]$；

② 设想将区间 $[a,b]$ 分成若干小区间，取其中的任一小区间 $[x, x+\mathrm{d}x]$，求出它所对应的部分量 ΔF 的近似值

$$\Delta F \approx f(x)\mathrm{d}x$$

则称 $f(x)\mathrm{d}x$ 为量 F 的微元，记为 $\mathrm{d}F$. 即 $\mathrm{d}F = f(x)\mathrm{d}x$.

(3) 以 F 的元素 ΔF 作被积表达式，以 $[a,b]$ 为积分区间，得

$$F = \int_a^b f(x)\mathrm{d}x$$

这个方法称为元素法，其实质是找出 F 的元素 ΔF 的微分表达式

$$dF = f(x)dx \quad (a \leqslant x \leqslant b)$$

因此，也称此法为微元法．

二、平面图形的面积

直角坐标的情形如下所示．

由曲线 $y=f(x)[f(x)\geqslant 0]$ 及直线 $x=a$ 与 $x=b(a<b)$ 与 x 轴所围成的曲边梯形面积 A．如图 5-8 所示．

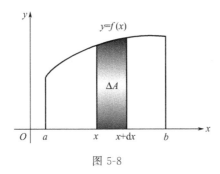

图 5-8

$$A = \int_a^b f(x)dx$$

其中：$f(x)dx$ 为面积元素．

由连续曲线 $y=f(x)$ 与 $y=g(x)$ 及直线 $x=a$，$x=b(a<b)$ 且 $f(x)\geqslant g(x)$ 所围成的图形面积 A，如图 5-9（a）所示．

$$A = \int_a^b f(x)dx - \int_a^b g(x)dx = \int_a^b [f(x)-g(x)]dx$$

其中：$[f(x)-g(x)]dx$ 为面积元素．

由连续曲线 $x=\varphi(y)$，$x=\psi(y)[\varphi(y)\geqslant\psi(y)]$ 与直线 $y=c$，$y=d$ 所围成的平面图形的面积为 A，如图 5-9（b）所示．

$$A = \int_c^d [\varphi(y)-\psi(y)]dy$$

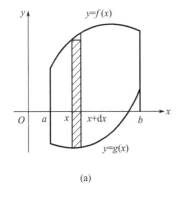
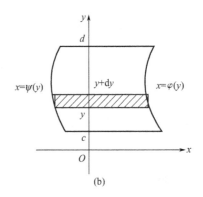

(a)   (b)

图 5-9

【例 25】 求曲线 $y=\sin x$ $x\in\left[0,\dfrac{2\pi}{3}\right]$ 与直线 $x=0, x=\dfrac{2\pi}{3}$，x 轴所围成的图形面积

(图 5-10).

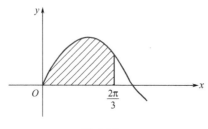

图 5-10

解 $S = \int_0^{\frac{2\pi}{3}} \sin x \mathrm{d}x = -\cos x \Big|_0^{\frac{2\pi}{3}} = \frac{3}{2}$

【**例 26**】 计算由两条抛物线 $y^2 = x$ 和 $y = x^2$ 所围成的图形的面积，如图 5-11 所示.

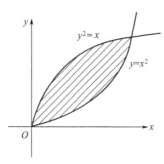

图 5-11

分析 两条抛物线所围成的图形的面积，可以由以两条曲线所对应的曲边梯形的面积的差得到.

解 $\begin{cases} y = \sqrt{x} \\ y = x^2 \end{cases} \Rightarrow x = 0$ 及 $x = 1$，所以两曲线的交点为 $(0, 0)$，$(1, 1)$，面积

$$S = \int_0^1 \sqrt{x}\mathrm{d}x - \int_0^1 x^2 \mathrm{d}x$$

所以 $S = \int_0^1 (\sqrt{x} - x^2)\mathrm{d}x = \left[\frac{2}{3} x^{\frac{3}{2}} - \frac{x^3}{3}\right]_0^1 = \frac{1}{3}$

在直角坐标系下平面图形的面积的四个步骤：
① 作图像，求交点；
② 确定积分变量和积分区间；
③ 求出面积元素，用定积分表示所求的面积；
④ 用微积分基本定理求定积分.

【**思考题**】 举例说明定积分在求平面图形的面积或其他实际问题中的具体应用.

【**习题 5-5**】

1. 求由下列曲线所围成的平面图形的面积.
   (1) $y = x^2$，$y = 2 - x^2$；
   (2) $y = \sqrt{x}$，$y = x$.
2. 计算抛物线 $y^2 = 2x$ 与直线 $y = x - 4$ 所围成的图形面积.

第六节　旋转体的体积

旋转体是由一个平面图形绕该平面内一条定直线旋转一周而生成的立体,该定直线称为旋转轴.常见的旋转体包括圆柱、圆锥、圆台、球体.

计算由曲线 $y=f(x)$,直线 $x=a$,$x=b$ 及 x 轴所围成的曲边梯形,绕 x 轴旋转一周而生成的立体的体积.如图 5-12 所示.

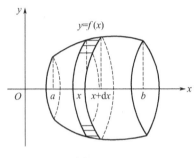

图 5-12

取 x 为积分变量,则 $x\in[a,b]$,对于区间 $[a,b]$ 上的任一区间 $[x,x+\mathrm{d}x]$,它所对应的窄曲边梯形绕 x 轴旋转而生成的薄片形状的立体其体积近似等于以 $f(x)$ 为底半径,$\mathrm{d}x$ 为高的圆柱体体积.即,体积元素为

$$\mathrm{d}V=\pi[f(x)]^2\mathrm{d}x$$

所求的旋转体的体积为

$$V=\int_a^b\pi[f(x)]^2\mathrm{d}x$$

同理,由曲线 $x=\varphi(y)$,直线 $y=c$,$y=d$ 及 y 轴所围成的曲边梯形,如图 5-13 所示.

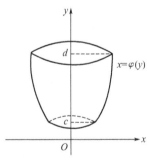

图 5-13

绕 y 轴旋转一周而生成的立体的体积为:

$$V=\int_c^d\pi[\varphi(y)]^2\mathrm{d}y$$

求旋转体的体积,一般可按以下步骤进行:

① 建立适当的坐标系,并画出草图;

② 确定以旋转体的旋转轴所在的坐标轴为积分变量，并确定积分区间；
③ 代入相应的旋转体的体积公式，并计算定积分求出旋转体的体积.

【例 27】 求由曲线 $y = \dfrac{r}{h}x$ 及直线 $x = 0$，$x = h$（$h > 0$）和 x 轴所围成的三角形绕 x 轴旋转而生成的立体的体积. 如图 5-14 所示.

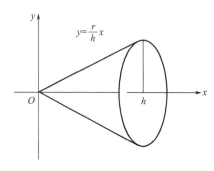

图 5-14

解 取 x 为积分变量，则 $x \in [0, h]$

$$V = \int_0^h \pi \left(\frac{r}{h} x \right)^2 dx = \frac{\pi r^2}{h^2} \int_0^h x^2 dx = \frac{\pi}{3} r^2 h$$

【例 28】 求函数 $y = e^x$ 在闭区间 $[0, 1]$ 上的曲边梯形绕 x 轴旋转，所得旋转体体积.

解 如图 5-15 所示，该曲边梯形绕 x 轴旋转. 所得旋转体体积为：

$$V = \int_0^1 \pi y^2 dx = \int_0^1 \pi e^{2x} dx = \pi \int_0^1 e^{2x} dx$$
$$= \frac{\pi}{2} e^{2x} \Big|_0^1 = \frac{\pi}{2}(e^2 - 1)$$

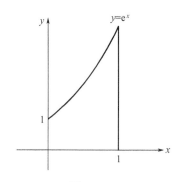

图 5-15

【例 29】 求由直线 $y = x$，$y = 2x$，$x = 3$，所围成的三角形分别绕 x 轴，y 轴旋转所得旋转体的体积.

解 如图 5-16 所示，求解过程如下.

（1）绕 x 轴旋转，所得旋转体体积为：

$$V = \int_0^3 \pi (2x)^2 dx - \int_0^3 \pi x^2 dx = \pi \left(\frac{4}{3} x^3 - \frac{x^3}{3} \right) \Big|_0^3 = \pi x^3 \Big|_0^3 = 27\pi$$

（2）绕 y 轴旋转，所得旋转体体积为：

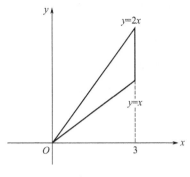

图 5-16

$$V = \int_0^3 \pi y^2 \mathrm{d}y + \pi \times 3^2 \times 3 - \int_0^3 \pi \left(\frac{y}{2}\right)^2 \mathrm{d}y$$
$$= \frac{\pi}{3} y^3 \Big|_0^3 + 27\pi - \frac{\pi}{12} y^3 \Big|_0^6 = 18\pi$$

【例 30】 计算椭圆 $\dfrac{x^2}{a^2} + \dfrac{y^2}{b^2} = 1$ 所围成的图形分别绕 x 轴、y 轴旋转而成的立体的体积.

解 （1）绕 x 轴旋转而成的立体的体积，如图 5-17 所示.

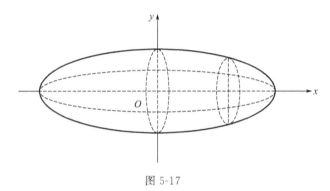

图 5-17

这个旋转体可看作是由上半个椭圆 $y = \dfrac{b}{a}\sqrt{a^2 - x^2}$ 及 x 轴所围成的图形绕 x 轴旋转所生成的立体.

在 x 处（$-a \leqslant x \leqslant a$），用垂直于 x 轴的平面去截立体所得截面积为

$$A(x) = \pi \left(\frac{b}{a}\sqrt{a^2-x^2}\right)^2$$

$$V_x = \int_{-a}^{a} A(x)\mathrm{d}x = \frac{\pi b^2}{a^2}\int_{-a}^{a}(a^2-x^2)\mathrm{d}x = \frac{4}{3}\pi a b^2$$

（2）同理，可求得绕 y 轴旋转而成的立体的体积. 这个旋转体可看作是由左半个椭圆 $x = -\dfrac{a}{b}\sqrt{b^2-y^2}$ 及 y 轴所围成的图形绕 y 轴旋转所生成的立体其体积为：

$$V_y = \frac{\pi a^2}{b^2}\int_{-b}^{b}(b^2-y^2)\mathrm{d}y = \frac{4}{3}\pi a^2 b$$

【思考题】 举例说明定积分在旋转体的体积或其他实际问题中的具体应用.

【习题 5-6】

1. 求函数 $y = e^x$ 在闭区间 $[0,1]$ 上的曲边梯形绕 x 轴旋转，所得旋转体体积.

2. 求由曲线 $y = x^3$ 与 $x = 2$，$y = 0$ 所围成图形分别绕 x 轴、y 轴旋转一周所得旋转体的体积.

3. 求由 $y = \sqrt{x}$，$x = 4$ 及 $y = 0$ 所围成图形绕 x 轴旋转一周所得旋转体的体积.

4. 求由 $y = x^2$ 与 $y = 1$ 所围成图形绕 y 轴旋转一周所得旋转体的体积.

【复习题五】

一、填空题

1. $\dfrac{d}{dx} \displaystyle\int_0^{2x} t\cos^2 t \, dt =$ _____.

2. $\dfrac{d}{dx} \displaystyle\int_x^b \sqrt{1+t^2} \, dt =$ _____.

3. 比较大小：$\displaystyle\int_0^1 x^2 \, dx$ _____ $\displaystyle\int_0^1 x^3 \, dx$.

4. $\displaystyle\int_{-1}^1 \dfrac{x^4 \sin^3 x}{1+x^2} \, dx =$ _____.

5. $\displaystyle\int_0^1 \dfrac{3x^2}{1+x^2} \, dx =$ _____.

6. 由曲线 $y = \dfrac{1}{x}$ 与直线 $y = x$ 及 $x = 2$ 所围成图形的面积为 _____.

二、选择题

1. 如果函数 $f(x)$ 在区间 $[a,b]$ 上可积，则 $\displaystyle\int_a^b f(x) \, dx - \displaystyle\int_b^a f(x) \, dx$ 等于（   ）.

  A. 0 B. $-2\displaystyle\int_a^b f(x) \, dx$

  C. $2\displaystyle\int_a^b f(x) \, dx$ D. $2\displaystyle\int_b^a f(x) \, dx$

2. 变上限函数积分 $\displaystyle\int_a^x f(t) \, dt$ 是（   ）.

  A. $f'(x)$ 的一个原函数 B. $f'(x)$ 的全体原函数
  C. $f(x)$ 的一个原函数 D. $f(x)$ 的全体原函数

3. 若 $f(0) = 1$，$f(2) = 3$，$f'(2) = 5$，则 $\displaystyle\int_0^1 x f''(2x) \, dx$ 的值为（   ）.

  A. 0 B. 1
  C. 2 D. -2

4. 定积分的值与（   ）无关.

  A. 积分区间 B. 被积函数
  C. 积分变量 D. 以上均不正确

三、计算题

1. $\displaystyle\int_{-\frac{\pi}{2}}^{\frac{\pi}{2}} \sqrt{\cos x - \cos^3 x} \, dx$ 2. $\displaystyle\int_0^2 |1 - x| \, dx$

3. $\displaystyle\int_0^1 x e^x \, dx$ 4. $\displaystyle\int_e^{+\infty} \dfrac{dx}{x(\ln x)}$

5. $\displaystyle\int_{-1}^1 \dfrac{dx}{x^4}$ 6. $\displaystyle\int_0^{\frac{\pi}{4}} \dfrac{1 + \sin^2 t}{\cos^2 t} \, dt$

7. $\displaystyle\int_1^{e^2} \dfrac{1}{x\sqrt{1+\ln x}} \, dx$ 8. $\displaystyle\int_0^1 x^2 \sqrt{1-x^2} \, dx$

9. $\int_0^{\ln 5} \dfrac{e^x \sqrt{e^x - 1}}{e^x + 3} dx$

10. $\int_{-\infty}^{+\infty} \dfrac{2x}{1 + x^2} dx$

11. $\int_0^3 \dfrac{x}{1 + \sqrt{1 + x}} dx$

12. $\int_0^\pi \sqrt{1 + \sin 2x}\, dx$.

四、综合题

1. 求由 $x = y^2$，$x + y = 2$ 所围成的图形的面积.

2. 求由曲线 $y = \dfrac{1}{x}$，$y = x$ 及 $x = 2$ 所围平面图形的面积.

3. 求椭圆 $\dfrac{x^2}{a^2} + \dfrac{y^2}{b^2} = 1$ 所围成的面积 $(a > 0, b > 0)$.

第六章 微分方程

函数是客观事物的内部联系在数量方面的反映,利用函数关系又可以对客观事物的规律性进行研究.因此如何寻找出所需要的函数关系,在实践中具有重要意义.在许多问题中,往往不能直接找出所需要的函数关系,但是根据问题所提供的条件,有时可以列出含有要找的函数及其导数的关系式.这样的关系式就是微分方程.微分方程建立以后,对它进行研究,找出未知函数来,这就是解微分方程.本章主要介绍微分方程的一些基本概念和几种常用的微分方程的解法.

第一节 微分方程的基本概念

在许多科技和工程领域中,常会遇到这样的问题:某个函数是怎样的我们并不知道,但根据已知条件,可以知道这个未知函数及其导数与自变量之间关系.

一、微分方程的概念

下面我们先来看一个例子.

【例1】 已知一条曲线过点 $(-1,2)$,且在该曲线上任意点 $P(x,y)$ 处的切线斜率为 $2x$,求这条曲线方程.

解 设所求曲线的方程为 $y=y(x)$,我们根据导数的几何意义,可知 $y=y(x)$ 应满足方程:

$$\frac{\mathrm{d}y}{\mathrm{d}x}=2x$$

即
$$\mathrm{d}y=2x\mathrm{d}x$$

将上式两边积分,得

$$y=\int 2x\mathrm{d}x=x^2+C,\quad \text{其中} C \text{为常数}.$$

由于曲线通过点 $(-1,2)$ 即当 $x=-1$ 时,$y=2$,将此代入方程 $y=x^2+C$,得到 $2=(-1)^2+C$,于是 $C=1$,故曲线方程为 $y=x^2+1$.

定义 含有未知函数的导数或微分的方程称为**微分方程**.

例如,$\dfrac{\mathrm{d}y}{\mathrm{d}x}=2x$,$y''+y'+5=0$ 等都是微分方程.

未知函数是一元函数的微分方程称为常微分方程.方程中的未知函数最高阶导数的阶数称为微分方程的阶.如 $y''+y'+5=0$ 为二阶微分方程.

如果方程中的未知函数及其各阶导数就总体而言都是一次幂的,那么称之为线性微分方程,否则称之为非线性微分方程.例如 $\dfrac{\mathrm{d}y}{\mathrm{d}x}=2x$,$y''+y'+5=\sin x$ 是一个线性微分方程,$y'''+y=1$ 是三阶线性微分方程,而 $y'=x^2+y$ 和 $y'y=5$ 都是一阶非线性微分方程.

二、微分方程的解

从微分方程中求出未知函数叫做解微分方程。满足微分方程的函数称为微分方程的解。含有任意常数的个数与微分方程的阶数相同的解称为微分方程的通解。

不含任意常数的解称为微分方程的特解。

通常，由方程的通解确定特解的条件称为初始条件。如，例 1 中曲线过点 $(-1,2)$ 这一条件就是一个初始条件。

【思考题】 试说明微分方程的解、通解和特解的联系与区别。

【习题 6-1】

1. 指出下列微分的阶数。

   (1) $\dfrac{dy}{dx} = y + \sin^2 x$；

   (2) $x(y')^2 - 2yy' + x = 0$；

   (3) $x^2 y'' - xy' + y = 0$；

   (4) $L\dfrac{d^2 Q}{dt^2} + R\dfrac{dQ}{dt} + \dfrac{Q}{C} = 0$。

2. 检验下列方程是否为所给方程的解，并指明是通解还是特解。

   (1) $(x+y)dx + xdy = 0$， $y = \dfrac{c - x^2}{2x}$；

   (2) $\dfrac{d^2 x}{dt^2} + \omega^2 x = 0$， $x = C_1 \cos\omega t + C_2 + \sin\omega t$；

   (3) $(y')^2 + xy' - y = 0$， $y = -\dfrac{1}{4}x^2$。

第二节 可分离变量的微分方程与齐次方程

下面我们来学习用积分法解一阶微分方程的问题。

并不是所有的一阶微分方程都可以用积分法求解，只有一些特殊形式的一阶微分方程可以用积分法求解，并且解法也各不相同。因此，我们学习时要认清各种微分方程的特点及它们的解法。

一、可分离变量的微分方程

这种方程的形式为：
$$y' = f(x)g(y)$$

我们往往会以为将上式两端积分即可求解。其实是不对的。因为两端积分后，得 $y = \int f(x)g(y)dx$，右端是什么也求不出的，所以求不出 y 来。

其正确解法为：设 $y = y(x)$ 为所求的解，于是当 $y = y(x)$ 时，有
$$dy = y'dx = f(x)g(y)dx，\text{即} \dfrac{1}{g(y)}dy = f(x)dx$$

这一步把 y 的函数及 dy 与 x 的函数及 dx 分开了，称为分离变量，这是求解的关键的一步，下一步我们就可由不定积分换元法进行求解了。

【例 2】 求方程 $y' = 2xy$ 的通解。

解 这是一个可分离变量的方程，分离变量后得

$$\frac{dy}{y} = 2x dx, (y \neq 0)$$

两端分别积分,得

$$\ln|y| = x^2 + C_1, \quad y = e^{x^2 + C_1}$$

令 $\pm e^{C_1} = C$,得

$$y = Ce^{x^2}$$

这就是该方程的通解.

二、齐次微分方程

这种微分方程的形式为:

$$y' = f\left(\frac{y}{x}\right)$$

它也不能由两端积分求解。其求解步骤如下.

令 $\mu = \dfrac{y}{x}$,则 $y' = x\mu' + \mu$,y 的微分方程就化成了 μ 的微分方程

$$x\mu' + \mu = f(\mu)$$

即

$$\mu' = \frac{f(\mu) - \mu}{x}$$

这就化成了可分离变量的微分方程,再由上面我们所学的方法就可求出方程的通解.

【例 3】 求方程 $\dfrac{dy}{dx} = \dfrac{yx}{x^2 - y^2}$ 满足 $y|_{x=0} = 1$ 的特解。

解 这是一个齐次方程。令 $y = \mu x$ 代入,得

$$\mu + x\frac{d\mu}{dx} = \frac{\mu}{1 - \mu^2}$$

分离变量后,得

$$\frac{1 - \mu^2}{\mu^3} d\mu = \frac{1}{x} dx$$

两端分别积分,得

$$C_1 - \frac{1}{2\mu^2} - \ln|\mu| = \ln|x|$$

或

$$\mu x = \pm e^{C_1 - \frac{1}{2\mu^2}}$$

回代 $\mu = \dfrac{y}{x}$,得原方程的通解为 $y = Ce^{-\frac{x^2}{2y^2}}$

其中,$C = \pm e^{C_1}$.

将初始条件 $y(0) = 1$ 代入,得 $C = 1$.

所以满足初始条件的特解为

$$y - e^{-\frac{x^2}{2y^2}} = 0$$

【思考题】 举例说明可分离变量的方程的求解过程.

【习题 6-2】

1. 求微分方程 $\dfrac{\mathrm{d}y}{\mathrm{d}x} = 2x(1+y)$ 的通解.
2. 求微分方程 $x(1+y^2)\mathrm{d}x + y(1-x^2)\mathrm{d}y = 0$ 的通解.
3. 求微分方程 $y'y + x = 0$ 满足 $y\big|_{x=3} = 4$ 的特解.
4. 验证函数 $y = C\mathrm{e}^{-3x} + \mathrm{e}^{-2x}$ 是方程 $\dfrac{\mathrm{d}y}{\mathrm{d}x} + 3y = \mathrm{e}^{-2x}$ 的通解，并求出满足其初始条件 $y\big|_{x=0} = 2$ 的特解.

*第三节　线性微分方程

一、线性微分方程

这种微分方程的形式为：

$$y' + p(x)y = q(x)$$

其中，$p(x), q(x)$ 是与 y, y' 无关的已知函数．它们对 y 与 y' 而言是一次的，故被称之为一阶线性微分方程．

当 $q(x) \equiv 0$ 时称为齐次线性微分方程；当 $q(x) \neq 0$ 时称为非齐次线性微分方程.

二、齐次线性微分方程的解法

齐次线性微分方程的形式为：

$$y' + p(x)y = 0$$

此方程是可分离变量的微分方程，分离变量后，得：

$$\frac{1}{y}\mathrm{d}y = -p(x)\mathrm{d}x$$

两边积分，得

$$\ln y = -\int p(x)\mathrm{d}x + C_1$$

上式中，令 $C_1 = \ln C \, (C \neq 0)$，于是

$$y = \mathrm{e}^{\left(-\int p(x)\mathrm{d}x + \ln C\right)}$$

即

$$y = C\mathrm{e}^{-\int p(x)\mathrm{d}x}$$

上式就是方程 $y' + p(x)y = 0$ 的通解.

【例 4】 求 $y' + \dfrac{y}{x+1} = 0$ 的一般解.

解 由此方程可得 $\dfrac{1}{y}\mathrm{d}y = -\dfrac{1}{x+1}\mathrm{d}x$，故 $\ln(C_1 y) = \ln(x+1)^{-1}$

因此该方程的一般解为：$y = C(x+1)^{-1}$

三、非齐次线性微分方程的解法

下面讨论非齐次线性微分方程 $y' + p(x)y = q(x)$ 的解法.

如果仍然按照齐次线性微分方程 $y' + p(x)y = 0$ 的求解方法求解，由 $y' + p(x)y = q(x)$ 可得

$$\frac{dy}{y} = \left[\frac{q(x)}{y} - p(x)\right]dx$$

两边积分，得

$$\ln y = \int \frac{q(x)}{y} dx - \int p(x) dx$$

即

$$y = e^{\int \frac{q(x)}{y} dx - \int p(x) dx} = e^{\int \frac{q(x)}{y} dx} e^{-\int p(x) dx}$$

设 $e^{\int \frac{q(x)}{y} dx} = C(x)$，则上式可表示为

$$y = C(x) e^{-\int p(x) dx}$$

先求出 $y' + p(x)y = q(x)$ 对应的齐次线性微分方程 $y' + p(x)y = 0$ 的一般解 $y = C(x) e^{-\int p(x) dx}$，然后把 C 看作 x 的函数，再代到非齐次线性微分方程中来决定 $C(x)$，使它能满足非齐次线性微分方程.

$y = C(x) e^{-\int p(x) dx}$ 中把 C 作为 x 的函数求导数比 C 作为常数求导数要多出一项，即，$y = C'(x) e^{-\int p(x) dx}$，所以 $y = C(x) e^{-\int p(x) dx}$ 中的 C 作为 x 的函数代入微分方程就得到：

$$\begin{aligned} y' + p(x)y &= C'(x) e^{-\int p(x) dx} + C(x) \left(e^{-\int p(x) dx}\right)' + p(x) C(x) e^{-\int p(x) dx} \\ &= C'(x) e^{-\int p(x) dx} - p(x) C(x) e^{-\int p(x) dx} + p(x) C(x) e^{-\int p(x) dx} \\ &= C'(x) e^{-\int p(x) dx} \end{aligned}$$

即

$$C'(x) e^{-\int p(x) dx} = q(x)$$

所以只要 $C'(x) = q(x) e^{\int p(x) dx}$，即 $C(x) = \int q(x) e^{\int p(x) dx} dx + C$ 就可使非齐次线性微分方程得到满足，即

$$\begin{aligned} y &= C(x) e^{-\int p(x) dx} \\ &= e^{-\int p(x) dx} \left[\int q(x) e^{\int p(x) dx} dx + C\right] \end{aligned}$$

上式即为所求方程 $y' + py = q$ 的一般解.

上面的这种解法被称为拉格朗日（Lagrange）常数变易法.

【例 5】 求解 $y' + \dfrac{y}{x+1} = x$.

解 相应齐次线性微分方程 $y' + \dfrac{y}{x+1} = 0$ 的一般解为 $y = C(x+1)^{-1}$ 把 C 看成 x 的函数，代入得：

$$C[(x+1)^{-1}]' + C'[(x+1)^{-1}] + \frac{C}{x+1}(x+1)^{-1} = C'(x+1)^{-1} = x$$

因此, $$C' = x(x+1)$$
所以, $$C = \frac{1}{3}x^3 + \frac{1}{2}x^2 + C_1$$

故, $y = \left(\frac{1}{3}x^3 + \frac{1}{2}x^2 + C_1\right)(x+1)^{-1}$ 就是非齐次线性微分方程的一般解.

四、可降阶的高阶方程

求解高阶微分方程的方法之一是设法降低方程的阶数。下面我们以二阶方程为例来学习三种可以降阶的方程.

1. 右端仅含 x 的方程: $y'' = f(x)$

对这类方程, 只需两端分别积分一次就可化为一阶方程

$$y' = \int f(x)\,\mathrm{d}x + C_1$$

再次积分, 即可求出方程的通解

$$y = \int \left[\int f(x)\,\mathrm{d}x\right]\mathrm{d}x + C_1 x - C_2$$

【例 6】 求方程 $y'' = \cos x$ 的通解.

解 一次积分得

$$y' = \int \cos x\,\mathrm{d}x = \sin x + C_1$$

二次积分即得到方程的通解

$$y = -\cos x + C_1 x + C_2$$

2. 右端不显含 y 的方程: $y'' = f(x, y')$

我们为了把方程降阶, 可令 $y' = p$, 将 p 看作是新的未知函数, x 仍是自变量, 于是 $\frac{\mathrm{d}p}{\mathrm{d}x} = y''$, 代入原方程得:

$$\frac{\mathrm{d}p}{\mathrm{d}x} = f(x, p)$$

这就是一个一阶方程, 然后即可由前面学的方法进行求解了.

【例 7】 求方程 $y'' = \frac{1}{x}y'$ 的通解.

解 令 $y' = p$, $\frac{\mathrm{d}p}{\mathrm{d}x} = y''$, 代入方程, 得

$$\frac{\mathrm{d}p}{\mathrm{d}x} = \frac{1}{x}p$$

分离变量后, 得

$$\frac{\mathrm{d}p}{p} = \frac{\mathrm{d}x}{x}$$

积分, 得

$$p = C_1 x$$

即，
$$\frac{dy}{dx} = C_1 x$$

再积分，即得原方程的通解：
$$y = \frac{1}{2} C_1 x^2 + C_2$$

3. 右端不显含 x 的方程：$y'' = f(y, y')$

我们为了把方程降阶，可令 $y' = p$，将 p 看作是自变量 y 的函数，有
$$y'' = \frac{dp}{dx} = \frac{dp}{dy} \times \frac{dy}{dx} = p \frac{dp}{dy}$$

代入原方程，得
$$p \frac{dp}{dy} = f(y, p)$$

这是关于 p 的一阶方程，我们可由此解出通解，然后再代入原方程求解，即可。

【例 8】 求方程 $y \frac{d^2 y}{dx^2} - \left(\frac{dy}{dx}\right)^2 = 0$ 的通解.

解 令 $y' = p$，$y'' = p \frac{dp}{dy}$ 代入原方程得：
$$yp \frac{dp}{dy} - p^2 = 0$$

它相当于两个方程：
$$p = 0 \quad \text{与} \quad y \frac{dp}{dy} - p = 0$$

由第一个方程解得：$y = C$

第二个方程可用分离变量法解得 $\qquad p = C_1 y$

从而 $\qquad \dfrac{dy}{dx} = C_1 y$

由此再分离变量，解得：$\qquad y = C_2 e^{C_1 x}$

这就是原方程的通解（解 $y = C$ 包含在这个解中）

【思考题】 举例说明非齐次线性微分方程的求解过程.

【习题 6-3】

1. 求下列方程的通解.

  (1) $\dfrac{dy}{dx} + 4y + 5 = 0$；
  (2) $xy' - 3y = x^2$；
  (3) $x \dfrac{dy}{dx} - y = x^2 \sin x$；

  (4) $y' + \dfrac{y}{x \ln x} = 1$；
  (5) $y' + y \cos x = e^{-\sin x}$；
  (6) $y''' = x e^x$；

  (7) $y'' = y' + x$；
  (8) $y''' + \dfrac{2}{1 - y^2} (y')^2 = 0$.

2. 求下列方程满足初始条件的特解.

  (1) $\dfrac{dy}{dx} + \dfrac{1 - 2x}{x^2} y = 1$，$\quad y|_{x=1} = 0$；

  (2) $y''' = \dfrac{\ln x}{x^2}$，$\quad y|_{x=1} = 0$，$y'|_{x=1} = 1$，$\quad y''|_{x=1} = 2$.

3. 求下列方程的通解.

   (1) $\dfrac{\mathrm{d}y}{\mathrm{d}x} + 2xy - x\mathrm{e}^{-x^2} = 0$;   (2) $\dfrac{\mathrm{d}y}{\mathrm{d}x} + y = \mathrm{e}^{-x}$;

   (3) $(x^2-1)y' + 2xy - \cos x = 0$; (4) $y'' = 1 + (y')^2$.

4. 求下列微分方程满足初始条件的特解.

   (1) $\cos x \dfrac{\mathrm{d}y}{\mathrm{d}x} + y\sin x = \cos^2 x$, $y|_{x=\frac{\pi}{6}} = 1$;

   (2) $y'' + \dfrac{2}{x+1}y' = 0$, $y|_{x=0} = 2$, $y'|_{x=0} = -1$.

【复习题六】

1. 什么是微分方程？什么是微分方程的阶？
2. 什么是微分方程的通解？通解中常数的个数与阶数有什么关系？
3. 求下列微分方程的通解.

   (1) $xy' - y\ln y = 0$;   (2) $3x^2 + 5x - 5y' = 0$;

   (3) $y' = \sqrt{\dfrac{1-y^2}{1-x^2}}$;   (4) $y - xy' = a(y^2 + y')$;

   (5) $y = \dfrac{y}{x} + \tan\dfrac{y}{x}$;   (6) $y' = \dfrac{y}{y-x}$.

4. 求下列各微分方程满足初始条件的特解.

   $\begin{cases} y' - \dfrac{x}{1+x^2}y = x+1 \\ y|_{x=0} = \dfrac{1}{2} \end{cases}$

第七章 向量与空间解析几何

用代数方法研究几何问题是数学的基本方法之一．本章学习的空间解析几何是以空间向量为工具，用空间向量的代数运算来对空间图形进行研究，主要学习空间直角坐标系、向量的概念及其坐标表示法、向量的数量积分向量积、平面的方程、空间直线的方程、二次曲面等．

第一节 空间直角坐标系

一、空间直角坐标系

过空间一定点 O 作以 O 为原点的三条互相垂直的数轴 Ox、Oy、Oz，且取相同的长度单位．该三条数轴分别叫做 x 轴（横轴）、y 轴（纵轴）、z 轴（竖轴），都叫做坐标轴．这样，三条轴就组成了一个空间直角坐标系．定点 O 叫做坐标原点．空间直角坐标系的各轴正向之间的顺序通常按左手法则和右手法则来确定，本书均采用右手法则．即当 x 轴正向按右手握拳方向以 $\frac{\pi}{2}$ 的角度转向 y 轴正向时，大拇指的指向就是 z 轴的指向．

每两条坐标轴确定的平面有三个，分别是 xOy、yOz、zOx 平面，统称之为坐标面．它们把整个空间分成八个部分，每一个部分叫做一个卦限．位于 xOy 坐标面的第 Ⅰ、第 Ⅱ、第 Ⅲ、第 Ⅳ 象限上方部分按逆时针依次叫做第 Ⅰ、Ⅱ、Ⅲ、Ⅳ 卦限；而位于其下方部分按逆时针依次叫做第 Ⅴ、第 Ⅵ、第 Ⅶ、第 Ⅷ 卦限．如图 7-1 所示．

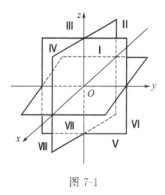

图 7-1

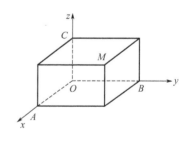

图 7-2

当空间直角坐标系取定后，空间的点与有序实数组 (x,y,z) 之间就可建立起对应关系．过空间一点 M 分别做三个与 x 轴、y 轴、z 轴垂直的平面，分别交三个坐标轴于点 A、B、C，对应的三个实数分别为 x、y、z（如图 7-2）．则点 M 确定了唯一一个有序实数组 (x,y,z)；反之，如果给定一有序实数组 (x,y,z)，依次在 x 轴、y 轴、z 轴上取与 x、y、z 相应的点 A、B、C，然后过 A、B、C 作三个分别垂直于 x 轴、y 轴、z 轴的平面，三个平面交于空间一点 M．因此有序实数组 (x,y,z) 与空间的点 M 一一对应．这个有序实数组 (x,y,z) 叫

做点 M 的直角坐标,依次称 x、y、z 为点 M 的横坐标、纵坐标和竖坐标,记作 $M(x,y,z)$.

易知,原点的坐标为 $(0,0,0)$;x 轴、y 轴、z 轴上的点的坐标依次是 $(x,0,0)$、$(0,y,0)$、$(0,0,z)$;xOy、yOz、zOx 面上的坐标依次是 $(x,y,0)$、$(0,y,z)$、$(x,0,z)$.

二、空间两点间的距离公式

已知 $M_1(x_1,y_1,z_1)$、$M_2(x_2,y_2,z_2)$ 为空间两点,求它们之间的距离 $d=|M_1M_2|$. 过 M_1、M_2 分别作三个垂直于坐标轴的平面(三角形 M_1BM_2 和三角形 M_1AB 都是直角三角形),形成如图 7-3 的长方体. 易知

$$\begin{aligned} d^2 &= |M_1M_2|^2 \\ &= |M_1B|^2+|BM_2|^2 = |M_1A|^2+|AB|^2+|BM_2|^2 \\ &= |M_1'A'|^2+|A'M_2'|^2+|BM_2|^2 \\ &= (x_2-x_1)^2+(y_2-y_1)^2+(z_2-z_1)^2 \end{aligned}$$

因此 $$d=\sqrt{(x_2-x_1)^2+(y_2-y_1)^2+(z_2-z_1)^2}$$

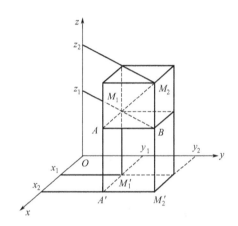

图 7-3

特殊地,点 $M(x,y,z)$ 与原点 $O(0,0,0)$ 的距离

$$d=|OM|=\sqrt{x^2+y^2+z^2}$$

【例1】 求两点 $A(1,-2,3)$,$B(2,1,-4)$ 间的距离.

解 由前述公式得:$|AB|=\sqrt{(1-2)^2+(-2-1)^2+(3+4)^2}=\sqrt{59}$

【思考题】 空间直角坐标系各卦限点的坐标的特点。

【习题 7-1】

1. 在空间直角坐标系中作出点 $A(1,3,2)$、$B(2,1,-3)$,并写出
   (1) 关于各坐标轴的对称点的坐标;
   (2) 关于原点的对称点的坐标;
   (3) 关于各坐标面的对称点的坐标.
2. 已知点 $P(3,-2,4)$,求它到
   (1) 坐标原点的距离; (2) 各坐标轴的距离; (3) 各坐标面的距离.
3. 已知点 $A(8,2,18)$、$B(20,-2,12)$、$C(4,8,6)$ 为三角形的三个顶点,求证 $\triangle ABC$ 是直角三

角形.

第二节 向量的概念及其坐标表示法

一、向量的概念及线性运算

在物理学中，经常会遇到有大小且有方向的量，如位移、速度、力等都是具有此特征的量，为叙述方便，我们引入如下定义．

定义1 既有大小又有方向的量称为向量或矢量，上述的位移、速度、力等都是向量．

在几何上我们用有向线段表示向量．起点为 A、终点为 B 的有向线段表示的向量记为 $\overrightarrow{AB}$（图7-4），印刷体用黑体字母表示，如 $\boldsymbol{a}$、$\boldsymbol{b}$、$\boldsymbol{c}$、$\cdots$；为与数量区别起见，手写体必须在表示向量的字母上方加箭头，如 $\vec{a}$、$\vec{b}$、$\vec{c}$、$\cdots$．

图7-4

向量 $\boldsymbol{a}$ 的大小叫做该向量的长度或模，记作 $|\boldsymbol{a}|$．长度为1的向量叫做单位向量，与 $\boldsymbol{a}$ 方向相同的单位向量记为 $\boldsymbol{a}^\circ$．易知

$$\boldsymbol{a} = |\boldsymbol{a}|\boldsymbol{a}^\circ \quad \text{或} \quad \boldsymbol{a}^\circ = \frac{\boldsymbol{a}}{|\boldsymbol{a}|}.$$

长度为零的向量叫做零向量，记作 **0**，其方向不确定．同向且等长的向量叫做相等向量，记作 $\boldsymbol{a} = \boldsymbol{b}$，即把 $\boldsymbol{a}$ 或 $\boldsymbol{b}$ 平移后会完全重合．允许平行移动的向量称为自由向量，本书所讨论的向量均为自由向量．

定义2 设有两个非零向量 $\boldsymbol{a}$、$\boldsymbol{b}$，以 $\boldsymbol{a}$ 的终点作为 $\boldsymbol{b}$ 的起点，则由 $\boldsymbol{a}$ 的起点到 $\boldsymbol{b}$ 的终点的向量，叫做 $\boldsymbol{a}$ 与 $\boldsymbol{b}$ 的和向量，记作 $\boldsymbol{a} + \boldsymbol{b}$．这是向量加法的三角形法则．

若以 $\boldsymbol{a}$、$\boldsymbol{b}$ 首尾相连作平行四边形，则其从 $\boldsymbol{a}$ 的起点指向 $\boldsymbol{b}$ 终点的对角线所表示的向量，也是 $\boldsymbol{a}$ 与 $\boldsymbol{b}$ 的和向量．

从图7-5和图7-6可以看出，向量的加法满足如下两条运算律：

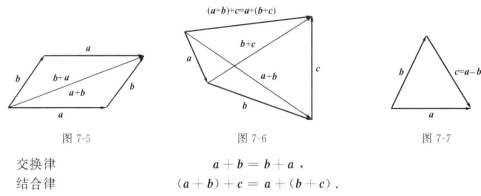

图7-5　　　　　　图7-6　　　　　　图7-7

交换律　　　　　　　　　　　$\boldsymbol{a} + \boldsymbol{b} = \boldsymbol{b} + \boldsymbol{a}$，
结合律　　　　　　　　　$(\boldsymbol{a} + \boldsymbol{b}) + \boldsymbol{c} = \boldsymbol{a} + (\boldsymbol{b} + \boldsymbol{c})$．

若 $\boldsymbol{b} + \boldsymbol{c} = \boldsymbol{a}$，则向量 $\boldsymbol{c}$ 称为 $\boldsymbol{a}$ 与 $\boldsymbol{b}$ 的差向量，记为 $\boldsymbol{c} = \boldsymbol{a} - \boldsymbol{b}$（如图7-7）．

下面给出数乘向量的定义.

定义 3 实数 λ 与向量 $\boldsymbol{a}$ 的乘积 $\lambda\boldsymbol{a}$，仍是一个向量，它的模是 $|\lambda\boldsymbol{a}|=|\lambda||\boldsymbol{a}|$，它的方向，当 $\lambda>0$ 时，与 $\boldsymbol{a}$ 同向；当 $\lambda<0$ 时，与 $\boldsymbol{a}$ 反向. 若 $\lambda=0$ 或 $\boldsymbol{a}=0$ 时，规定 $\lambda\boldsymbol{a}=0$.

易验证，数乘向量满足如下运算律：
$$\lambda(\mu\boldsymbol{a})=(\lambda\mu)\boldsymbol{a}, \quad (\lambda+\mu)\boldsymbol{a}=\lambda\boldsymbol{a}+\mu\boldsymbol{a}, \quad \lambda(\boldsymbol{a}+\boldsymbol{b})=\lambda\boldsymbol{a}+\lambda\boldsymbol{b}$$
其中，λ、μ 都是实数.

至此，我们已介绍了向量的加法、减法和数乘运算，它们的综合运算叫做向量的线性运算.

二、向量的坐标表示法

向量的运算仅靠几何方法来研究很不方便，所以需要用代数方法来对向量进行运算. 下面首先介绍向量的坐标表示法.

在空间直角坐标系内，设 $\boldsymbol{i}$、$\boldsymbol{j}$、$\boldsymbol{k}$ 分别是与 x 轴、y 轴、z 轴的正向同向的单位向量，叫做基本单位向量.

现有向量 $\boldsymbol{a}$ 的起点与坐标原点 O 重合，终点为 $D(x,y,z)$. 过 $\boldsymbol{a}$ 的终点 $M(x,y,z)$ 分别作三个垂直于坐标轴的平面，垂足分别为 $A、B、C$（如图 7-8），则点 A 在 x 轴的坐标为 x，所以向量 $\overrightarrow{OA}=x\boldsymbol{i}$；同理，$\overrightarrow{OB}=y\boldsymbol{j}$，$\overrightarrow{OC}=z\boldsymbol{k}$. 于是
$$\boldsymbol{a}=\overrightarrow{OD}=\overrightarrow{OE}+\overrightarrow{ED}$$
$$=\overrightarrow{OA}+\overrightarrow{OB}+\overrightarrow{OC}=x\boldsymbol{i}+y\boldsymbol{j}+z\boldsymbol{k}$$

把 $\boldsymbol{a}=x\boldsymbol{i}+y\boldsymbol{j}+z\boldsymbol{k}$ 叫做向量 $\boldsymbol{a}$ 的坐标表示式，记作
$$\boldsymbol{a}=\{x,y,z\}$$
这里 x、y、z 叫做向量 $\boldsymbol{a}$ 的坐标.

若记
$$\boldsymbol{a}=\{a_x,a_y,a_z\}, \quad \boldsymbol{b}=\{b_x,b_y,b_z\}$$
则
$$\boldsymbol{a}\pm\boldsymbol{b}=\{a_x\pm b_x,a_y\pm b_y,a_z\pm b_z\}$$
$$\lambda\boldsymbol{a}=\{\lambda a_x,\lambda a_y,\lambda a_z\}$$

事实上
$$\boldsymbol{a}=a_x\boldsymbol{i}+a_y\boldsymbol{j}+a_z\boldsymbol{k}, \quad \boldsymbol{b}=b_x\boldsymbol{i}+b_y\boldsymbol{j}+b_z\boldsymbol{k}$$
则
$$\boldsymbol{a}\pm\boldsymbol{b}=(a_x\boldsymbol{i}+a_y\boldsymbol{j}+a_z\boldsymbol{k})\pm(b_x\boldsymbol{i}+b_y\boldsymbol{j}+b_z\boldsymbol{k})$$
$$=(a_x\pm b_x)\boldsymbol{i}+(a_y\pm b_y)\boldsymbol{j}+(a_z\pm b_z)\boldsymbol{k}$$
$$=\{a_x\pm b_x,a_y\pm b_y,a_z\pm b_z\}$$
$$\lambda\boldsymbol{a}=\lambda(a_x\boldsymbol{i}+a_y\boldsymbol{j}+a_z\boldsymbol{k})$$
$$=\lambda a_x\boldsymbol{i}+\lambda a_y\boldsymbol{j}+\lambda a_z\boldsymbol{k}$$
$$=\{\lambda a_x,\lambda a_y,\lambda a_z\}$$

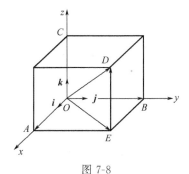

图 7-8

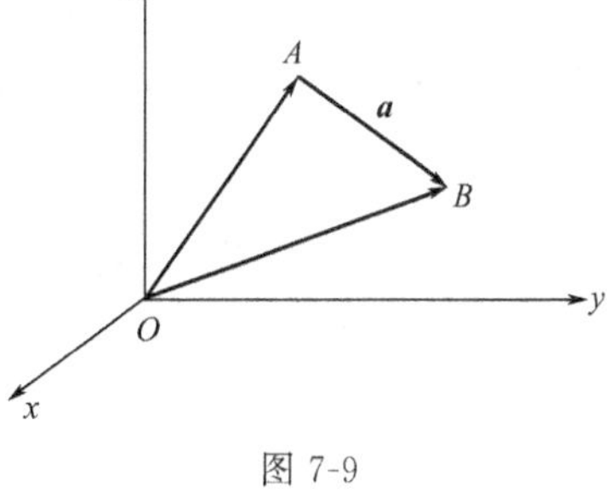

图 7-9

【例2】 已知两点 $A(x_1,y_1,z_1)$，$B(x_2,y_2,z_2)$（如图7-9），求向量 $\overrightarrow{AB}$ 的坐标表示式.

解 $\overrightarrow{AB} = \overrightarrow{OB} - \overrightarrow{OA} = (x_2\boldsymbol{i} + y_2\boldsymbol{j} + z_2\boldsymbol{k}) - (x_1\boldsymbol{i} + y_1\boldsymbol{j} + z_1\boldsymbol{k})$
$= (x_2-x_1)\boldsymbol{i} + (y_2-y_1)\boldsymbol{j} + (z_2-z_1)\boldsymbol{k}$
$= \{x_2-x_1, y_2-y_1, z_2-z_1\}$

即，向量的坐标等于终点与起点的对应坐标之差.

模和方向确定了向量. 已知向量 $\boldsymbol{a}$ ($\boldsymbol{a} \neq 0$) 的坐标为 (a_x, a_y, a_z)，则它的模和方向也可以用坐标来表示.

把 $\boldsymbol{a}$ 的起点与坐标原点重合（如图7-10），则它的终点 $M(a_x, a_y, a_z)$，易知

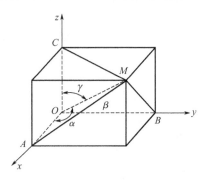

图 7-10

$$|\boldsymbol{a}| = |\overrightarrow{OM}| = \sqrt{a_x^2 + a_y^2 + a_z^2}$$

显然，向量 $\boldsymbol{a}$ 的方向可以由它与三坐标轴的正向夹角 α、β、γ ($0 \leqslant \alpha \leqslant \pi, 0 \leqslant \beta \leqslant \pi, 0 \leqslant \gamma \leqslant \pi$)（称为方向角），或 $\cos\alpha$、$\cos\beta$、$\cos\gamma$（称为方向余弦）来表示.

在直角三角形 OAM、直角三角形 OBM、直角三角形 OCM 中，有

$$\left. \begin{aligned} \cos\alpha &= \frac{a_x}{|\boldsymbol{a}|} = \frac{a_x}{\sqrt{a_x^2 + a_y^2 + a_z^2}} \\ \cos\beta &= \frac{a_y}{|\boldsymbol{a}|} = \frac{a_y}{\sqrt{a_x^2 + a_y^2 + a_z^2}} \\ \cos\gamma &= \frac{a_z}{|\boldsymbol{a}|} = \frac{a_z}{\sqrt{a_x^2 + a_y^2 + a_z^2}} \end{aligned} \right\}$$

易知

$$\cos^2\alpha + \cos^2\beta + \cos^2\gamma = 1$$

这里，若 $|\boldsymbol{a}| = 1$，则

$$\cos\alpha = a_x, \cos\beta = a_y, \cos\gamma = a_z$$

所以，单位向量 $\boldsymbol{a}^\circ = (\cos\alpha, \cos\beta, \cos\gamma)$

【例3】 已知 $M_1(2, -1, 3)$、$M_2(1, -1, 2)$，求 $\overrightarrow{M_1M_2}$ 的模和方向余弦.

解 $\overrightarrow{M_1M_2} = \{1-2, -1-(-1), 2-3\} = \{-1, 0, -1\}$

$$|\overrightarrow{M_1M_2}| = \sqrt{(-1)^2 + 0^2 + (-1)^2} = \sqrt{2}$$

$$\cos\alpha = \frac{-1}{\sqrt{2}} = -\frac{\sqrt{2}}{2}, \cos\beta = \frac{0}{\sqrt{2}} = 0, \cos\gamma = \frac{-1}{\sqrt{2}} = -\frac{\sqrt{2}}{2}$$

【习题 7-2】

1. 已知 □ABCD 的对角线交点为 O，且 $\vec{AB}=a$，$\vec{AD}=b$，试用向量 a、b 表示 $\vec{CA}$、$\vec{DB}$、$\vec{OA}$、$\vec{OB}$、$\vec{OC}$、$\vec{OD}$.
2. 用向量法证明三角形的中位线定理.
3. 已知向量 $a=\{2,3,-2\}$，$b=\{1,2,1\}$，$c=\{2,-1,-2\}$，求
   (1) $3a-2b+5c$；   (2) $ka+tb$.
4. 已知 (1) $a=3i-2j+2k$；(2) $b=i-2j-k$. 求它们的模、方向余弦及与它们同方向的单位向量.
5. 已知三点 $A(1,2,3)$、$B(4,-3,5)$、$C(2,-1,7)$，求向量 $\vec{AB}$、$\vec{BC}$、$\vec{CA}$ 的坐标，并验证 $\vec{AB}+\vec{BC}+\vec{CA}=0$.
6. 已知 α、β、γ 是向量 a 的方向角，且 $\beta=\alpha$，$\gamma=2\alpha$，求向量 a 的方向余弦.

第三节　向量的数量积与向量积

一、向量的数量积

1. 向量的数量积的定义及其性质

设有非零向量 a、b，使它们的起点重合，两向量 a 与 b 的夹角记作 $<a,b>$ 或 $<b,a>$，如图 7-11 所示，则规定

$$0 \leqslant <a,b> \leqslant 180°$$

定义　$|a|\cos<a,b>$ 叫做向量 a 在向量 b 上的投影；$|b|\cos<b,a>$ 叫做向量 b 在向量 a 上的投影. 如图 7-12 所示.

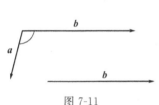

图 7-11

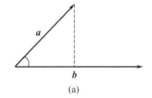

图 7-12

定义　a 的模与 b 在 a 上的投影的乘积叫做向量 a、b 的数量积或点积，记作 $a \cdot b$，即

$$a \cdot b = |a||b|\cos<a,b>$$

易验证，数量积满足如下运算律：

交换律　　　　　　　$a \cdot b = b \cdot a$
结合律　　　　　　$\lambda(a \cdot b) = (\lambda a) \cdot b = a \cdot (\lambda b)$，
分配律　　　　　　　$a \cdot (b+c) = a \cdot b + a \cdot c$

由数量积的定义可知，它有如下性质：
(1) $a \cdot a = |a|^2$；
(2) $a \perp b \Leftrightarrow a \cdot b = 0$.

该性质的证明留给读者思考.
由这个结论可得

$$i \cdot i = j \cdot j = k \cdot k = 1$$

$$i \cdot j = j \cdot k = k \cdot i = 0$$

2. 数量积的坐标计算式

设 $\boldsymbol{a} = a_x\boldsymbol{i} + a_y\boldsymbol{j} + a_z\boldsymbol{k}$，$\boldsymbol{b} = b_x\boldsymbol{i} + b_y\boldsymbol{j} + b_z\boldsymbol{k}$，利用数量积的运算规律有

$$\boldsymbol{a} \cdot \boldsymbol{b} = (a_x\boldsymbol{i} + a_y\boldsymbol{j} + a_z\boldsymbol{k}) \cdot (b_x\boldsymbol{i} + b_y\boldsymbol{j} + b_z\boldsymbol{k})$$
$$= a_x b_x \boldsymbol{i} \cdot \boldsymbol{i} + a_x b_y \boldsymbol{i} \cdot \boldsymbol{j} + a_x b_z \boldsymbol{i} \cdot \boldsymbol{k} + a_y b_x \boldsymbol{j} \cdot \boldsymbol{i} + a_y b_y \boldsymbol{j} \cdot \boldsymbol{j} +$$
$$a_y b_z \boldsymbol{j} \cdot \boldsymbol{k} + a_z b_x \boldsymbol{k} \cdot \boldsymbol{i} + a_z b_y \boldsymbol{k} \cdot \boldsymbol{j} + a_z b_z \boldsymbol{k} \cdot \boldsymbol{k}$$
$$= a_x b_x + a_y b_y + a_z b_z$$

即
$$\boldsymbol{a} \cdot \boldsymbol{b} = a_x b_x + a_y b_y + a_z b_z$$

由此可知，两向量的数量积等于它们相应坐标乘积之和.

3. 两非零向量夹角余弦的坐标表示式

设 $\boldsymbol{a} = a_x\boldsymbol{i} + a_y\boldsymbol{j} + a_z\boldsymbol{k}$、$\boldsymbol{b} = b_x\boldsymbol{i} + b_y\boldsymbol{j} + b_z\boldsymbol{k}$ 均为非零向量，则由数量积的定义可得

$$\cos<\boldsymbol{a}, \boldsymbol{b}> = \frac{\boldsymbol{a} \cdot \boldsymbol{b}}{|\boldsymbol{a}||\boldsymbol{b}|} = \frac{a_x b_x + a_y b_y + a_z b_z}{\sqrt{a_x^2 + a_y^2 + a_z^2}\sqrt{b_x^2 + b_y^2 + b_z^2}}$$

【例 4】 已知 $\boldsymbol{a} = 2\boldsymbol{i} - \boldsymbol{j}$，$\boldsymbol{b} = \boldsymbol{i} + 2\boldsymbol{k}$，求 $\boldsymbol{a} \cdot \boldsymbol{b}$、$\cos<\boldsymbol{a}, \boldsymbol{b}>$.

解 由前述公式得

$$\boldsymbol{a} \cdot \boldsymbol{b} = \{2, -1, 0\} \cdot \{1, 0, 2\} = 2 + 0 + 0 = 2$$

$$\cos<\boldsymbol{a}, \boldsymbol{b}> = \frac{\boldsymbol{a} \cdot \boldsymbol{b}}{|\boldsymbol{a}||\boldsymbol{b}|} = \frac{2}{\sqrt{2^2 + (-1)^2 + 0^2}\sqrt{1^2 + 0^2 + 2^2}} = \frac{2}{5}$$

【例 5】 在 xOy 坐标面上，求一单位向量与向量 $\boldsymbol{a} = 2\boldsymbol{i} + 3\boldsymbol{j} - \boldsymbol{k}$ 垂直.

解 设所求向量 $\boldsymbol{b} = \{x_0, y_0, z_0\}$，由于它在 xOy 坐标面上，所以 $z_0 = 0$；又因为 $\boldsymbol{b}$ 是单位向量，所以 $|\boldsymbol{b}| = 1$；又因为 $\boldsymbol{b} \perp \boldsymbol{a}$，所以 $\boldsymbol{a} \cdot \boldsymbol{b} = 0$. 所以

$$\begin{cases} z_0 = 0 \\ x_0^2 + y_0^2 + z_0^2 = 1 \\ 2x_0 + 3y_0 - z_0 = 0 \end{cases}$$

解之得

$$x_0 = \pm \frac{3}{\sqrt{13}}, \quad y_0 = \mp \frac{2}{\sqrt{13}}, \quad z_0 = 0$$

所以

$$\boldsymbol{b} = \frac{3}{\sqrt{13}}\boldsymbol{i} - \frac{2}{\sqrt{13}}\boldsymbol{j}, \text{ 或 } \boldsymbol{b} = -\frac{3}{\sqrt{13}}\boldsymbol{i} + \frac{2}{\sqrt{13}}\boldsymbol{j}.$$

二、两向量的向量积

1. 向量积的定义及其性质

设轴 L 上 P 点受的作用力为 $\boldsymbol{F}$，轴 L 的支点为 O，θ 为 $\boldsymbol{F}$ 与 $\overrightarrow{OP}$ 的夹角 [如图 7-13 (a)]. 由物理学知识可知，力矩 $\boldsymbol{M}$ 也是一个向量. 力的大小与力臂的乘积就是力矩 $\boldsymbol{M}$ 的模，即

$$|\boldsymbol{M}| = |\overrightarrow{OP}||\boldsymbol{F}|\sin\theta$$

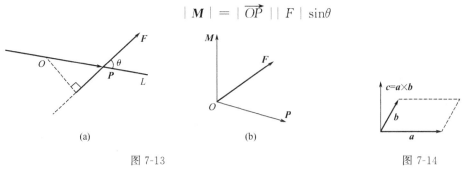

图 7-13

图 7-14

其方向垂直于 F 与 $\overrightarrow{OP}$ 所在的平面,它的方向按右手法则确定,即:当右手四指以小于 π 的角度从 $\overrightarrow{OP}$ 到 F 方向握拳时,大拇指伸直所指的方向就是 M 的方向.

为了说明此类问题,给出两个向量的向量积概念.

定义 设有两个向量 a、b,如果向量 c 满足:

① $|c|=|a||b|\sin<a,b>$;

② c 垂直于 a、b 所确定的平面,其正方向由右手法则确定.

那么向量 c 称为 a 与 b 的向量积,记为 $a\times b$. 即

$$c = a \times b$$

因此向量积也叫做叉乘积. 于是上述力矩 M 也可以表示为

$$M = \overrightarrow{OP} \times F$$

由向量积的定义可知,其几何意义是 $a\times b$ 的模是以 a、b 为邻边的平行四边形的面积(图 7-14).

向量积满足下列运算律:

① $a \times b = -b \times a$;

② $(\lambda a) \times b = \lambda (a \times b) = a \times (\lambda b)$;

③ $a \times (b+c) = a \times b + a \times c$.

由向量积的定义可知:

① $i \times j = k$, $j \times k = i$, $k \times i = j$;

② $i \times i = 0$, $j \times j = 0$, $k \times k = 0$;

③ $a /\!/ b\,(a \neq 0,b \neq 0) \Leftrightarrow a \times b = 0$.

这几个等式与运算律的证明留给读者自己思考.

2. 向量积的坐标计算式

设 $a = a_x i + a_y j + a_z k$,$b = b_x i + b_y j + b_z k$,则由向量积的运算律可知

$$\begin{aligned}a \times b &= (a_x i + a_y j + a_z k) \times (b_x i + b_y j + b_z k)\\ &= a_x b_x\, i \times i + a_x b_y\, i \times j + a_x b_z\, i \times k + a_y b_x\, j \times i + a_y b_y\, j \times j +\\ &\quad a_y b_z\, j \times k + a_z b_x\, k \times i + a_z b_y\, k \times j + a_z b_z\, k \times k\\ &= (a_y b_z - a_z b_y) i - (a_x b_z - a_z b_x) j + (a_x b_y - a_y b_x) k\end{aligned}$$

我们采用行列式记号来对上式进行记忆,把上式表示为

$$a \times b = \begin{vmatrix} i & j & k \\ a_x & a_y & a_z \\ b_x & b_y & b_z \end{vmatrix}$$

因为 $a /\!/ b \Leftrightarrow a \times b = 0$,所以,$a$、$b$ 平行的充要条件又可以表示为

$$a_y b_z - a_z b_y = 0,\, a_z b_x - a_x b_z = 0,\, a_x b_y - a_y b_x = 0$$

即

$$\frac{a_x}{b_x} = \frac{a_y}{b_y} = \frac{a_z}{b_z} \quad (其中,b_x b_y b_z \neq 0)$$

当 b_x、b_y、b_z 中出现零时,我们仍用上式表示,但应理解为相应分子也为零,例如,$\frac{a_x}{0} = \frac{a_y}{b_y} = \frac{a_z}{b_z}$,应理解为 $a_x = 0, \frac{a_y}{b_y} = \frac{a_z}{b_z}$. 利用上式可以很方便地判断两向量是否平行.

【例 6】 已知 $a = 2i - 3j + k$,$b = 3i + j - 2k$,求 $a \times b$.

解

$$a \times b = \begin{vmatrix} i & j & k \\ 2 & -3 & 1 \\ 3 & 1 & -2 \end{vmatrix} = 5i + 7j + 11k$$

【习题 7-3】

1. 已知 $|a|=3$，$|b|=2$，$<a, b>=\dfrac{\pi}{6}$．求：
   (1) $a \cdot a$；　　(2) $a \cdot b$；　　(3) $(3a-2b) \cdot (2a+b)$．
2. 已知 $a=2i-j-2k$，$b=3i-j+k$．求：
   (1) $a \cdot a$；　　(2) $a \cdot b$；　　(3) $(2a-3b) \cdot (a+2b)$．
3. 已知 $a=6i-4j+2k$，$b=8i+18j+12k$．求证：$a \perp b$．
4. 已知 $a=2i+j-2k$，$b=i-j+k$．求 $\cos<a, b>$．
5. 已知 $a+b+c=0$，求证 $a \times b = b \times c = c \times a$．
6. 设力 $F=2i-3j+4k$ 作用在一质点上，质点由 $A(1, 2, -1)$ 沿直线移动到 $B(3, 1, 2)$．求：
   (1) 力 F 所做的功；　　(2) 力 F 与位移 $\overrightarrow{AB}$ 的夹角的余弦．
7. 已知 $|a|=5$，$b=2i-j+\sqrt{3}k$，$a /\!/ b$．求 a．
8. 已知 $a=2i+j+2k$，$b=i-j+k$．求 $a \times b$．
9. 已知 $a=\{1, 2, -1\}$，$b=\{0, -1, 1\}$．求同时与 a、b 垂直的单位向量．
10. 已知 $a=i+2j+4k$，求与 a 和 x 轴垂直的单位向量．
11. 已知三点 $A(3, 4, 1)$、$B(2, 3, 0)$、$C(3, 5, 1)$，求以 A、B、C 为顶点的三角形的面积．

第四节　平面的方程

一、平面的点法式方程

如果一非零向量垂直于一个平面，则该向量称为平面的法向量．显然，一个平面的法向量有无数个，它们都垂直于平面内的任意向量．由立体几何知识知道，已知空间一点和一直线，那么过该点且和直线垂直的平面有唯一一个．下面利用这个结论来建立平面的方程．

设平面 α 过点 $P_0(x_0, y_0, z_0)$，平面 α 的法向量 $n=(A, B, C)$（如图 7-15），下面来建立平面 α 的方程.

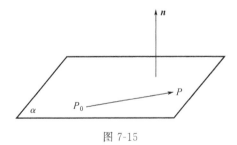

图 7-15

设点 $P(x, y, z)$ 是平面 α 内任一点，则点 P 在平面 α 上的充要条件是
$$\overrightarrow{P_0P} \perp n, \quad 即 \quad \overrightarrow{P_0P} \cdot n = 0$$
由于 $\overrightarrow{P_0P} = \{x-x_0, y-y_0, z-z_0\}$，$n=\{A, B, C\}$，所以
$$A(x-x_0) + B(y-y_0) + C(z-z_0) = 0$$
该方程即为平面 α 的点法式方程．

【例 7】 已知点 $P_0(3, 2, 2)$ 和 $a=2i+j+2k$，求过 P_0 且和 a 垂直的平面方程．

解 显然,我们可以取 $n = 2i + j + 2k$ 作为所求平面的法向量,由于平面过点 $P_0(3, 2, 2)$,所以由公式可得该平面的方程为

$$2(x-3) + (y-2) + 2(z-2) = 0$$

即

$$2x + y + 2z - 12 = 0$$

【**例 8**】 求过点 $A(2, 1, -1)$、$B(1, 3, 2)$ 且和平面 $2x - y + 3z - 1 = 0$ 垂直的平面方程.

解 由已知条件可知,向量 $\overrightarrow{AB} = \{-1, 2, 3\}$ 在所求平面上,而已知平面的法向量 $n_1 = (2, -1, 3)$,所以可得所求平面的法向量

$$n = \overrightarrow{AB} \times n_1 = \begin{vmatrix} i & j & k \\ -1 & 2 & 3 \\ 2 & -1 & 3 \end{vmatrix} = 9i + 9j - 3k$$

因为该平面过点 $A(2, 1, -1)$,所以由平面的点法式方程可知所求平面的方程为

$$9(x-2) + 9(y-1) - 3(z+1) = 0$$

即

$$3x + 3y - z - 10 = 0$$

二、平面的一般方程

把平面的点法式方程展开,得

$$Ax + By + Cz - Ax_0 - By_0 - Cz_0 = 0$$

令 $D = -Ax_0 - By_0 - Cz_0$,则该方程为

$$Ax + By + Cz + D = 0$$

这是关于 x, y, z 的三元一次方程,所以平面可用关于 x, y, z 三元一次方程来表示;反之,任意的关于 x, y, z 的三元一次方程是否都表示平面呢(其中 A, B, C 不全为零)?假设 x_0、y_0、z_0 是方程的一组解,则得

$$Ax_0 + By_0 + Cz_0 + D = 0$$

两式相减得

$$A(x - x_0) + B(y - y_0) + C(z - z_0) = 0$$

这就是点法式方程,它表示过点 (x_0, y_0, z_0),且法向量 $n = \{A, B, C\}$ 的平面.

所以,关于 x, y, z 的三元一次方程都表示平面,称为平面的一般方程.

下面来讨论平面的一般方程的一些特殊情况.

(1) 当 $A = 0$ 时,方程变为 $By + Cz + D = 0$,其法向量 $n = \{0, B, C\}$ 与 $i = \{1, 0, 0\}$ 垂直. 因此,该平面与 x 轴平行(如图 7-16).

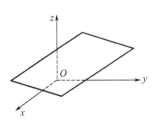

图 7-16

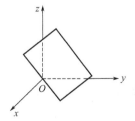

图 7-17

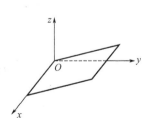

图 7-18

(2) 当 $D=0$ 时，方程变为 $Ax+By+Cz=0$．易知平面过原点（如图 7-17）．

(3) 当 $A=D=0$ 时，方程变为 $By+Cz=0$．显然，平面通过 x 轴（如图 7-18）．

其他情况留给读者自己讨论．

【例 9】 已知点 $A(2,0,-4)$、$B(2,4,4)$，求过点 A,B 且与向量 $\boldsymbol{a}=\{2,2,2\}$ 平行的平面方程．

解 设所求平面方程为 $Ax+By+Cz=0$．因为平面过点 A、B，所以 A、B 的坐标满足方程，从而有

$$2A-4C+D=0$$
$$2A+4B+4C+D=0$$

又因为所求平面与向量 $\boldsymbol{a}$ 平行，所以它的法向量与 $\boldsymbol{a}$ 垂直．因此

$$2A+2B+2C=0$$

联立以上方程解得

$$A=\frac{1}{2}D,\ B=-D,\ C=\frac{1}{2}D$$

因此有

$$\frac{1}{2}Dx-Dy+\frac{1}{2}Dz+D=0$$

消去 D，得

$$x-2y+z+2=0$$

即为所求平面方程．

三、两平面的夹角

设两平面 π_1、π_2 的方程分别为

$$A_1x+B_1y+C_1z+D_1=0$$
$$A_2x+B_2y+C_2z+D_2=0$$

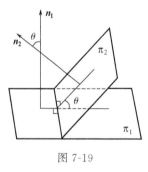

图 7-19

由图 7-19 可看出，该两平面夹角 $\theta(0\leqslant\theta\leqslant\pi)$ 等于它们的法向量 $\boldsymbol{n}_1$ 与 $\boldsymbol{n}_2$ 的夹角．所以由两向量夹角余弦公式可得

$$\cos\theta=\cos<\boldsymbol{n}_1,\boldsymbol{n}_2>$$
$$=\frac{\boldsymbol{n}_1\cdot\boldsymbol{n}_2}{|\boldsymbol{n}_1||\boldsymbol{n}_2|}$$
$$=\frac{A_1A_2+B_1B_2+C_1C_2}{\sqrt{A_1^2+B_1^2+C_1^2}\sqrt{A_2^2+B_2^2+C_2^2}}$$

【例 10】 求平面 $2x-y+z-2=0$ 与平面 $x+y+2z-7=0$ 的夹角．

解
$$\cos\theta = \frac{2\times 1+(-1)\times 1+1\times 2}{\sqrt{2^2+(-1)^2+1^2}\sqrt{1^2+1^2+2^2}} = \frac{1}{2}$$

所以 $\theta = \frac{\pi}{3}$.

由两向量平行与垂直的充要条件，很容易就可得到两平面垂直与平行的充要条件. 设平面的方程分别为
$$\pi_1: A_1 x + B_1 y + C_1 z + D_1 = 0$$
$$\pi_2: A_2 x + B_2 y + C_2 z + D_2 = 0$$

则 $\pi_1 /\!/ \pi_2 \Leftrightarrow \frac{A_1}{A_2} = \frac{B_1}{B_2} = \frac{C_1}{C_2}$；$\pi_1 \perp \pi_2 \Leftrightarrow A_1 A_2 + B_1 B_2 + C_1 C_2 = 0$.

【习题 7-4】

1. 已知点 $P(1,2,-1)$ 和向量 $\boldsymbol{n}=2\boldsymbol{i}-\boldsymbol{j}+2\boldsymbol{k}$，求过点 P 且以 $\boldsymbol{n}$ 为法向量的平面方程.
2. 已知点 $P(3,-2,1)$ 和平面 $\pi: 2x-y+3z-5=0$，求过点 P 且与平面 π 平行的平面方程.
3. 已知点 $A(1,-2,1)$、$B(5,-3,2)$，求过点 A 且与 $\overrightarrow{AB}$ 垂直的平面方程.
4. 求过三点 $A(a,0,0)$、$B(0,b,0)$ 和 $C(0,0,c)$（$abc \neq 0$）的平面方程.
5. 说明下列各题中各平面的位置特点：
   (1) $x=0$；　　　　　　(2) $y=1$；　　　　　　(3) $2x-y=1$；
   (4) $3x+2y=0$；　　　 (5) $2x+y-3z=0$；　　(6) $x+y+z-2=0$.
6. 求满足下列各条件的平面方程：
   (1) 过点 $(2,-1,3)$，垂直于 y 轴；
   (2) 过点 $(-2,3,-1)$，通过 y 轴.

第五节　空间直线的方程

一、空间直线的点向式方程和参数方程

若非零向量平行于直线，则该向量叫做直线的方向向量. 显然，一条直线的方向向量有无数个. 由立体几何知识可知，过空间一点只能作唯一一条直线与已知直线平行. 下面利用该结论来建立空间直线的方程.

设点 $M_0(x_0,y_0,z_0)$ 是直线 l 的已知点，直线 l 的方向向量是 $\boldsymbol{s}=\{m,n,p\}$（如图 7-20），设 $M(x,y,z)$ 为直线 l 的任一点，那么，$\overrightarrow{M_0 M}=\{x-x_0,y-y_0,z-z_0\}$，且 $\overrightarrow{M_0 M} /\!/ \boldsymbol{s}$. 由向量平行的充要条件可得

$$\frac{x-x_0}{m} = \frac{y-y_0}{n} = \frac{z-z_0}{p}$$

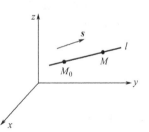

图 7-20

此方程叫做直线的点向式方程（或标准方程），方向向量的坐标 m,n,p 叫做直线的一组方向数（若 m,n,p 中有一个或两个为零时，应理解为相应分子也为零）.

若设平面 π 方程 $Ax+By+Cz=0$，则可知 $\pi /\!/ l \Leftrightarrow mA+nB+pC=0$；$\pi \perp l \Leftrightarrow \frac{m}{A} = \frac{n}{B} = \frac{p}{C}$.

在点向式方程中，如果令各个比值为另一变量 t（称为参数），则又有

$$\begin{cases} x = x_0 + mt \\ y = y_0 + nt \\ z = z_0 + pt \end{cases}$$

这样，坐标 x,y,z 都是 t 的函数．当 t 取遍一切实数时，就得到直线上的所有点．此方程叫做直线的参数方程．

【例 11】 已知点 $M(1,-2,3)$ 和平面 $\pi:2x-3y+z+3=0$，求过点 M 且和平面 π 垂直的直线方程．

解 可设所求直线的方程为

$$\frac{x-1}{m} = \frac{y+2}{n} = \frac{z-3}{p}$$

由题意可知平面 π 的法向量 $\boldsymbol{n} = \{2,-3,1\}$ 即为所求直线的方向向量 $\boldsymbol{s}$，所以

$$\boldsymbol{s} = \{m,n,p\} = \{2,-3,1\}$$

因此，所求直线的方程是

$$\frac{x-1}{2} = \frac{y+2}{-3} = \frac{z-3}{1}$$

【例 12】 求过点 $M_1(x_1,y_1,z_1)$、$M_2(x_2,y_2,z_2)$ 的直线方程．

解 由题意可取所求直线的方向向量为

$$\boldsymbol{s} = \overrightarrow{M_1M_2} = \{x_2-x_1,y_2-y_1,z_2-z_1\}$$

所以，由直线的点向式方程可得

$$\frac{x-x_1}{x_2-x_1} = \frac{y-y_1}{y_2-y_1} = \frac{z-z_1}{z_2-z_1}$$

即为所求直线方程．

二、空间直线的一般方程

因为空间每一条直线都可看成两平面的交线，设两平面的方程分别为 $\pi_1:A_1x+B_1y+C_1z+D_1=0$，$\pi_2:A_2x+B_2y+C_2z+D_2=0$，则该直线上任一点的坐标同时应满足这两个方程，所以方程组

$$\begin{cases} A_1x+B_1y+C_1z+D_1=0 \\ A_2x+B_2y+C_2z+D_2=0 \end{cases}$$

就是两个平面交线的方程，称为空间直线的一般方程．

三、空间两直线的夹角

设两直线的点向式方程分别为

$$l_1: \frac{x-x_1}{m_1} = \frac{y-y_1}{n_1} = \frac{z-z_1}{p_1}$$

$$l_2: \frac{x-x_2}{m_2} = \frac{y-y_2}{n_2} = \frac{z-z_2}{p_2}$$

则方向向量 $\boldsymbol{s_1} = \{m_1,n_1,p_1\}$ 与 $\boldsymbol{s_2} = \{m_2,n_2,p_2\}$ 的夹角 θ ($0 \leqslant \theta \leqslant \pi$) 即为直线 l_1、l_2 的夹角．于是，

$$\cos\theta = \cos<\boldsymbol{s_1},\boldsymbol{s_2}> = \frac{\boldsymbol{s_1 s_2}}{|\boldsymbol{s_1}||\boldsymbol{s_2}|}$$

$$= \frac{m_1m_2+n_1n_2+p_1p_2}{\sqrt{m_1^2+n_1^2+p_1^2} \times \sqrt{m_2^2+n_2^2+p_2^2}}$$

易知 $l_1 \perp l_2 \Leftrightarrow m_1m_2+n_1n_2+p_1p_2=0$；$l_1 \parallel l_2 \Leftrightarrow \frac{m_1}{m_2} = \frac{n_1}{n_2} = \frac{p_1}{p_2}$．

[例13] 已知直线 l_1、l_2，判断它们之间的位置关系：

(1) $l_1: \dfrac{x+1}{3} = \dfrac{y-2}{-2} = \dfrac{z+2}{1}$，$l_2: \dfrac{x-2}{6} = \dfrac{y-1}{-4} = \dfrac{z+3}{2}$；

(2) $l_1: \dfrac{x+1}{2} = \dfrac{y-3}{-1} = \dfrac{z-2}{-4}$，$l_2: \dfrac{x-2}{3} = \dfrac{y-4}{2} = \dfrac{z+1}{1}$.

解 (1) 因为直线 l_1 和 l_2 的方向向量分别为 $\boldsymbol{s}_1 = \{3,-2,1\}$、$\boldsymbol{s}_2 = \{6,-4,2\}$，$\boldsymbol{s}_1 \parallel \boldsymbol{s}_2$，所以，$l_1 \parallel l_2$；

(2) 因为直线 l_1 和 l_2 的方向向量分别为 $\boldsymbol{s}_1 = \{2,-1,-4\}$、$\boldsymbol{s}_2 = \{3,2,1\}$，$\boldsymbol{s}_1 \perp \boldsymbol{s}_2$，所以 $l_1 \perp l_2$.

[例14] 已知直线 l 和平面 π，判断它们之间的关系．

(1) $l: \dfrac{x+1}{3} = \dfrac{y-1}{2} = \dfrac{z+1}{2}$，$\pi: 2x - y - 2z - 1 = 0$；

(2) $l: \dfrac{x-1}{1} = \dfrac{y+1}{3} = \dfrac{z+3}{2}$，$\pi: 4x - 2y + z - 3 = 0$；

(3) $l: \dfrac{x-1}{2} = \dfrac{y+2}{-4} = \dfrac{z-3}{3}$，$\pi: 4x - 8y + 6z + 1 = 0$.

解 (1) 因为直线 l 的方向向量 $\boldsymbol{s} = \{3, 2, 2\}$ 与平面 π 的法向量 $\boldsymbol{n} = \{2, -1, -2\}$ 互相垂直，所以 $l \parallel \pi$；

(2) 因为直线 l 的方向向量 $\boldsymbol{s} = \{1, 3, 2\}$ 与平面 π 的法向量 $\boldsymbol{n} = \{4, -2, 1\}$ 互相垂直，所以 $l \parallel \pi$，又因为直线 l 上的点 $M(1, -2, -3)$ 满足平面 π 的方程，所以 M 在平面 π 上，所以直线 l 也在平面 π 上；

(3) 因为直线 l 的方向向量 $\boldsymbol{s} = \{2, -4, 3\}$ 与平面 π 的法向量 $\boldsymbol{n} = \{4, -8, 6\}$ 互相平行，所以 $l \perp \pi$.

【习题 7-5】

1. 把下列直线方程化为参数方程及一般方程．

   (1) $\dfrac{x-3}{3} = \dfrac{y+1}{2} = \dfrac{z-2}{1}$；

   (2) $3x - 2 = 2 - y = 3z$；

   (3) $\dfrac{x+2}{2} = \dfrac{y-1}{0} = \dfrac{z-3}{3}$；

   (4) $\dfrac{x-2}{1} = \dfrac{y+1}{0} = \dfrac{z-3}{0}$.

2. 把下列直线的一般方程化为点向式方程及参数方程．

   (1) $\begin{cases} x + y - z - 2 = 0 \\ 3x - 5y + 4z - 14 = 0 \end{cases}$；

   (2) $\begin{cases} 2x - 3y + z + 4 = 0 \\ z = -6 + 2y \end{cases}$；

   (3) $\begin{cases} z = 2 \\ 3x - y = 3 \end{cases}$；

   (4) $\begin{cases} x - 3z - 7 = 0 \\ y + 2z + 3 = 0 \end{cases}$.

3. 求过点 $M_1(1,3,2)$ 和 $M_2(-2,1,0)$ 的直线方程．

4. 已知一直线过点 $(2,3,-1)$ 且与直线 $\begin{cases} x = 2 + 3t \\ y = 2t \\ z = 2 - t \end{cases}$ 平行，求此直线方程．

5. 求过点 $(1,-2,5)$ 且垂直于平面 $3x - y + 3z = 4$ 的直线方程．

第六节 二次曲面

一、曲面方程的概念

曲线是满足一定条件的动点的轨迹，类似地，可以把曲面也理解为满足一定条件的动点的轨迹．如果曲面上的点的坐标都满足方程 $F(x,y,z)=0$。不在曲面上的点的坐标不满足方程 $F(x,y,z)=0$，那么把方程 $F(x,y,z)=0$ 称为曲面的方程，而曲面就称为方程 $F(x,y,z)=0$ 的图形．

二、常见的二次曲面及其方程

1. 球面方程

设一球面半径为 R，球心坐标为 $M_0(x_0,y_0,z_0)$，试建立球面方程．

设球面上任一点 $M(x,y,z)$，则 $|MM_0|=R$，由两点间的距离公式得

$$\sqrt{(x-x_0)^2+(y-y_0)^2+(z-z_0)^2}=R$$

即

$$(x-x_0)^2+(y-y_0)^2+(z-z_0)^2=R^2$$

该方程就是球面方程．

若球心在原点，则 $x_0=y_0=z_0=0$，此时球面方程为

$$x^2+y^2+z^2=R^2$$

【例 15】 方程 $x^2+y^2+z^2+4x-4y-6z+8=0$ 表示怎样的曲面？

解 将原方程配方得

$$(x+2)^2+(y-2)^2+(z-3)^2=3^2$$

由此可知，所给方程表示以 $M_0(-2,2,3)$ 为球心，3 为半径的球面．

2. 母线平行于坐标轴的柱面方程

一动直线 l 沿定曲线 C 平行移动所形成的曲面叫做柱面，动直线 l 叫做该柱面的母线，定曲线 C 叫做该柱面的准线（如图 7-21）．

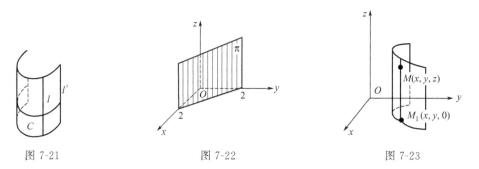

图 7-21　　　　　图 7-22　　　　　图 7-23

现在来建立母线平行于某一坐标轴的柱面方程．

由上述已经知道，缺某一变量的一次方程，表示平行于该变量对应坐标轴的平面．比如，方程 $x+y-2=0$ 表示平行于 z 轴的平面 π（如图 7-22），如果把直线

$$\begin{cases} x+y-2=0 \\ z=0 \end{cases}$$

看作准线，把平面 π 上与 z 轴平行的直线看作母线，则平面 π 就是母线平行于 z 轴的柱面．该结论具有一般性．

一般地，设柱面平行于 z 轴，C 是 $z=0$ 平面上的准线，则它在 $z=0$ 平面中的方程为

$$f(x,y)=0$$

则这个缺 z 项的方程就表示母线平行于 z 轴的空间柱面．

事实上，只有当 $M(x,y,z)$ 在柱面上时，它在 $z=0$ 平面上的垂足 $M_1(x,y,0)$ 的坐标满

足方程 $f(x,y)=0$，就是说 M 的坐标满足该方程（如图 7-23）.

类似的，缺 y 的方程 $g(x,y)=0$ 和缺 x 的方程 $h(x,y)=0$ 分别表示母线平行于 y 轴和 x 轴的空间柱面.

比如，方程 $x^2+y^2=4$ 在空间表示以 $z=0$ 坐标面上的圆为准线，平行于 z 轴的直线为母线的圆柱面（如图 7-24）.

方程 $y=2x^2$ 表示以 $z=0$ 的坐标面上的抛物线为准线、平行于 z 轴的直线为母线的空间抛物柱面（如图 7-25）.

方程 $x^2+\dfrac{z^2}{9}=1$ 表示以 $y=0$ 的坐标面上的椭圆为准线、平行于 y 轴的直线为母线的空间椭圆柱面（如图 7-26）.

3. 以坐标轴为旋转轴的旋转曲面的方程

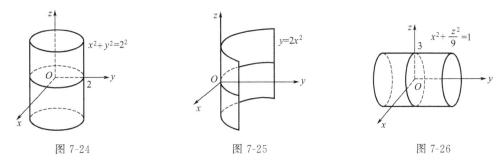

图 7-24　　　　　　图 7-25　　　　　　图 7-26

我们把平面曲线 C 绕同一平面上的定直线 l 旋转所形成的曲面叫做旋转曲面，l 叫做旋转轴.

已知 yOz 坐标面上的曲线 C：$f(y,z)=0$，绕 z 轴旋转，现在来求旋转曲面方程（如图 7-27）.

设旋转曲面上任一点 $M(x,y,z)$，过点 M 作垂直于 z 轴的平面，与 z 轴交点为 $P(0,0,z)$，与曲线 C 交点为 $M_1(0,y_1,z_1)$. 因为，点 M 可以由点 M_1 绕 z 轴旋转而得到，所以，

$$|PM|=|PM_1|, z=z_1. \qquad(1)$$

由于 $|PM|=\sqrt{x^2+y^2}$，$|PM_1|=|y_1|$，因此

$$y_1=\pm\sqrt{x^2+y^2}, \qquad(2)$$

又由于 M_1 在曲线 C 上，因此

$$f(y_1,z_1)=0. \qquad(3)$$

将式(1)、式(2) 代入式(3) 得

$$f(\pm\sqrt{x^2+y^2},z)=0$$

即为旋转曲面方程. 所以，要求平面曲线 $f(y,z)=0$，绕 z 轴旋转的旋转曲面方程，只需将 $f(y,z)=0$ 中的 y 变为 $\pm\sqrt{x^2+y^2}$，而 z 保持不变，即得旋转曲面方程.

类似地，曲线 C 绕 y 轴旋转的旋转曲面方程是

$$f(y,\pm\sqrt{x^2+z^2})=0$$

【例 16】 把下列曲线绕 z 轴旋转，求所得旋转曲面方程.

(1) $x=0$ 坐标面上的直线，$z=ky(k\neq 0)$；

(2) $x=0$ 坐标面上的抛物线，$z=ty^2(t>0)$.

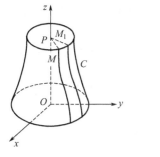
图 7-27

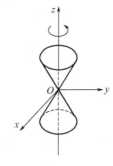
图 7-28

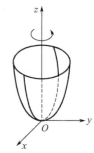
图 7-29

解 （1）由于是 $x=0$ 坐标面上的直线 $z=ky$（$k\neq 0$）绕 z 轴旋转，所以把 z 保持不变，y 换成 $\pm\sqrt{x^2+y^2}$ 得

$$z=k(\pm\sqrt{x^2+y^2})$$

即
$$z^2=k^2(x^2+y^2)$$

它就是所求旋转曲面方程，它表示的曲面为圆锥面（如图 7-28）.

（2）由于是 $x=0$ 面上的抛物线 $z=ty^2$（$t>0$）绕 z 轴旋转，所以把 z 保持不变，y 换成 $\pm\sqrt{x^2+y^2}$ 得

$$z=t(x^2+y^2)$$

即为所求旋转曲面方程，它表示的曲面为旋转抛物面，如图 7-29 所示.

【习题 7-6】

1. 已知两定点 $M(a,0,0)$、$N(-a,0,0)$，求与 M、N 的距离之和为定值 $2b$（$b>a>0$）的动点的轨迹.
2. 求球心在点 $(-2,-3,1)$ 处，且通过点 $(1,-1,1)$ 的球面方程.
3. 求过两点 $(0,1,1)$、$(2,0,0)$，球心在 y 轴上的球面方程.
4. 求下列球心坐标和半径：
   （1）$x^2+y^2+z^2+2x-4y-6z+5=0$；   （2）$2x^2+2y^2+2z^2+2x-2z-1=0$.
5. 已知曲线 $\begin{cases}\dfrac{x^2}{2}+\dfrac{z^2}{5}=1\\ y=0\end{cases}$，求它绕 x 轴及 z 轴旋转的旋转曲面的方程.

【复习题七】

一、填空题

1. 已知 $a=2i-j+2k$，$b=i+2j-k$. 则 $3a-4b=$ _____.
2. 已知 $M_1(1,-2,3)$，$M_2(4,1,-1)$，则 $\overrightarrow{M_1M_2}$ 的方向余弦依次为 _____.
3. 已知 $a=i-2j+k$，$b=3i+j-2k$，则 $a\cdot b=$ _____.
4. 已知 $a=4i-2j-4k$，$b=6i-3j+2k$，则 $(3a-2b)\cdot(a+3b)=$ _____.
5. 已知 $a=2i-j+k$，$b=i+2j-k$，则 $a\cdot b=$ _____.
6. 已知 $a=i-j-k$，$b=i+2j-3k$，则 $(a+b)\times(a-b)=$ _____.
7. 过点 $M_1(1,2,-1)$、$M_2(2,3,1)$ 且和平面 $x-y+z+1=0$ 垂直的平面方程是 _____.
8. 两平面 $x-y+2z+3=0$ 与 $2x+y+z-5=0$ 的夹角为 _____.
9. 直线 $\begin{cases}x=1-t\\ y=2+t\\ z=3-2t\end{cases}$ 与平面 $2x+y-z-5=0$ 的交点坐标为 _____.

10. 已知直线 $l_1: \dfrac{x-3}{4} = \dfrac{y+2}{0} = \dfrac{z-1}{-4}$, $l_2: \dfrac{x}{-3} = \dfrac{y-1}{-3} = \dfrac{z+1}{0}$, 则 l_1 与 l_2 的夹角为_____.

二、化简

1. $i \times (j+k) - j \times (i+k) + (i+j+k)$

2. $2i \times (j+k) + 3j \cdot (i+k) + 4k \cdot (i \times j)$

3. $(a+b+c) \times c + (a+b+c) \times b + (b-c) \times a$

4. $(2a+b) \times (c-a) + (b+c) \times (a+b)$

三、已知直线 l_1、l_2，确定它们之间的位置关系

1. $l_1: \dfrac{x-2}{2} = \dfrac{y-1}{-1} = \dfrac{z+3}{3}$, $l_2: \dfrac{x+1}{4} = \dfrac{y+2}{-2} = \dfrac{z-3}{6}$

2. $l_1: \dfrac{x-4}{1} = \dfrac{y+3}{2} = \dfrac{z-2}{2}$, $l_2: \dfrac{x+2}{2} = \dfrac{y-5}{4} = \dfrac{z+1}{-5}$

四、已知直线 l 和平面 π，试确定它们之间的位置关系

1. $l: \dfrac{x-1}{2} = \dfrac{y+1}{3} = \dfrac{z-2}{6}$, $\pi: 3x - 4y + z + 2 = 0$

2. $l: \dfrac{x+2}{3} = \dfrac{y-1}{2} = \dfrac{z+3}{1}$, $\pi: x + 3y - 9z - 28 = 0$

3. $l: \dfrac{x+3}{4} = \dfrac{y-2}{2} = \dfrac{z-1}{-3}$, $\pi: 8x + 4y - 6z + 11 = 0$

第八章 多元函数微分学

前面各章所学习的函数都是一元函数．但在自然科学和工程技术问题中，常会遇到含有两个或更多个自变量的函数问题，也就是关于多元函数的问题．一元函数微积分学中的许多概念、理论和方法都可以推广到多元函数．同时还会发现，从一元推广到二元时会产生一些本质的差别，但从二元到三元及 n 元函数时，则没有原则的不同．因而在研究上述问题时以二元函数为主．本章主要讨论二元函数及其导数、微分和应用，讨论的结果可以推广到二元及 n 元函数．

第一节 二元函数的极限与连续

一、多元函数的概念

【例1】 圆锥体的体积 V 与它的底半径 r、高 h 之间有关系 $V = \frac{1}{3}\pi r^2 h$，其中 V、r、h 是三个变量，当变量 r、h 在一定范围（$r>0, h>0$）内取定一对数值 r_0, h_0 时，根据给定的关系，V 就有一个确定的值 $V_0 = \frac{1}{3}\pi r_0^2 h_0$ 与之对应．

【例2】 理想气体的压强 p 与体积 V 和绝对温度 T 之间的关系为 $p = \frac{RT}{V}$（R 为常数），p、V、T 是三个变量，当 T、V 在一定范围（$V>0, T>0$）内取定一对数值 T_0, V_0 时，p 的对应值 $p_0 = \frac{RT_0}{V_0}$ 随之确定．

【例3】 长方体的体积 V 和它的长 x、宽 y 和高 z 之间的关系为 $V = xyz$，V, x, y, z 是四个变量，当 x, y, z 在一定范围（$x>0, y>0, z>0$）内取定一组数值 x_0, y_0, z_0 时，V 的对应值 $V_0 = x_0 y_0 z_0$ 随之确定．

上述三个例子的具体意义各不相同，但从数量关系来研究，它们有共同的属性，由此给出多元函数的定义．

1. 二元函数的定义

定义 设有三个变量 x, y 和 z，如果变量 x, y 在一定范围内取定一对数值时，变量 z 按照一定的规律 f，总有一个确定的值和它们对应，则称变量 z 为变量 x 和 y 的二元函数，记作 $z = f(x, y)$ 或 $z = z(x, y)$，其中变量 x, y 称为自变量，z 称为函数或因变量．自变量 x, y 的取值范围称为函数的定义域．

二元函数在点 (x_0, y_0) 所取得的函数值记为 $z\Big|_{\substack{x=x_0\\y=y_0}}$，或 $z\Big|_{(x_0, y_0)}$，或 $f(x_0, y_0)$．

【例4】 设 $f(x, y) = \dfrac{2xy^2}{x^2 - y}$，求 $f(2, -3)$ 和 $f\left(\dfrac{x}{y}, 1\right)$．

解 $f(2, -3) = \dfrac{2 \times 2 \times (-3)^2}{2^2 - (-3)} = \dfrac{36}{7}$

$$f\left(\frac{x}{y},1\right) = \frac{2 \times \frac{x}{y} \times 1^2}{\left(\frac{x}{y}\right)^2 - 1} = \frac{2xy}{x^2 - y^2}$$

类似地，可以定义三元函数 $u = f(x,y,z)$ 以及 n 元函数 $u = f(x_1, x_2, \cdots, x_n)$，多于一个自变量的函数统称多元函数.

2. 二元函数的定义域

一元函数的定义域一般来说是一个或几个区间. 二元函数的定义域通常是由平面上一条或几段光滑曲线围成的部分平面. 这样的部分平面称为区域. 围成区域的曲线称为区域的边界. 边界上的点称为边界点. 包括边界在内的区域称为闭区域，不包括边界在内的区域称为开区域.

如果一个区域 D（开区域或闭区域）内任意两点之间的距离都不超过某一常数 M，则称 D 为有界区域；否则称 D 为无界区域.

常见的区域有开的或闭的矩形域（图 8-1）：

$$a < x < b, c < y < d;\quad a \leqslant x \leqslant b, c \leqslant y \leqslant d$$

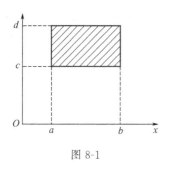

图 8-1

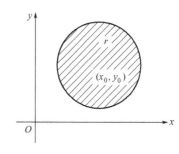

图 8-2

以及开的或闭的圆域（图 8-2）：

$$(x - x_0)^2 + (y - y_0)^2 < r^2;\quad (x - x_0)^2 + (y - y_0)^2 \leqslant r^2 \text{ 等.}$$

【例 5】 函数 $z = \ln(x + y)$ 只在 $x + y > 0$ 时有定义. 它的定义域是位于直线 $y = -x$ 上方而不包括这直线在内的半平面（图 8-3），这是一个无界开区域.

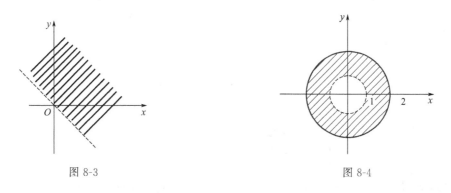

图 8-3　　　　　图 8-4

【例 6】 函数 $z = \sqrt{1 - (x^2 + y^2)}$ 的定义域是单位闭圆域：$x^2 + y^2 \leqslant 1$.

【例 7】 函数 $z = \sqrt{4-(x^2+y^2)} + \dfrac{1}{\sqrt{x^2+y^2-1}}$ 的定义域是以原点为圆心的环形区域（图 8-4）：$1 < x^2 + y^2 \leqslant 4$，是有界区域.

关于二元函数的定义及区域的概念都可以推广到三个或更多个自变量的情形. 对三元函数 $u = f(x,y,z)$ 来说，它的定义域通常是三维空间中的一个区域. 如以 (x_0, y_0, z_0) 为中心、半径为 r 的球形域 $(x-x_0)^2 + (y-y_0)^2 + (z-z_0)^2 \leqslant r^2$.

3. 二元函数的几何表示

一元函数的图像一般为平面直角坐标系内的一条曲线；二元函数的图像一般为空间直角坐标系中的曲面，做法如下：把自变量 x, y 及因变量 z 当做空间点的直角坐标，先在 xOy 平面内作出函数 $z = f(x,y)$ 的定义域 D；再过定义域 D 中的任一点 $M(x,y)$ 作垂直于 xOy 平面的有向线段 $\overrightarrow{MP}$，使其数量为与 (x,y) 对应的函数值 z；当 M 在点 D 中变动时，对应的 P 点的轨迹就是函数 $z = f(x,y)$ 的几何图形. 它通常是一个曲面，而其定义域 D 就是此曲面在 xOy 平面上的投影.

如例 6 函数 $z = \sqrt{1-(x^2+y^2)}$ 的图形就是在 xOy 平面上的上半单位球面.

二、二元函数的极限

与一元函数类似，对于二元函数 $z = f(x,y)$，需要考察当自变量 x, y 分别无限趋近于常数 x_0, y_0 时，对应的函数值的变化趋势，这就是二元函数的极限问题. 但是二元函数的情况要比一元函数复杂得多，因为在平面 xOy 上，(x,y) 趋向 (x_0, y_0) 的方式可以是多种多样的.

定义 如果当点 (x,y) 以任意方式趋向点 (x_0, y_0) 时，$f(x,y)$ 总是趋向于一个确定的常数 A，那么就称 A 是二元函数 $f(x,y)$ 当 $(x,y) \to (x_0, y_0)$ 时的极限. 这种极限通常称为二重极限，记作

$$\lim_{\substack{x \to x_0 \\ y \to y_0}} f(x,y) = A \text{ 或 } \lim_{(x,y) \to (x_0, y_0)} f(x,y) = A$$

也可记作当 $(x,y) \to (x_0, y_0)$ 时，$f(x,y) \to A$

由二元函数的极限定义可以看出，如果点 $P(x,y)$ 沿不同的路径趋向于点 P_0 时函数趋向于不同的值，则函数的极限一定不存在.

【例 8】 求极限 (1) $\lim\limits_{\substack{x \to 0 \\ y \to 0}} \dfrac{\sin(xy)}{y}$；(2) $\lim\limits_{\substack{x \to 0 \\ y \to 0}} \arcsin(x^2 - y)$.

解 (1) $\lim\limits_{\substack{x \to 0 \\ y \to 0}} \dfrac{\sin(xy)}{y} = \lim\limits_{\substack{x \to 0 \\ y \to 0}} \dfrac{x\sin(xy)}{xy} = \lim\limits x \cdot \lim\limits \dfrac{\sin(xy)}{xy} = 0 \cdot 1 = 0$

(2) $\lim\limits_{\substack{x \to 0 \\ y \to 0}} \arcsin(x^2 - y) = \arcsin 0 = 0$

【例 9】 考察函数 $f(x,y) = \begin{cases} \dfrac{xy}{x^2+y^2}, & x^2+y^2 \neq 0 \\ 0, & x^2+y^2 = 0 \end{cases}$ 在 $(0,0)$ 点的极限.

解 显然，当点 $P(x,y)$ 沿 x 轴趋于点 $(0,0)$ 时，

$$\lim_{\substack{x \to 0 \\ y = 0}} f(x,y) = \lim_{x \to 0} f(x,0) = \lim_{x \to 0} 0 = 0,$$

当点 $P(x,y)$ 沿 y 轴趋于点 $(0,0)$ 时，$\lim\limits_{\substack{x=0 \\ y \to 0}} f(x,y) = \lim\limits_{y \to 0} f(0,y) = \lim\limits_{y \to 0} 0 = 0$.

虽然点 $P(x,y)$ 沿上述两种特殊方式（沿 x 轴或沿 y 轴）趋于原点时函数的极限存在并

且相等，但是 $\lim\limits_{\substack{x\to 0\\y\to 0}}f(x,y)$ 并不存在．这是因为当点 $P(x,y)$ 沿着直线 $y=kx$ 趋于点 $(0,0)$ 时，有

$$\lim_{\substack{x\to 0\\y=kx\to 0}}f(x,y)=\lim_{x\to 0}\frac{kx^2}{x^2+k^2x^2}=\frac{k^2}{1+k^2}$$

显然它是随着 k 的值的不同而改变的，故极限 $\lim\limits_{\substack{x\to 0\\y\to 0}}f(x,y)$ 不存在．

【习题 8-1】

1. 设函数 $f(x,y)=\dfrac{2xy}{x^2+y^2}$，求：

   (1) $f(-2,3)$；　　　　　　　　(2) $f\left(\dfrac{1}{x},\dfrac{2}{y}\right)$；

   (3) $\dfrac{f(x,y+h)-f(x,y)}{h}$；　　(4) $f\left(1,\dfrac{y}{x}\right)$．

2. 设 $f(u,v,w)=uv-w^{u-v}$，求 $f\left(x+y,x-y,\dfrac{x}{y}\right)$．

3. 求下列函数的定义域，并画出图形．

   (1) $z=\sqrt{x}+y$；　　　　　　(2) $z=\sqrt{1-\dfrac{x^2}{a^2}-\dfrac{y^2}{b^2}}$；

   (3) $z=\arcsin\dfrac{x}{y}$；　　　　　(4) $z=\sqrt{\dfrac{x^2+y^2-x}{2x-x^2-y^2}}$．

4. 求函数 $z=\ln[x(x-y)]$ 与 $z=\ln x+\ln(x-y)$ 的定义域．问这两个函数是否为同一函数．

5. 设 $z=f(x+y)+x-y$，若当 $x=0$ 时，$z=y^2$，求函数 $f(x)$ 及 z．

6. 设 $f(x,y)=\dfrac{x^2y^2}{x^2y^2+(x-y)^2}$，证明 $\lim\limits_{\substack{x\to 0\\y\to 0}}f(x,y)$ 不存在．

7. 求下列各极限．

   (1) $\lim\limits_{\substack{x\to 0\\y\to 0}}\dfrac{\sin 3(x^2+y^2)}{x^2+y^2}$；　　(2) $\lim\limits_{\substack{x\to 0\\y\to 0}}\dfrac{2-\sqrt{x^2+y^2+4}}{x^2+y^2}$；

   (3) $\lim\limits_{\substack{x\to\infty\\y\to\infty}}\dfrac{1+x^2+y^2}{x^2+y^2}$；　　(4) $\lim\limits_{\substack{x\to 0\\y\to\frac{1}{2}}}\arccos\sqrt{x^2+y}$．

第二节　偏　导　数

一、偏导数的概念及其运算

在一元函数中，可以知道导数就是函数随自变量变化的变化率，它反映了函数在一点处随自变量变化的快慢程度．与一元函数一样，二元函数也存在变化率的问题．然而，由于自变量多了一个，情况就要复杂得多．在 xOy 平面内，当 (x,y) 由 (x_0,y_0) 沿不同方向变化时，函数 $f(x,y)$ 的变化快慢一般来说是不同的．因此就需要研究 $f(x,y)$ 在 (x_0,y_0) 点处沿各个不同方向的变化率．我们只讨论 (x,y) 沿平行于 x 轴和平行于 y 轴两个特殊方位变动时的变化率．这一方面是由于它们比较简单而又应用广泛；另一方面还因为它们是研究其他方向变化率的基础．

  1．偏导数的定义

  定义　设函数 $z=f(x,y)$ 在 $y=y_0$，$x\in(x_0-\delta,x_0+\delta)$ 内有定义，$x_0+\Delta x\in(x_0-\delta,x_0+\delta)$，则增量 $f(x_0+\Delta x,y_0)-f(x_0,y_0)$ 称为函数 z 对 x 的偏增量，记为 $\Delta_x z$，即 $\Delta_x z=$

$f(x_0+\Delta x, y_0) - f(x_0, y_0)$.

如果 $\lim\limits_{\Delta x \to 0} \dfrac{f(x_0+\Delta x, y_0)-f(x_0, y_0)}{\Delta x}$ 存在，则称此极限为函数 $z=f(x,y)$ 在点 (x_0, y_0) 处对 x 的偏导数，记作

$$\left.\frac{\partial z}{\partial x}\right|_{\substack{x=x_0\\y=y_0}}, \quad \left.\frac{\partial f}{\partial x}\right|_{\substack{x=x_0\\y=y_0}}, \quad \left.z'_x\right|_{\substack{x=x_0\\y=y_0}} \quad \text{或} \quad f'_x(x_0, y_0)$$

例如，上述极限可以表示为

$$f'_x(x_0, y_0) = \lim_{\Delta x \to 0}\frac{\Delta_x z}{\Delta x} = \lim_{\Delta x \to 0}\frac{f(x_0+\Delta x, y_0)-f(x_0, y_0)}{\Delta x}$$

类似地，函数 $z=f(x,y)$ 在点 (x_0, y_0) 处对 y 的偏导数定义为

$$\lim_{\Delta y \to 0}\frac{\Delta_y z}{\Delta y} = \lim_{\Delta y \to 0}\frac{f(x_0, y_0+\Delta y)-f(x_0, y_0)}{\Delta y}$$

记作 $\quad \left.\dfrac{\partial z}{\partial y}\right|_{\substack{x=x_0\\y=y_0}}, \quad \left.\dfrac{\partial f}{\partial y}\right|_{\substack{x=x_0\\y=y_0}}, \quad \left.z'_y\right|_{\substack{x=x_0\\y=y_0}} \quad$ 或 $\quad f'_y(x_0, y_0)$

其中 $\Delta_y z = f(x_0, y_0+\Delta y)-f(x_0, y_0)$ 称为函数 z 对 y 的偏增量.

如果函数 $z=f(x,y)$ 在区域 D 内每一点 (x,y) 处对 x 的偏导数都存在，那么这个偏导数是 x, y 的函数，此函数称为函数 $z=f(x,y)$ 对自变量 x 的偏导函数，记作 $\dfrac{\partial z}{\partial x}, \dfrac{\partial f}{\partial x}$，$z'_x$ 或 $f'_x(x,y)$.

类似地，可以定义函数 $z=f(x,y)$ 对自变量 y 的偏导函数，记作

$$\frac{\partial z}{\partial y}, \quad \frac{\partial f}{\partial y}, \quad z'_y \quad \text{或} \quad f'_y(x,y)$$

在不致混淆的情况下，偏导函数也称偏导数.

当函数 $z=f(x,y)$ 在 (x_0, y_0) 的两个偏导数 $f'_x(x_0, y_0)$ 与 $f'_y(x_0, y_0)$ 都存在时，可以称函数 $f(x,y)$ 在 (x_0, y_0) 处可导. 如果函数 $z=f(x,y)$ 在区域 D 内每一点 (x,y) 均可导，那么称函数 $f(x,y)$ 在区域 D 可导，或者说 $f(x,y)$ 是区域 D 内的可导函数.

偏导数的概念可以推广到二元以上的多元函数.

2. 偏导数的求法

从偏导数的定义可以看出，对某一个变量求偏导，就是将其余变量看作常数，而对该变量求导. 所以一元函数的求导方法完全适用于求偏导数，只要记住对一个自变量求导时，把另一个自变量暂时看作常量就行了.

【例 10】 求下列函数的偏导数.

(1) $z = x^y \;(x>0)$；　　　　　　(2) $z = \sqrt{\ln xy}$.

解 (1) 把 y 看作常量对 x 求导，得 $\dfrac{\partial z}{\partial x} = y x^{y-1}$.

把 x 看作常量对 y 求导，得 $\dfrac{\partial z}{\partial y} = x^y \ln x$.

(2) 把 y 看作常量对 x 求导，得 $\dfrac{\partial z}{\partial x} = \dfrac{1}{2\sqrt{\ln xy}} \cdot \dfrac{1}{xy} \cdot y = \dfrac{1}{2x\sqrt{\ln xy}}$.

把 x 看作常量对 y 求导，得 $\dfrac{\partial z}{\partial y} = \dfrac{1}{2\sqrt{\ln xy}} \cdot \dfrac{1}{xy} \cdot x = \dfrac{1}{2y\sqrt{\ln xy}}$.

【例11】 求函数 $f(x,y) = e^{-x}\sin(x+2y)$ 在指定点 $\left(0, \dfrac{\pi}{4}\right)$ 的偏导数.

解 把 y 看作常量对 x 求导,得 $f'_x(x,y) = -e^{-x}\sin(x+2y) + e^{-x}\cos(x+2y)$.

把 x 看作常量对 y 求导,得 $f'_y(x,y) = 2e^{-x}\cos(x+2y)$.

$$f'_x\left(0, \dfrac{\pi}{4}\right) = -e^0\sin\dfrac{\pi}{2} + e^0\cos\dfrac{\pi}{2} = -1, \quad f'_y\left(0, \dfrac{\pi}{4}\right) = 2e^0\cos\dfrac{\pi}{2} = 0.$$

【例12】 求函数 $u = \dfrac{1}{\sqrt{x^2+y^2+z^2}}$ 的三个偏导数.

解 把 y 和 z 看作常量对 x 求导,得

$$\dfrac{\partial u}{\partial x} = -\dfrac{1}{2}(x^2+y^2+z^2)^{-\frac{3}{2}} \cdot 2x = -x(x^2+y^2+z^2)^{-\frac{3}{2}}$$

由于 u 对 x, y, z 具有对称性,故有

$$\dfrac{\partial u}{\partial y} = -y(x^2+y^2+z^2)^{-\frac{3}{2}}, \quad \dfrac{\partial u}{\partial z} = -z(x^2+y^2+z^2)^{-\frac{3}{2}}$$

【例13】 设 $f(x,y) = \begin{cases} \dfrac{xy}{x^2+y^2}, & x^2+y^2 \neq 0 \\ 0, & x^2+y^2 = 0 \end{cases}$,求函数 $f(x,y)$ 在 (0, 0) 点的偏导数.

解 函数 $f(x,y)$ 在 (0, 0) 点对 x 的偏导数为

$$f'_x(0,0) = \lim_{\Delta x \to 0} \dfrac{f(0+\Delta x, 0) - f(0,0)}{\Delta x} = \lim_{\Delta x \to 0} \dfrac{0-0}{\Delta x} = 0$$

函数 $f(x,y)$ 在 (0, 0) 点对 y 的偏导数为

$$f'_y(0,0) = \lim_{\Delta y \to 0} \dfrac{f(0, 0+\Delta y) - f(0,0)}{\Delta y} = \lim_{\Delta y \to 0} \dfrac{0-0}{\Delta y} = 0$$

上一节已指出 $f(x,y)$ 在点 (0, 0) 处不连续. 本例表明 $f(x,y)$ 在点 (0, 0) 处两个偏导数都存在,因此对二元函数 $f(x,y)$ 来说,在点 (x_0, y_0) 处可导,并不能保证函数在该点连续.

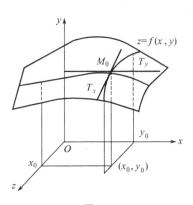

图 8-5

二、偏导数的几何意义

设 $M_0[x_0, y_0, f(x_0, y_0)]$ 为曲面 $z = f(x, y)$ 上的一点,过 M_0 作平面 $y = y_0$ 与曲面 $z = f(x, y)$ 相交,其交线为一条曲线,此曲线在平面 $y = y_0$ 上的方程为 $z = f(x, y_0)$,则偏导数 $f'_x(x_0, y_0)$ 的几何意义是该曲线在点 M_0 处的切线 $M_0 T_x$ 对 x 轴的斜率(图 8-5). 同样,偏导数 $f'_y(x_0, y_0)$ 的几何意义是该曲面被平面 $x = x_0$ 所截得的曲线在点 M_0 处的切线 M_0

T_y 对 y 轴的斜率.

三、二元函数的连续性

1. 二元函数连续的定义

与一元函数的连续性相类似，可以给出二元函数 $z=f(x,y)$ 在点 $P_0(x_0,y_0)$ 处连续的定义.

定义 设函数 $f(x,y)$ 在 $P_0(x_0,y_0)$ 的某一领域有定义，如果 $\lim\limits_{\substack{x\to x_0 \\ y\to y_0}} f(x,y) = f(x_0,y_0)$，则称函数 $f(x,y)$ 在点 $P_0(x_0,y_0)$ 连续.

与一元函数类似二元函数的连续的定义也可以用另一种形式表述.

若令 $x=x_0+\Delta x, y=y_0+\Delta y$，这时称 $\Delta z=f(x_0+\Delta x, y_0+\Delta y)-f(x_0,y_0)$ 为函数 $f(x,y)$ 在点 $P_0(x_0,y_0)$ 对应于增量 Δx 与 Δy 的全增量. 于是当 $x\to x_0$ 时，$\Delta x\to 0$；$y\to y_0$ 时，$\Delta y\to 0$，因此 $\lim\limits_{\substack{x\to x_0 \\ y\to y_0}}[f(x_0+\Delta x, y_0+\Delta y)-f(x_0,y_0)]=0$，即 $\lim\limits_{\substack{\Delta x\to 0 \\ \Delta y\to 0}}\Delta z=0$，则称函数 $z=f(x,y)$ 在点 (x_0,y_0) 处连续.

如果函数 $f(x,y)$ 在开区域（或闭区域）D 内的每一点连续，那么就称函数 $f(x,y)$ 在 D 内连续，或者称 $f(x,y)$ 是 D 内的连续函数.

二元连续函数的图形是一个没有孔隙和裂缝的曲线.

2. 有界闭区域上连续函数的性质

性质 1（最大值和最小值定理） 在有界闭区域 D 上连续的二元函数，在 D 上一定有最大值和最小值.

性质 2（介值定理） 在有界闭区域 D 上连续的二元函数，必取得介于最大值和最小值之间的任何值.

性质 3 二元连续函数的和、差、积仍为连续函数. 在分母不为零的点处，连续函数的商也是连续函数.

设函数 $z=f(u,v)$，且 $u=\varphi(x,y), v=\psi(x,y)$. 如果 $z=f[\varphi(x,y),\psi(x,y)]$ 定义了一个 x,y 的二元函数，那么 z 叫做 x,y 的复合函数，其中 u,v 叫做中间变量. 对于复合函数有下述性质.

性质 4 二元连续函数的复合函数仍是连续函数.

由多元初等函数的连续性，如果要求它在点 P_0 处的极限，而该点又在此函数的定义区域内，则极限值就是函数在该点的函数值，即 $\lim\limits_{P\to P_0} f(P)=f(P_0)$.

以上关于二元函数极限与连续的讨论完全可以推广到三元以及三元以上的函数.

【习题 8-2】

1. 求下列各函数的一阶偏导数：

   (1) $z=y^{2x}$；
   (2) $z=x\ln(xy)$；
   (3) $z=x^3-y^3+3x^2+3y^2-9x$；
   (4) $z=\ln(3x-2y)$；
   (5) $z=\dfrac{x}{\sqrt{x^2+y^2}}$；
   (6) $z=(\sin x)^{\cos y}$；
   (7) $z=\ln\left(x+\dfrac{y}{2x}\right)$；
   (8) $u=\tan(1+x+y^2+z^3)$；
   (9) $z=\arctan\dfrac{y}{x}$；
   (10) $u=\sqrt{x^2+y^2+z^2}$.

2. 求下列函数在指定点对各自变量的一阶偏导数值.

(1) 设 $f(x,y) = x + y - \sqrt{x^2 + y^2}$，求 $f'_x(4,3)$，$f'_y(3,4)$；

(2) 设 $f(x,y) = x + (y-1)\arcsin\sqrt{\dfrac{x}{y}}$，求 $f'_x(x,1)$，$f'_y\left(\dfrac{1}{4}, 1\right)$．

3. 求下列各函数的二阶偏导数．

(1) $z = e^x(\cos y + x\sin y)$；   (2) $z = \ln(e^x + e^y)$；   (3) $z = \arctan\dfrac{x+y}{1-xy}$；

(4) $z = \sin^2(ax + by)$；   (5) $z = x^3 y^2 - xy + e^{xy}$；   (6) $z = \ln(x + \sqrt{x^2 + y^2})$

4. 求下列函数在指定点对各自变量的二阶偏导数值．

(1) $z = x^2 + 3xy + y^2$，点 (1, 2) 处；

(2) 设 $u = xy^2 + yz^2 + zx^2$，求 $f''_{xx}(0,0,1)$，$f''_{xz}(1,0,2)$，$f''_{yz}(0,-1,0)$．

5. 设 $u = \sqrt{x^2 + y^2 + z^2}$，证明 $\dfrac{\partial^2 u}{\partial x^2} + \dfrac{\partial^2 u}{\partial y^2} + \dfrac{\partial^2 u}{\partial z^2} = \dfrac{2}{u}$．

6. 若 $z = f(xy)$，证明 $x\dfrac{\partial z}{\partial x} - y\dfrac{\partial z}{\partial y} = 0$．

第三节　全微分及其应用

一、全微分的概念

一元函数微分定义为函数增量的线性主部，用函数的微分来近似地代替函数的增量，其误差是一个 Δx 的高阶无穷小，对于多元函数也有类似情况．

设函数 $z = f(x,y)$ 在点 (x_0, y_0) 处的全增量

$$\Delta z = f(x_0 + \Delta x, y_0 + \Delta y) - f(x_0, y_0)$$

可以表示为

$$\Delta z = A\Delta x + B\Delta y + o(\rho),$$

其中 A，B 不依赖于 Δx，Δy，而仅与 x, y 有关，$\rho = \sqrt{(\Delta x)^2 + (\Delta y)^2}$，$o(\rho)$ 表示当 $\rho \to 0$ 时比 ρ 高阶的无穷小量，则称函数 $z = f(x,y)$ 在点 (x_0, y_0) 可微，且 $A\Delta x + B\Delta y$ 称为函数 $z = f(x,y)$ 在点 (x_0, y_0) 的全微分，记作 $\mathrm{d}z$，即

$$\mathrm{d}z = A\Delta x + B\Delta y$$

这时也称函数 $z = f(x,y)$ 在点 (x_0, y_0) 处可微．

如果函数 $z = f(x,y)$ 在区域 D 内每一点都可微，则称函数 $z = f(x,y)$ 在区域 D 内可微．

在第二节中曾指出，多元函数在某点的各个偏导数即使都存在，却不能保证函数在该点连续．但是，由上述定义可知，如果函数 $z = f(x,y)$ 在点 (x_0, y_0) 可微，那么函数在该点必定连续．事实上，这时由 $\Delta z = A\Delta x + B\Delta y + o(\rho)$，可得 $\lim\limits_{\rho \to 0}\Delta z = 0$．反之，如果函数 $z = f(x,y)$ 在点 (x_0, y_0) 不连续，那么函数在该点一定不可微．

定理　如果函数 $z = f(x,y)$ 在点 (x_0, y_0) 可微，则函数 $z = f(x,y)$ 在点 (x_0, y_0) 的偏导数 $\dfrac{\partial z}{\partial x}$、$\dfrac{\partial z}{\partial y}$ 必定存在，且函数 $z = f(x,y)$ 在点 (x_0, y_0) 的全微分为

$$\mathrm{d}z = \dfrac{\partial z}{\partial x}\bigg|_{(x_0, y_0)}\Delta x + \dfrac{\partial z}{\partial y}\bigg|_{(x_0, y_0)}\Delta y$$

像一元函数一样，规定 $\Delta x = \mathrm{d}x, \Delta y = \mathrm{d}y$，则

$$\mathrm{d}z = \dfrac{\partial z}{\partial x}\bigg|_{(x_0, y_0)}\mathrm{d}x + \dfrac{\partial z}{\partial y}\bigg|_{(x_0, y_0)}\mathrm{d}y$$

定理　如果函数 $z = f(x,y)$ 的偏导数 $\dfrac{\partial z}{\partial x}$、$\dfrac{\partial z}{\partial y}$ 在点 (x_0, y_0) 连续，则函数在该点

可微.

全微分的概念也可推广到三元或更多元的函数. 如三元函数 $u=f(x,y,z)$, 在点 (x_0,y_0,z_0) 的全微分的表达式为

$$du = \frac{\partial u}{\partial x}\bigg|_{(x_0,y_0,z_0)} dx + \frac{\partial u}{\partial y}\bigg|_{(x_0,y_0,z_0)} dy + \frac{\partial u}{\partial z}\bigg|_{(x_0,y_0,z_0)} dz$$

【例 14】 设 $f(x,y) = \begin{cases} \dfrac{xy}{x^2+y^2}, & x^2+y^2 \neq 0 \\ 0, & x^2+y^2 = 0 \end{cases}$, 试讨论 $f(x,y)$ 在 (0,0) 点是否可微.

解 函数 $f(x,y)$ 在 (0,0) 点可导, 且 $f'_x(0,0) = f'_y(0,0) = 0$.

$$\Delta z = f(0+\Delta x, 0+\Delta y) - f(0,0)$$
$$= \frac{(0+\Delta x)(0+\Delta y)}{\sqrt{(0+\Delta x)^2 + (0+\Delta y)^2}} - 0$$
$$= \frac{\Delta x \Delta y}{\sqrt{(\Delta x)^2 + (\Delta y)^2}}$$

因此 $\Delta z - f'_x(0,0)\Delta x - f'_y(0,0)\Delta y = \dfrac{\Delta x \Delta y}{\sqrt{(\Delta x)^2 + (\Delta y)^2}}$

而 $\lim\limits_{\substack{\Delta x \to 0 \\ \Delta y \to 0}} \dfrac{\Delta x \Delta y}{\sqrt{(\Delta x)^2 + (\Delta y)^2}}$ 不存在, 所以当 $\rho \to 0$ 时, $\dfrac{\Delta x \Delta y}{\sqrt{(\Delta x)^2 + (\Delta y)^2}}$ 不是关于 ρ 的高阶无穷小. 因此函数在 (0,0) 点不可微.

若函数在区间内每一点都可微, 则称函数在区间可微.

【例 15】 计算函数 $z = xy^2 + x^2$ 在点 (1,2) 处当 $\Delta x = 0.01$, $\Delta y = -0.02$ 时的全微分和全增量.

解 因为 $\dfrac{\partial z}{\partial x} = y^2 + 2x$, $\dfrac{\partial z}{\partial y} = 2xy$, $\dfrac{\partial z}{\partial x}\bigg|_{\substack{x=1 \\ y=2}} = 6$, $\dfrac{\partial z}{\partial y}\bigg|_{\substack{x=1 \\ y=2}} = 4$

所以 $dz = 6 \times 0.01 + 4 \times (-0.02) = -0.02$

$\Delta z = (1+0.01)(2-0.02)^2 + (1+0.01)^2 - (1 \times 2^2 + 1^2) = -0.0203$

【例 16】 求函数 $u = x^y + z^2$ 的全微分.

解 因 $\dfrac{\partial u}{\partial x} = yx^{y-1}$, $\dfrac{\partial u}{\partial y} = x^y \ln x$, $\dfrac{\partial u}{\partial z} = 2z$

所以 $du = \dfrac{\partial u}{\partial x} dx + \dfrac{\partial u}{\partial y} dy + \dfrac{\partial u}{\partial z} dz = yx^{y-1} dx + x^y \ln x \, dy + 2z \, dz$

二、全微分的应用

由全微分的定义可知, 当函数 $z = f(x,y)$ 在点 (x_0, y_0) 的全微分存在时, 全微分 dz 与全增量 Δz 的差是 ρ 的高阶无穷小, 因此当 $|\Delta x|$ 与 $|\Delta y|$ 都相当小时, 有近似等式

$$\Delta z \approx dz = f'_x(x_0, y_0) \Delta x + f'_y(x_0, y_0) \Delta y$$

或

$$f(x_0 + \Delta x, y_0 + \Delta y) \approx f(x_0, y_0) + f'_x(x_0, y_0) \Delta x + f'_y(x_0, y_0) \Delta y$$

与一元函数的情况类似, 可以利用上面两式计算全增量 Δz 的近似值和估计误差, 计算函数在一点的近似值.

【例 17】 某厂造一无盖圆柱形铜罐, 其内半径 $R = 1$m, 高 $H = 5$m, 厚为 0.05m, 问需铜多少 (铜的密度为 8.9×10^3 kg/m³)?

解 根据题意, 求圆柱体积增量的近似值. 设圆柱体积为 V, 则 $V = \pi R^2 H$, $\Delta R =$

$\Delta H = 0.05 \text{m}$，所以

$$\Delta V \approx dV = \frac{\partial V}{\partial R}\Delta R + \frac{\partial V}{\partial H}\Delta H = 2\pi RH\Delta R + \pi R^2 \Delta H$$

于是 $\quad \Delta V \approx 2\pi \times 1 \times 5 \times 0.05 + \pi \times 1^2 \times 0.05 = 0.55\pi$

所以 $\quad 0.55\pi \times 8.9 \times 10^3 = 4895\pi \approx 1.537 \times 10^4 (\text{kg})$

答：约需铜 1.537×10^4 kg.

【例 18】 计算 $(1.04)^{2.02}$ 的近似值.

解 设函数 $f(x,y) = x^y$，取 $x=1, y=2, \Delta x = 0.04, \Delta y = 0.02$

由于 $\quad f(1,2) = 1, f'_x(x,y) = yx^{y-1}, f'_y(x,y) = x^y \ln x$

故 $\quad f'_x(1,2) = 2, f'_y(1,2) = 0$

所以由全微分近似公式有

$$(1.04)^{2.02} \approx 1 + 2 \times 0.04 + 0 \times 0.02 = 1.08$$

【习题 8-3】

1. 求函数 $z = 2x + 3y^2$，当 $x=10, y=8, \Delta x = 0.2, \Delta y = 0.3$ 的全微分和全增量.
2. 求函数 $z = \dfrac{xy}{x^2 - y^2}$，当 $x=2, y=1, \Delta x = 0.01, \Delta y = 0.03$ 时的全微分和全增量.
3. 求下列函数的全微分.
   (1) $z = e^x \sin(x+y)$；
   (2) $z = \ln(x^2 + y^2)$；
   (3) $z = \arcsin(xy)$；
   (4) $z = \arctan \dfrac{y}{x}$；
   (5) $z = (1+xy)^x$；
   (6) $u = x^{yz}$.
4. 利用全微分计算下列各式的近似值.
   (1) $\sqrt{1.02^3 + 1.97^3}$；
   (2) $\sin 29° \tan 46°$.

第四节　多元复合函数的微分法

在一元函数中，复合函数的求导法则非常重要．对于多元函数来说，也是如此．下面先就二元函数的复合函数进行讨论.

一般地，称函数 $z = f[\phi(x,y), \psi(x,y)]$ 是由 $z = f(u,v)$ 和 $u = \phi(x,y), v = \psi(x,y)$ 复合而成的 x,y 的复合函数，其中 u,v 叫做中间变量，x,y 叫做自变量.

类似于一元复合函数的求导法则，多元复合函数也可以直接从函数 $z = f(u,v)$ 的偏导数和函数 $u = \phi(x,y), v = \psi(x,y)$ 的偏导数来求 $\dfrac{\partial z}{\partial x}$ 和 $\dfrac{\partial z}{\partial y}$.

一、链导法则

如果函数 $u = \phi(x,y), v = \psi(x,y)$ 在点 (x,y) 有连续偏导数，函数 $z = f(u,v)$ 在对应点 (u,v) 有连续偏导数，那么复合函数 $z = f[\phi(x,y), \psi(x,y)]$ 在点 (x,y) 有对 x 和对 y 的连续偏导数，且

$$\frac{\partial z}{\partial x} = \frac{\partial z}{\partial u} \times \frac{\partial u}{\partial x} + \frac{\partial z}{\partial v} \times \frac{\partial v}{\partial x}$$

$$\frac{\partial z}{\partial y} = \frac{\partial z}{\partial u} \times \frac{\partial u}{\partial y} + \frac{\partial z}{\partial v} \times \frac{\partial v}{\partial y}$$

证明 给自变量 x 以增量 Δx 而把 y 保持不变，这时函数 $u=\phi(x,y)$，$v=\psi(x,y)$ 对应的增量为 $\Delta u, \Delta v$，相应地函数 $z=f(u,v)$ 有全增量 Δz：

$$\Delta z = f(u+\Delta u, v+\Delta v) - f(u,v)$$
$$= [f(u+\Delta u, v+\Delta v) - f(u,v+\Delta v)] + [f(u,v+\Delta v) - f(u,v)]$$

第一个中括号内的表达式，由于 $v+\Delta v$ 不变，因而可看作是 u 的一元函数 $f(u,v+\Delta v)$ 的增量．应用拉格朗日中值定理，有

$$f(u+\Delta u, v+\Delta v) - f(u, v+\Delta v) = f'_u(u+\theta_1 \Delta u, v+\Delta v) \Delta u$$

其中 $0<\theta_1<1$，又因为 $f'_u(u,v)$ 是连续的，所以

$$\lim_{\substack{\Delta x \to 0 \\ \Delta y \to 0}} f'_u(u+\theta_1 \Delta u, v+\Delta v) = f'_u(u,v)$$

也就是
$$f'_u(u+\theta_1 \Delta u, v+\Delta v) = f'_u(u,v) + \varepsilon_1$$

其中 ε_1 是当 $\Delta x \to 0, \Delta y \to 0$ 时的无穷小量，于是

$$f(u+\Delta u, v+\Delta v) - f(u,v+\Delta v) = f'_u(u,v) \Delta u + \varepsilon_1 \Delta u$$

同理可得第二个中括号内的表达式为

$$f(u,v+\Delta v) - f(u,v) = f'_v(u,v) \Delta v + \varepsilon_2 \Delta v$$

其中 ε_2 是当 $\Delta x \to 0, \Delta y \to 0$ 时的无穷小量.

结合上两式，在偏导数连续的情况下，全增量 Δz 可表示为

$$\Delta z = f'_u(u,v) \Delta u + f'_v(u,v) \Delta v + \varepsilon_1 \Delta u + \varepsilon_2 \Delta v$$

因为当 $\Delta x \to 0$ 时，$\Delta u \to 0, \Delta v \to 0, \varepsilon_1 \to 0, \varepsilon_2 \to 0$，$\frac{\Delta u}{\Delta x} \to \frac{\partial u}{\partial x}, \frac{\Delta v}{\Delta x} \to \frac{\partial v}{\partial x}$．所以，上式两端同除以 Δx，令 $\Delta x \to 0$，取极限得

$$\frac{\partial z}{\partial x} = \frac{\partial z}{\partial u} \times \frac{\partial u}{\partial x} + \frac{\partial z}{\partial v} \times \frac{\partial v}{\partial x}$$

同理可证

$$\frac{\partial z}{\partial y} = \frac{\partial z}{\partial u} \times \frac{\partial u}{\partial y} + \frac{\partial z}{\partial v} \times \frac{\partial v}{\partial y}$$

又因为连续函数的和、积仍为连续函数，所以在定理的条件下，链导公式右端在点 (x,y) 都是连续的．从而得知 $\frac{\partial z}{\partial x}, \frac{\partial z}{\partial y}$ 在点 (x,y) 也连续.

称上述公式为链导公式．为了掌握这一公式，可以画一个"变量关系图"来帮助分析中间变量和自变量．对照链导公式，可以这样来理解和记忆：

如图 8-6 中的每一条射线表示一个偏导数，它是位于线段左端的变量对位于线段右端的变量的偏导数，例如 " $z \to u$ " 表示 $\frac{\partial z}{\partial u}$；每两条连接 z 和自变量的线段构造一条"链"，表示两个偏导数是相乘的，如 " $z \to u \to x$ " 表示 $\frac{\partial z}{\partial u} \times \frac{\partial u}{\partial x}$；从 z 出发到 x 的所有"链"相加，就是 z 对 x 的偏导数．如图 8-6 中，z 到 x 有两条"链" $z \to u \to x$ 和 $z \to v \to x$，即 $\frac{\partial z}{\partial u} \times \frac{\partial u}{\partial x}$ 和 $\frac{\partial z}{\partial v} \times \frac{\partial v}{\partial x}$，两者相加，就得到

$$\frac{\partial z}{\partial x} = \frac{\partial z}{\partial u} \times \frac{\partial u}{\partial x} + \frac{\partial z}{\partial v} \times \frac{\partial v}{\partial x}$$

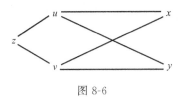

图 8-6

【例 19】 设 $z = v^2 \ln u$ 而 $u = 3x - 2y$，$v = \dfrac{x}{y}$，求 $\dfrac{\partial z}{\partial x}$ 和 $\dfrac{\partial z}{\partial y}$.

解 根据链导公式

$$\frac{\partial z}{\partial x} = \frac{\partial z}{\partial u} \times \frac{\partial u}{\partial x} + \frac{\partial z}{\partial v} \times \frac{\partial v}{\partial x} = \frac{v^2}{u} \cdot 3 + 2v \ln u \cdot \frac{1}{y}$$

$$= \frac{3x^2}{y^2(3x-2y)} + \frac{2x \ln(3x-2y)}{y^2}$$

$$\frac{\partial z}{\partial y} = \frac{\partial z}{\partial u} \times \frac{\partial u}{\partial y} + \frac{\partial z}{\partial v} \times \frac{\partial v}{\partial y} = \frac{v^2}{u} \cdot (-2) + 2v \ln u \cdot \left(-\frac{x}{y^2}\right)$$

$$= \frac{-2x^2}{y^2(3x-2y)} - \frac{2x^2 \ln(3x-2y)}{y^3}$$

链导公式可以推广到更多元的函数．例如有三个自变量的函数 $z = f(u,v,w)$，而 u,v,w 都是 x,y 的函数，那么有以下的链导公式（图 8-7）．

$$\frac{\partial z}{\partial x} = \frac{\partial z}{\partial u} \times \frac{\partial u}{\partial x} + \frac{\partial z}{\partial v} \times \frac{\partial v}{\partial x} + \frac{\partial z}{\partial w} \times \frac{\partial w}{\partial x}$$

$$\frac{\partial z}{\partial y} = \frac{\partial z}{\partial u} \times \frac{\partial u}{\partial y} + \frac{\partial z}{\partial v} \times \frac{\partial v}{\partial y} + \frac{\partial z}{\partial w} \times \frac{\partial w}{\partial y}$$

由此可见，一个多元复合函数，其一阶偏导数的个数取决于此复合函数自变量的个数．在一阶偏导数的链导公式中，项数的多少取决于此自变量有关的中间变量的个数．例如上面公式中，与 x 有关的中间变量有三个，因此 $\dfrac{\partial z}{\partial x}$ 的链导公式中有四项．每一项相乘因式的个数，取决于复合的层数，例如上面公式中复合函数对每一自变量都只有两层复合，所以链导公式中每一项都有两个因式相乘．

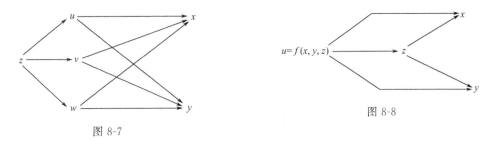

图 8-7　　　　　图 8-8

多元复合函数的复合是多种多样的，我们要善于分析函数间的复合关系，灵活地运用链导公式，例如函数 $u = f(x,y,z)$ 具有一阶连续偏导数，而 $z = \varphi(x,y)$ 为可导函数，那么复合函数 $u = f[x,y,\varphi(x,y)]$ 是 x,y 的函数，它的一阶偏导数有两个，即 $\dfrac{\partial u}{\partial x}$ 与 $\dfrac{\partial u}{\partial y}$（图 8-8）．

在求 $\dfrac{\partial u}{\partial x}$ 时，可以把上述复合函数看作由函数 $u = f(s,t,z)$ 与函数 $s = x, t = y, z = \varphi(x,y)$ 复合而成，从而有

$$\frac{\partial u}{\partial x} = \frac{\partial f}{\partial s} \times \frac{\partial s}{\partial x} + \frac{\partial f}{\partial t} \times \frac{\partial t}{\partial x} + \frac{\partial f}{\partial z} \times \frac{\partial z}{\partial x}$$

但是 $\frac{\partial s}{\partial x} = 1, \frac{\partial t}{\partial x} = 0$，又 $s = x$，故有

$$\frac{\partial u}{\partial x} = \frac{\partial f}{\partial x} + \frac{\partial f}{\partial z} \times \frac{\partial z}{\partial x}$$

就是说 $\frac{\partial u}{\partial x}$ 为两项之和组成，其中第一项 $\frac{\partial f}{\partial x}$ 为 $f(x,y,z)$ 直接对 x 的偏导数；第二项 $\frac{\partial f}{\partial z} \times \frac{\partial z}{\partial x}$ 则是 $f(x,y,z)$ 通过中间变量 z 对 x 的偏导数.

同理
$$\frac{\partial u}{\partial y} = \frac{\partial f}{\partial y} + \frac{\partial f}{\partial z} \times \frac{\partial z}{\partial y}$$

注意 ① 这里 u 到 x 有两条"链"，其中有一条没有经过中间变量. 为了避免混淆，上式右端的 u 换成了 f.

② $\frac{\partial u}{\partial x}$ 与 $\frac{\partial f}{\partial x}$ 的含义是不同的，$\frac{\partial u}{\partial x}$ 是把 $u = f[x,y,\varphi(x,y)]$ 中的 y 看作常数而对 x 的偏导数；$\frac{\partial f}{\partial x}$ 是把 $u = f(x,y,z)$ 中的 y、z 看作常数而对 x 的偏导数. $\frac{\partial u}{\partial y}$ 与 $\frac{\partial f}{\partial y}$ 也有类似的区别.

【例 20】 设 $u = (x-y)^z, z = x^2 + y^2, (x-y > 0)$，求 $\frac{\partial u}{\partial x}$ 和 $\frac{\partial u}{\partial y}$.

解 令 $u = f(x,y,z) = (x-y)^z, z = x^2 + y^2$，从而根据 $\frac{\partial u}{\partial x} = \frac{\partial f}{\partial x} + \frac{\partial f}{\partial z} \times \frac{\partial z}{\partial x}$

有
$$\frac{\partial u}{\partial x} = z(x-y)^{z-1} + (x-y)^z [\ln(x-y)] \cdot 2x$$

同理
$$\frac{\partial u}{\partial y} = -z(x-y)^{z-1} + (x-y)^z [\ln(x-y)] \cdot 2y$$

【例 21】 设 $z = f\left(\frac{y}{x}, x+2y, y\sin x\right)$，求 $\frac{\partial z}{\partial x}$ 和 $\frac{\partial z}{\partial y}$.

解 令 $u = \frac{y}{x}, v = x + 2y, w = y\sin x$，于是 $z = f(u,v,w)$.

因为 $\frac{\partial u}{\partial x} = -\frac{y}{x^2}$，$\frac{\partial v}{\partial x} = 1$，$\frac{\partial w}{\partial x} = y\cos x$；$\frac{\partial u}{\partial y} = \frac{1}{x}$，$\frac{\partial v}{\partial y} = 2$，$\frac{\partial w}{\partial y} = \sin x$

所以
$$\frac{\partial z}{\partial x} = f'_u\left(-\frac{y}{x^2}\right) + f'_v \cdot 1 + f'_w y\cos x = -\frac{y}{x^2} f'_1 + f'_2 + y\cos x f'_3$$

式中的 f'_i 表示 z 对第 i 个中间变量的偏导数（$i = 1,2,3$），有了这种记法，就不一定要明显地写出中间变量 u, v, w.

类似地，可求得

$$\frac{\partial z}{\partial y} = \frac{1}{x} f'_1 + 2f'_2 + \sin x f'_3$$

【例 22】 设 $z = xyf\left(\frac{x}{y}, \frac{y}{x}\right)$，求 $\frac{\partial z}{\partial x}$ 和 $\frac{\partial z}{\partial y}$.

解 在这个函数的表达式中，乘法中有复合函数，所以先用乘法求导公式.

$$\frac{\partial z}{\partial x} = yf\left(\frac{x}{y}, \frac{y}{x}\right) + xy\left[f'_1 \frac{1}{y} + f'_2\left(-\frac{y}{x^2}\right)\right] = yf\left(\frac{x}{y}, \frac{y}{x}\right) + xf'_1 - \frac{y^2}{x} f'_2,$$

$$\frac{\partial z}{\partial y} = xf\left(\frac{x}{y}, \frac{y}{x}\right) + xy\left[f_1'\left(-\frac{x}{y^2}\right) + f_2'\frac{1}{x}\right] = xf\left(\frac{x}{y}, \frac{y}{x}\right) - \frac{x^2}{y}f_1' + yf_2'$$

二、全导数

在只有一个自变量的情形下，有全导数的概念及其求导公式．

由二元函数 $z = f(u,v)$ 和两个一元函数 $u = \phi(x)$，$v = \psi(x)$ 复合而成的函数 $z = f[\phi(x), \psi(x)]$ 是 x 的一元函数．这时复合函数的导数就是一个一元函数的导数，称为全导数．这时链导公式成为

$$\frac{\mathrm{d}z}{\mathrm{d}x} = \frac{\partial z}{\partial u} \times \frac{\mathrm{d}u}{\mathrm{d}x} + \frac{\partial z}{\partial v} \times \frac{\mathrm{d}v}{\mathrm{d}x}$$

【例 23】 设 $z = u^v (u > 0), u = \sin 2x, v = \sqrt{x^2-1}$，求 $\frac{\mathrm{d}z}{\mathrm{d}x}$．

解 因 $\frac{\partial z}{\partial u} = vu^{v-1}$，$\frac{\partial z}{\partial v} = u^v \ln u$，$\frac{\mathrm{d}u}{\mathrm{d}x} = 2\cos 2x$，$\frac{\mathrm{d}v}{\mathrm{d}x} = \frac{x}{\sqrt{x^2-1}}$

故

$$\frac{\mathrm{d}z}{\mathrm{d}x} = vu^{v-1} \cdot 2\cos 2x + u^v \ln u \times \frac{x}{\sqrt{x^2-1}}$$
$$= u^v \left(\frac{2v\cos 2x}{u} + \frac{x\ln u}{\sqrt{x^2-1}}\right)$$
$$= (\sin 2x)^{\sqrt{x^2-1}} \left(2\sqrt{x^2-1}\cot 2x + \frac{x\ln\sin 2x}{\sqrt{x^2-1}}\right)$$

如果把 $u = \sin 2x$ 与 $v = \sqrt{x^2-1}$ 代入 $z = u^v$ 中，再用一元函数求导方法解题，将得到同一答案．

【习题 8-4】

1. 求下列函数对各自变量的一阶偏导数．
   (1) $z = e^u \cos v, u = xy, v = 2x-y$；
   (2) $z = \ln(u^2+v), u = e^{x+y^2}, v = x^2+y$；
   (3) $z = \arctan(1+uv), u = x+y, v = x-y$；
   (4) $z = \frac{u^2}{v}, u = x-2y, v = 2x+y$；
   (5) $z = (x+2y)^{2x+y}$；
   (6) $z = x^{x^y}$；
   (7) $u = e^{x+y+z}, x = s+t, y = 2s+t, z = s+2t$．

2. 求下列函数对各自变量的一阶偏导数．
   (1) 设 $u = \arcsin(x+y+z)$，而 $z = \sin(xy)$；
   (2) 设 $u = f(x,y,s,t) = (x+y)^s \cdot t$，而 $s = x-y, t = 2y$．

3. 求下列函数对各自变量 x, y, z 的一阶偏导数．
   (1) $u = f(x^3+xy+xyz)$；
   (2) $z = f(x^2-y^2, e^{xy})$；
   (3) $z = f(x^2-y^2, \tan xy)$；
   (4) $u = f\left(\frac{x}{y}, \frac{y}{z}\right)$；
   (5) $z = xyf(x+y, x-y)$；
   (6) $z = x^2 yf(x^2-y^2, xy)$．

4. 求下列各函数的导数．
   (1) $z = u^v, u = \sin 2x, v = \sqrt{x^2-1}$；
   (2) $z = \arctan xy, y = \tan x$；
   (3) $z = \arccos(u-v), u = 3t, v = 4t^3$；
   (4) $z = e^x(y-z), x = t, y = \sin t, z = \cos t$．

【复习题八】

一、指出下列函数的定义域

1. $z = \ln(1-x^2)$；
2. $z = \arccos\frac{x^2+y^2}{2}$；

3. $z = \dfrac{1}{x+y} + \dfrac{1}{x-y}$;   4. $z = \sqrt{x - \sqrt{y}}$

二、计算函数值或函数表达式

1. 已知 $f(x,y) = 3x^2 - 2xy + y^3$ ，试求：(1) $f(3,-2)$ ；(2) $f(tx, ty)$ ；

   (3) $f\left(\dfrac{2}{x}, \dfrac{1}{y}\right)$ ；(4) $f(\sqrt{xy}, x-y)$ ；(5) $\dfrac{f(x+\Delta x, y) - f(x,y)}{\Delta x}$.

2. 设 $f(x+y, x-y) = x^2 y + y^2$ ，求 $f(x,y)$.

3. 设 $f\left(x-y, \dfrac{y}{x}\right) = x^2 - y^2$ ，求 $f(x,y)$.

三、求极限

1. $\lim\limits_{\substack{x \to 0 \\ y \to 0}} \dfrac{\sin(xy)}{y}$ ；   2. $\lim\limits_{\substack{x \to \infty \\ y \to \infty}} \left(1 + \dfrac{1}{xy}\right)^{xy}$ ；   3. $\lim\limits_{\substack{x \to 0 \\ y \to 0}} \dfrac{x^2 + y^2}{\sin 2(x^2 + y^2)}$ ；

4. $\lim\limits_{\substack{x \to 0 \\ y \to 0}} \dfrac{3xy}{\sqrt{xy-1}}$ ；   5. $\lim\limits_{\substack{x \to \infty \\ y \to \infty}} \left(1 - \dfrac{1}{y}\right)^{\frac{y^2}{x+y}}$ ；   6. $\lim\limits_{\substack{x \to 1 \\ y \to 0}} \arcsin \sqrt{x^2 + y^2}$

四、求下列各函数的一阶偏导数

1. $z = xy + \dfrac{x}{y}$ ；   2. $z = \arcsin \dfrac{x}{y}$ ；   3. $z = \sin(xy) \tan \dfrac{y}{x}$ ；

4. $z = e^{x+y} \cos x \sin y$ ；   5. $z = \dfrac{x+y}{x-y}$ ；   6. $z = \arctan \dfrac{x+y}{1-xy}$ ；

7. $u = \ln(x^2 + y^2 + z^2)$ ；   8. $u = x^{\frac{y}{z}}$

第九章 二重积分及其应用

把定积分中的被积函数、积分范围,分别推广到被积函数为二元函数和相应的积分范围,便得到二重积分.本章将介绍二重积分的概念、性质及其计算方法和二重积分在几何、物理方面的一些应用.

第一节 二重积分的概念与性质

一、二重积分的概念

柱体的体积等于底面积乘以高,也常见一些顶部不是平面而是曲面,即所谓的曲顶柱体的体积,如何计算它的体积呢?

【例 1】 曲顶柱体的体积.

设有一立体的底面是 xOy 坐标面上的有界闭区域 D ,侧面是以 D 的边界曲线为准线、母线平行于 z 轴的柱面,顶面是由二元非负连续函数 $z=f(x,y)$ 所表示的曲面(图 9-1)。这个立体称为 D 上的曲顶柱体,试求该曲顶柱体的体积.

解 我们知道,对于平顶柱体,即当 $f(x,y) \equiv h$(h 为常数,$h>0$)时,它的体积

$$V = 高 \times 底面积 = h\sigma$$

其中,σ 是有界闭区域 D 的面积.

现在柱体的顶面是曲面,它的高 $f(x,y)$ 在 D 上是变量,它的体积就不能用上面的公式来计算。但是我们可仿照求曲边梯形

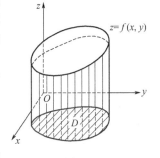

图 9-1

面积的思路,把 D 分成许多小区域,由于 $f(x,y)$ 在 D 上连续。因此它在每个小区域上的变化就很小,因而相应每个小区域上的小曲顶柱体的体积就可用平顶柱体的体积来近似替代,且区域 D 分割得愈细,近似值的精度就愈高,于是通过求和,取极限就能算得曲顶柱体的体积,具体做法如下.

(1) 分割 将区域 D 任意分成 n 个小区域,称为区域 D 的子域:$\Delta\sigma_1$、$\Delta\sigma_2$,$\cdots$,$\Delta\sigma_n$,并以 $\Delta\sigma_i(i=1,2,\cdots,n)$ 表示第 i 个子域的面积,然后对每个子域作以它的边界曲线为准线、母线平行 z 轴的柱面,这些柱面就把原来的曲顶柱体分成 n 个小曲顶柱体.

(2) 近似 在每个小曲顶柱体的底 $\Delta\sigma_i$ 上任取一点 $(\xi_i,\eta_i)(i=1,2,\cdots,n)$,用以 $f(\xi_i,\eta_i)$ 为高、$\Delta\sigma_i$ 为底的平顶柱体的体积 $f(\xi_i,\eta_i)\Delta\sigma_i$ 近似替代第 i 个小曲顶柱的体积(图 9-2),即

$$\Delta V_i \approx f(\xi_i,\eta_i)\Delta\sigma_i$$

(3) 求和 将这 n 个小平顶柱体的体积相加,得到原曲顶柱体积的近似值,即

$$V = \sum_{i=1}^{n}\Delta V_i \approx \sum_{i=1}^{n}f(\xi_i,\eta_i)\Delta\sigma_i$$

（4）取极限 将区域 D 无限细分且每一个分子域趋向于缩成一点，这个近似值就趋向于原曲顶柱体的体积，即

$$V = \lim_{\lambda \to 0} \sum_{i=1}^{n} f(\xi_i, \eta_1) \Delta \sigma_i$$

其中 λ 是这 n 个子域的最大直径（有界闭区域的直径是指区域中任意两点间距离的最大值）.

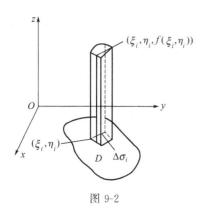
图 9-2

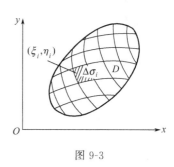
图 9-3

【例 2】 平面薄片的质量.

设有一个平面薄片占有 xOy 平面上的区域 D（图 9-3），它的面密度（单位面积上的质量）为 D 上的连续函数 $\mu(x, y)$，求该平面薄片的质量.

解 我们知道，对于质量分布均匀的薄片，即当 $\mu(x, y) \equiv \mu_0$（μ_0 为常数，$\mu_0 > 0$），该薄片的质量

$$m = \text{面密度} \times \text{薄片面积} = \mu_0 \sigma$$

现在薄片的面密度 $\mu(x, y)$ 在 D 上是变量，因而它的质量就不能用上面的公式计算，但是它仍可仿照求曲顶柱体体积的思想方法求得，简单地说，非均匀分布的平面薄片的质量，可以通过"分割、近似、求和、取极限"这四个步骤求得，具体作法如下.

（1）分割 将薄片（即区域 D）任意分成 n 个子域：$\Delta \sigma_1$、$\Delta \sigma_2$，$\cdots$，$\Delta \sigma_n$，并以 $\Delta \sigma_i (i = 1, 2, \cdots, n)$ 表示第 i 个子域的面积.

（2）近似 由于 $\mu(x, y)$ 在 D 上连续，因此当 $\Delta \sigma_i$ 的直径很小时，这个子域上的面密度的变化也很小，即其质量可近似看成是均匀分布的，于是在 $\Delta \sigma_i$ 上任取一点 (ξ_i, η_i)，第 i 块薄片的质量近似值为

$$\Delta m_i \approx \mu(\xi_i, \eta_i) \Delta \sigma_i$$

（3）求和 将这 n 个看成质量均匀分布的小块的质量相加得到整个平面薄片质量的近似值. 即

$$m = \sum_{i=1}^{n} \Delta m_i \approx \sum_{i=1}^{n} \mu(\xi_1, \eta_1) \Delta \sigma_i$$

（4）取极限 当 n 个子域的最大直径 $\lambda \to 0$ 时，上述和式的极限就是所求薄片的质量，即

$$m = \sum_{i=1}^{n} \mu(\xi_i, \eta_i) \Delta \sigma_i$$

二、二重积分的定义

上面两个问题虽然来自于不同的领域，但是它们解决问题的方法却是一样的，归结为求

二元函数在平面区域上和式的极限,在物理、力学、几何及工程技术中有许多问题都归结为求这种和式的极限,抽去它们的具体意义,就有如下的二重积分的定义:

定义 设二元函数 $z=f(x,y)$ 定义在有界闭区域 D 上,将区域 D 任意分成 n 个子域 $\Delta\sigma_i(i=1,2,\cdots,n)$,并以 $\Delta\sigma_i$ 表示第 i 个子域的面积。在 $\Delta\sigma_i$ 上任取一点 (ξ_i,η_i),作和 $\sum_{i=1}^{n}\mu(\xi_i,\eta_i)\Delta\sigma_i$。如果当各个子域的直径中的最大值 λ 趋于零时,此和式的极限存在,则称此极限为函数 $f(x,y)$ 在区域 D 上的二重积分,记为

$$\iint_D f(x,y)\mathrm{d}\sigma = \lim_{\lambda\to 0}\sum_{i=1}^{n}f(\xi_i,\eta_i)\Delta\sigma_i$$

这时,称 $f(x,y)$ 在区域 D 上可积,其中 $f(x,y)$ 称为被积函数,$\mathrm{d}\sigma$ 称为面积元素,D 称为积分域,$\iint$ 称为二重积分号.

与一元函数积分存在定理一样,如果 $f(x,y)$ 在有界闭区域 D 上连续,则无论 D 如何分法、点 (ξ_i,η_i) 如何取法,上述和式的极限一定存在,换句话说,在有界闭区域上连续的函数,一定可积(证明从略).以后,本书将假定所讨论的函数在有界区域上都是可积的.

根据二重积分的定义,曲顶柱体的体积就是柱体的高 $f(x,y)\geqslant 0$ 在底面区域 D 上的二重积分,即

$$V = \iint_D f(x,y)\mathrm{d}\sigma$$

非均匀分布的平面薄片的重量就是它的面密度函数 $\mu(x,y)$ 在薄片所占有的区域 D 上的二重积分,即

$$m = \iint_D \mu(x,y)\mathrm{d}\sigma$$

三、二重积分的几何意义

当 $f(x,y)\geqslant 0$ 时,二重积分 $\iint_D f(x,y)\mathrm{d}\sigma$ 的几何意义就是图 9-1 所示的曲顶柱体的体积;当 $f(x,y)\leqslant 0$ 时,柱体在 xOy 平面的下方,二重积分 $\iint_D f(x,y)\mathrm{d}\sigma$ 表示该柱体体积的相反值,即 $f(x,y)$ 的绝对值在 D 上的二重积分 $\iint_D |f(x,y)|\mathrm{d}\sigma$ 才是该曲顶柱体的体积;当 $f(x,y)$ 在 D 上有正负时,如果规定在 xOy 平面上方的柱体体积取正号,在 xOy 平面下方的柱体体积取负号,则二重积分 $\iint_D f(x,y)\mathrm{d}\sigma$ 的值就是它们上下方柱体体积的代数和.

四、二重积分的性质

二重积分具有下列的性质,以下所遇到的函数假定均可积.

性质 1 被积函数中的常数因子可以提到二重积分号的外面,即

$$\iint_D kf(x,y)\mathrm{d}\sigma = k\iint_D f(x,y)\mathrm{d}\sigma \quad (k\text{ 为常数})$$

性质 2 如果区域 D 被分成两个子区域 D_1 与 D_2,则在 D 上的二重积分等于各子区域 D_1,D_2 上的二重积分之和,即

$$\iint_D f(x,y)\mathrm{d}\sigma = \iint_{D_1} f(x,y)\mathrm{d}\sigma + \iint_{D_2} f(x,y)\mathrm{d}\sigma$$

这个性质表明二重积分对于积分区域上有可加性.

性质 3 如果在 D 上, $f(x,y) \leqslant g(x,y)$, 则
$$\iint_D f(x,y)\mathrm{d}\sigma \leqslant \iint_D g(x,y)\mathrm{d}\sigma$$

推论 函数在 D 上的二重积分的绝对值不大于函数的绝对值在 D 上的二重积分, 即
$$\left| \iint_D f(x,y)\mathrm{d}\sigma \right| \leqslant \iint_D |f(x,y)|\mathrm{d}\sigma$$

性质 4 如果 M, m 分别是函数 $f(x,y)$ 在 D 上的最大值与最小值, σ 为区域 D 的面积, 则
$$m\sigma \leqslant \iint_D f(x,y)\mathrm{d}\sigma \leqslant M\sigma$$

性质 5 (二重积分中值定理) 设函数 $f(x,y)$ 在有界闭区域 D 上连续, 记 σ 是 D 的面积, 则在 D 上至少存在一点 (ξ,η), 使得
$$\iint_D f(x,y)\mathrm{d}\sigma = f(\xi,\eta) \times \sigma$$

【思考题】 举例说明二重积分的几何意义.

【习题 9-1】

1. 设有一平板, 占有 xOy 平面上的区域 D, 已知平板上的压强分布为 $p(x,y)$, 且 $p(x,y)$ 在 D 上连续, 试给出平板上总压力 P 的二重积分表达式.
2. 设有一平面薄片 (不计其厚度), 占有 xOy 平面上的区域 D, 薄片上分布有密度为 $\mu(x,y)$ 在 D 上连续, 试求出薄片上电荷 Q 的二重积分表达式.
3. 试用二重积分表达下列曲顶柱体的体积, 并用不等式组表示曲顶柱体在 xOy 坐标面上的底.
    (1) 由平面 $\frac{x}{2} + \frac{y}{3} + \frac{z}{4} = 1, x=0, y=0, z=0$ 所围成的立体;
    (2) 由椭圆抛物面 $z = 2x^2 + y^2$ 及平面 $z=0$ 所围成的立体;
    (3) 由上半球面 $z = \sqrt{4-x^2-y^2}$、圆柱面 $x^2+y^2=1$ 及平面 $z=0$ 所围成的立体.
4. 利用二重积分的几何意义, 不经计算直接给出下列二重积分的值
    (1) $\iint_D \mathrm{d}\sigma, D: x^2+y^2 \leqslant 1$;
    (2) $\iint_D \sqrt{R^2-x^2-y^2}\mathrm{d}\sigma, D: x^2+y^2 \leqslant R^2$.
5. 设平面闭区域 D 关于 y 轴对称 [即, 若 $(x,y) \in D$, 则有 $(-x,y) \in D$], $f(x,y)$ 在 D 上连续, 且对 D 上的任意点满足:
    (1) $f(x,y) = -f(-x,y)$, 求 $\iint_D f(x,y)\mathrm{d}\sigma$;
    (2) $f(x,y) = f(-x,y)$, 求 $\iint_D f(x,y)\mathrm{d}\sigma$.

其中 D_1 是由 y 轴分割 D 所得到的一半区域.

第二节 二重积分的计算方法

按定义来计算二重积分显然是很困难的, 需要找一种实际可行的计算方法. 本节将首先介绍在直角坐标系中的计算方法, 然后再介绍在极坐标系中的计算法.

一、直角坐标系中的累次积分法

如果 $f(x,y) \geqslant 0$，那么二重积分 $\iint\limits_D f(x,y)\mathrm{d}\sigma$ 的值等于一个以 D 为底，以曲面 $z=f(x,y)$ 为顶的曲顶柱体的体积；用微元法解决二重积分的计算.

（1）设积分区域 D 可用不等式组表示为
$$\begin{cases} \varphi_1(x) \leqslant y \leqslant \varphi_2(x) \\ a \leqslant x \leqslant b \end{cases}$$

如图 9-4，下面用微元法来计算二重积分 $\iint\limits_D f(x,y)\mathrm{d}\sigma$ 所表示的柱体的体积.

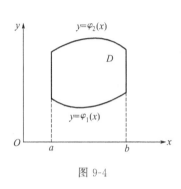

图 9-4

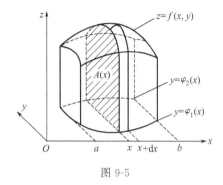

图 9-5

选 x 为积分变量，$x \in [a,b]$，任取子区间 $[x, x+\mathrm{d}x] \subset [a,b]$，设 $A(x)$ 表示过点 x 且垂直 z 轴的平面与曲顶柱体相交的截面的面积（见图 9-5），则曲顶柱体积 V 的微元 $\mathrm{d}V$
$$\mathrm{d}V = A(x)\mathrm{d}x$$
$$V = \int_a^b A(x)\mathrm{d}x$$

由图 9-5 可见，该截面是一个以区间 $[\varphi_1(x), \varphi_2(x)]$ 为底边，以曲线 $z = f(x,y)$（x 是固定的）为曲边的曲边梯形，其面积又可表示为
$$A(x) = \int_{\varphi_1(x)}^{\varphi_2(x)} f(x,y)\mathrm{d}y$$

将 $A(x)$ 代入上式，则曲顶柱体的体积
$$V = \int_a^b \mathrm{d}x \int_{\varphi_1(x)}^{\varphi_2(x)} f(x,y)\mathrm{d}y$$

于是，二重积分
$$\iint\limits_D f(x,y)\mathrm{d}\sigma = \int_a^b \mathrm{d}x \int_{\varphi_1(x)}^{\varphi_2(x)} f(x,y)\mathrm{d}y$$

由此看到，二重积分的计算可化为两次定积分来计算，第一次积分时，把 x 看作常数，对变量 y 积分，它的积分限一般地讲是 x 的函数；第二次是对变量 x 积分，它的积分限是常量，这种先对一个变量积分，然后再对另一个变量积分的方法，称为累次积分法，上式称为先对 y 积分（也称内积分 y）后对 x 积分（也称外积分 x）的累次积分公式，它通常也可写成
$$\iint\limits_D f(x,y)\mathrm{d}\sigma = \int_a^b \left[\int_{\varphi_1(x)}^{\varphi_2(x)} f(x,y)\mathrm{d}y \right] \mathrm{d}x$$

这结果也适用于一般情形.

（2）设积分区域 D 可用不等式组表示为

$$\begin{cases} \varphi_1(y) \leqslant x \leqslant \varphi_2(y) \\ c \leqslant y \leqslant d \end{cases}$$

见图 9-6，则用垂直于 y 轴的平面截曲顶柱体，可类似地得到曲顶柱体的体积

$$V = \int_c^d \left[\int_{\varphi_1(x)}^{\varphi_2(y)} f(x,y) \mathrm{d}x \right] \mathrm{d}y$$

于是，二重积分

$$\iint_D f(x,y) \mathrm{d}\sigma = \int_c^d \left[\int_{\varphi_1(y)}^{\varphi_2(y)} f(x,y) \mathrm{d}x \right] \mathrm{d}y$$

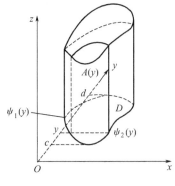

图 9-6

$$\iint_D f(x,y) \mathrm{d}\sigma = \int_c^d \mathrm{d}y \int_{\varphi_1(y)}^{\varphi_2(y)} f(x,y) \mathrm{d}x$$

不难发现，把二重积分化为累次积分，其关键是根据所给出的各积分域 D，定出两次定积分的上下限，其上下限的定法可用如下直观方法确定．

首先在 xOy 平面上画出曲线所围成的区域 D．

若是先对 y 积分后对 x 积分时，则把区域 D 投影到 x 轴上，得投影区间 $[a,b]$，这时 a 就是外积分变量 x 的下限，b 就是外积分变量 x 的上限；在 $[a,b]$ 上任意确定一个 x，过 x 画一条与 y 轴平行的直线，假定它与区域 D 的边界曲线（$x=a, x=b$ 可以除外）的交点总是不超过两个（称这种区域为凸域），且与边界曲线交点的纵坐标分别为 $y=\varphi_1(x)$ 和 $y=\varphi_2(x)$，如果 $\varphi_2(x) \geqslant \varphi_1(x)$，那么 $\varphi_1(x)$ 就对内积分变量 y 的下限，$\varphi_2(x)$ 就是内积分变量 y 对 y 积分的上限，图 9-7 是这个定限方法的示意图．

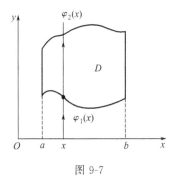

图 9-7

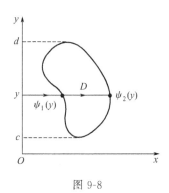

图 9-8

类似地，图 9-8 是先对 x 积分（内积分）后对 y 积分（外积分）时的定限示意图．

如果区域不属于凸域，我们就不能直接应用前述公式，这时可以用平行于 y 轴（或平行于 x 轴）的直线，把 D 分成若干个小区域，使每个小区域都属于凸域，那么 D 上的二重积

分就是这些小区域上的二重积分的和,例如,图 9-9 所示的区域 D,若先对 y 积分后对 x 积分,就要用如图所示的一条平行于 y 轴的虚线把 D 分割成 D_1, D_2, D_3 三部分.

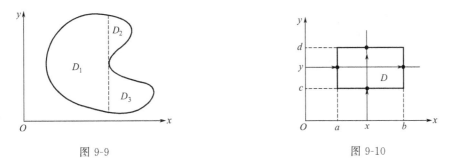

图 9-9　　　　　　　　　　　图 9-10

【例 3】 画出积分区域 D（图 9-10）,如果先对 y 积分后对 x 积分,则按照所述积分限确定法,有

$$\iint_D f(x,y)\mathrm{d}\sigma = \int_a^b \mathrm{d}x \int_c^d f(x,y)\mathrm{d}y$$

如果先对 x 积分后对 y 积分,则可得

$$\iint_D f(x,y)\mathrm{d}\sigma = \int_c^d \mathrm{d}y \int_a^b f(x,y)\mathrm{d}x$$

这个例子说明,边界分别与 x 轴、y 轴平行的矩形域上的累次积分,其内外积分上下限都是常数.

【例 4】 试将 $\iint_D f(x,y)\mathrm{d}\sigma$ 化为两种不同次序的累次积分,其中 D 是由 $y=x, y=2-x$ 和 x 轴所围成的区域.

解 首先画出积分区域 D（图 9-11）,并求出边界曲线的交点 $(1,1)$、$(0,0)$、$(2,0)$.

如果先对 y 积分后对 x 积分,则将积分区域 D 投影到 x 轴上得区间 $[0,2]$,0 与 2 就是对 x 积分的下限与上限,在 $[0,2]$ 上任取一点 x,过 x 作与 y 轴平行的直线,我们发现 x 在不同的区间 $[0,1]$ 和 $[1,2]$ 上与积分区域 D 的边界的交点不同,因此需要将积分区域 D 分成两个 D_1 和 D_2（图 9-11）,然后在 D_1 和 D_2 上分别化为累次积分.

$$\iint_{D_1} f(x,y)\mathrm{d}\sigma = \int_0^1 \mathrm{d}x \int_0^x f(x,y)\mathrm{d}y$$

$$\iint_{D_2} f(x,y)\mathrm{d}\sigma = \int_1^2 \mathrm{d}x \int_0^{2-x} f(x,y)\mathrm{d}y$$

最后,根据二重积分对积分区域的可加性的性质,可以得到

$$\iint_D f(x,y)\mathrm{d}\sigma = \iint_{D_1} f(x,y)\mathrm{d}\sigma + \iint_{D_2} f(x,y)\mathrm{d}\sigma$$
$$= \int_0^1 \mathrm{d}x \int_0^x f(x,y)\mathrm{d}y + \int_1^2 \mathrm{d}x \int_0^{2-x} f(x,y)\mathrm{d}y.$$

如果先对 x 积分后对 y 积分,则将积分区域 D 投影到 y 轴,得区间 $[0,1]$,0 与 1 就是对 y 积分的下限与上限,在 $[0,1]$ 上任意取一点 y,过 y 作与 x 轴平行的直线与积分区域 D 的边界交两点 $x=y$ 与 $x=2-y$,y 就是对 x 积分的下限,$2-y$ 就是对 x 积分的上限（图 9-12）,所以

$$\iint_D f(x,y)\mathrm{d}\sigma = \int_0^1 \mathrm{d}y \int_0^{2-y} f(x,y)\mathrm{d}x .$$

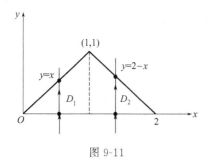

图 9-11

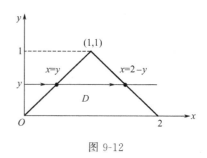

图 9-12

例 4 表明，恰当地选择积分次序，有时能使计算比较简便，关于这一点，请读者在计算二重积分时予以注意。

【例 5】 计算二重积分 $\iint\limits_{D} xy\,\mathrm{d}\sigma$，其中 D 是抛物线 $y^2 = x$ 与直线 $y = x - 2$ 所围成的区域。

解 画出积分域 D（图 9-13），并求出边界曲线的交点 $(1, -1)$ 及 $(4, 2)$，由图可见，先对 x 积分（内积分）后对 y 积分（外积分）较为简便。

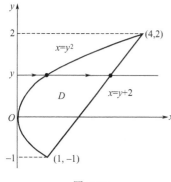

图 9-13

根据定限示意图 9-13，有

$$\iint\limits_{D} xy\,\mathrm{d}\sigma = \int_{-1}^{2} \mathrm{d}y \int_{y^2}^{y+2} xy\,\mathrm{d}x$$

$$= \int_{-1}^{2} \left[\frac{x^2}{2} y \right]_{y^2}^{y-2} \mathrm{d}y$$

$$= \frac{1}{2} \int_{-1}^{2} [y(y+2)^2 - y^5] \mathrm{d}y$$

$$= \frac{1}{2} \left[\frac{y^4}{4} + \frac{4}{3} y^3 + 2y^2 - \frac{y^6}{6} \right]_{-1}^{2}$$

$$= 5\frac{5}{8}$$

在例 5 中，如果对 y 积分（内积分）后对 x 积分（外积分），应如何计算这个二重积分？请读者思考，并自行写出累次积分式。

【例 6】 计算 $\iint\limits_{D} \mathrm{e}^{-y^2}\mathrm{d}\sigma$，其中 D 是由直线 $y = x, y = 1$ 与 y 轴所围成。

解 画出积分区域 D，作定限示意图（图 9-14），并求出边界曲线的交点 $(1, 1), (0, 0)$ 及 $(0, 1)$。

由图可见，这个二重积分采用哪一种积分次序，都不会出现积分区域 D 分块计算的情形，但是，如果先对 y 积分（内积分）后对 x 积分（外积分），e^{-y^2} 就无法积分（它的原函数不是初等函数），因此只能采用先对 x 积分（内积分）后对 y 积分（外积分）的积分次序进行计算。

由定限示意图 9-14，有

$$\iint\limits_{D} \mathrm{e}^{-y^2}\mathrm{d}\sigma = \int_{0}^{1} \mathrm{d}y \int_{0}^{y} \mathrm{e}^{-y^2} \mathrm{d}x$$

$$= \int_{0}^{1} [\mathrm{e}^{-y^2} x]_{0}^{y} \mathrm{d}y$$

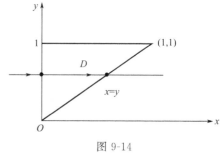

图 9-14

$$= \int_0^1 y e^{-y^2} \mathrm{d}y = -\frac{1}{2}\left[e^{-y^2}\right]_0^1$$

$$= \frac{1}{2}(1 - e^{-1})$$

综上所述,积分次序的选择,不仅要看积分区域的特征,还要考虑到被积函数的特点,原则是既要使计算能进行,又要使计算尽可能地简便,这需要读者通过自己的实践,逐渐灵活地掌握.

*二、极坐标系中的累次积分法

前面已经介绍了二重积分在直角坐标系中的计算方法,但是对某些被积函数和某些积分域用极坐标计算会比较简便,下面来研究二重积分在极坐标系中的累次积分法.

显然,将二重积分 $\iint\limits_D f(x,y)\mathrm{d}\sigma$ 化为极坐标形式,会遇到两个问题:一个问题是如何把被积分函数 $f(x,y)$ 化为极坐标形式;另一个问题是如何把面积元素 $\mathrm{d}\sigma$ 化为极坐标形式.

第一个问题是容易解决的,如果选取极点 O 为直角坐标系的原点,极轴为 x 轴的正半轴,则有直角坐标与极坐标的关系

$$\begin{cases} x = r\cos\theta \\ y = r\sin\theta \end{cases}$$

即有

$$f(x,y) = f(r\cos\theta, r\sin\theta)$$

为了解决第二个问题,先考虑在直角坐标系中面积元素 $\mathrm{d}\sigma$ 的表达形式,因为在二重积分的定义中积分区域 D 的分割是任意的,所以直角坐标系中,可以用平行于 x 轴和平行于 y 轴的两族直线,即 $x =$ 常数和 $y =$ 常数,把积分区域 D 分割成许多子域,这些子域除了靠边界曲线的一些子域外,绝大多数的都是矩形域(图 9-15),(当分割更细时,这些不规则子域的面积之和趋向于 0,所以不必考虑)于是,图 9-15 中阴影所示的小矩形 $\Delta\sigma_i$ 的面积为

$$\Delta\sigma_i = \Delta x_j \cdot \Delta y_k$$

因此,在直角坐标系中的面积元素可记为

$$\mathrm{d}\sigma = \mathrm{d}x\mathrm{d}y$$

而二重积分可记为

$$\iint\limits_D f(x,y)\mathrm{d}\sigma = \iint\limits_D f(x,y)\mathrm{d}x\mathrm{d}y$$

与此相类似,在极坐标系中,可以用 $\theta =$ 常数和 $r =$ 常数的两族曲线,即一族从极点出发的射线与另一族圆心在极点的同心圆,把积分区域 D 分割成许多子域,这些子域除了靠边界线的一些子域外,绝大多数的都是扇形域(图 9-16),(当分割更细时,这些不规则子域的面积之和趋向于 0,所以不必考虑),于是,图 9-16 中阴影所示的子域的面积近似等于以 $r\mathrm{d}\theta$ 为长,$\mathrm{d}r$ 为宽的矩形面积,因此在极坐标系中的面积元素可记为 $r\mathrm{d}\theta\mathrm{d}r$.

注意面积元素 $\mathrm{d}\sigma$ 的极坐标形式中有一个因子 r,请读者在运用中切勿遗漏!

怎样把二重积分的极坐标形式化为累次积分?因为在极坐标系中,区域 D 的边界曲线方程,通常总是用 $r = r(\theta)$ 来表示,所以一般是选择先对 r 积分(内积分)后对 θ 积分(外积分)的次序.

实际计算中,分两种情形来考虑.

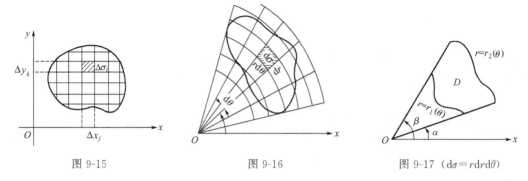

图 9-15　　　　　　　图 9-16　　　　　　图 9-17（$d\sigma = rdrd\theta$）

(1) 如果原点在积分区域 D 内，且边界方程 $r = r(\theta)$（图 9-18），这时积分区域为：
$$D: \begin{cases} 0 \leqslant r \leqslant r(\theta) \\ 0 \leqslant \theta \leqslant 2\pi \end{cases}$$

则二重积分的累次积分为

$$\iint\limits_D f(r\cos\theta, r\sin\theta) r dr d\theta = \int_0^{2\pi} \left[\int_0^{r(\theta)} f(r\cos\theta, r\sin\theta) r dr \right] d\theta$$

或写为

$$\iint\limits_D f(r\cos\theta, r\sin\theta) r dr d\theta = \int_0^{2\pi} d\theta \int_0^{r(\theta)} f(r\cos\theta, r\sin\theta) r dr$$

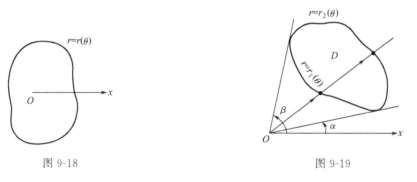

图 9-18　　　　　　　　　　　图 9-19

(2) 如果坐标原点不在积分区域 D 内部，则从原点作两条射线 $\theta = \alpha$ 和 $\theta = \beta (\alpha \leqslant \beta)$（图 9-17，图 9-19），$\alpha, \beta$ 分别是对 θ 积分（外积分）的下限和上限，在 α 和 β 之间作任一条射线与积分区域 D 的边界交点，它们的极径分别为 $r = r_1(\theta), r = r_2(\theta)$，假定 $r_1(\theta) \leqslant r_2(\theta)$，那么 $r_1(\theta)$ 与 $r_2(\theta)$ 分别是对 r 积分（内积分）下限与上限，这时积分区域为：
$$D: \begin{cases} r_1(\theta) \leqslant r \leqslant r_2(\theta) \\ \alpha \leqslant \theta \leqslant \beta \end{cases}$$

即

$$\iint\limits_D f(r\cos\theta, r\sin\theta) r dr d\theta = \int_\alpha^\beta \int_{r_1(\theta)}^{r_2(\theta)} f(r\cos\theta, r\sin\theta) r dr$$

【例 7】 把 $\iint\limits_D f(x, y) d\sigma$ 化为极坐标系中的累次积分，其中积分区域 D 是由圆 $x^2 +$

$y^2=2Ry$ 所围成的区域.

解 在极坐标系中画出积分区域 D（图 9-20），并把 D 的边界曲线 $x^2+y^2=2Ry$ 化为极坐标方程，即为
$$r=2R\sin\theta$$

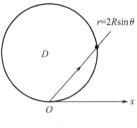

图 9-20

从定限示意图 9-20 看到原点不在积分区域 D 内部，作射线 $\theta=0$ 与 $\theta=\pi$，在 $[0,\pi]$ 中任作射线与积分区域 D 边界交两点 $r_1=0, r_2=2R\sin\theta$，得积分区域为：
$$D: \begin{cases} 0 \leqslant r \leqslant 2R\sin\theta \\ 0 \leqslant \theta \leqslant \pi \end{cases}$$

所示

$$\iint_D f(x,y)d\sigma = \iint_D f(r\cos\theta, r\sin\theta) r dr d\theta$$
$$= \int_0^\pi d\theta \int_0^{2R\sin\theta} f(r\cos\theta, r\sin\theta) r dr.$$

【思考题】 举例说明把二重积分化为累次积分的具体过程.

【习题 9-2】

1. 化二重积分 $I = \iint_D f(x,y)d\sigma$ 为累次积分（用两种不同的次序），其中积分区域 D 是：

   (1) 由 $1 \leqslant x \leqslant 2, 0 \leqslant y \leqslant \frac{\pi}{2}$ 所围成的区域；
   (2) 由直线 $y=x$ 及抛物线 $y^2=4x$ 所围成的区域；
   (3) 由 $x^2+y^2 \leqslant 2y$ 所围成的区域；
   (4) 由直线 $y=x, y=2x$ 及双曲线 $xy=2$ 所围成的第一象限部分的区域.

2. 画出下列累次积分所表示的二重积分区域并交换其积分次序：

   (1) $\int dx \int_0^{\sqrt{x^2-y^2}} f(x,y)dy$； (2) $\int_0^{\frac{1}{2}} dx \int_x^{1-x} f(x,y)dy$；
   (3) $\int_0^4 dy \int_{-\sqrt{4-y}}^{\frac{1}{2}(y-4)} f(x,y)dx$； (4) $\int_0^1 dy \int_0^{2x} f(x,y)dx + \int_1^3 dy \int_0^{3-y} f(x,y)dx$.

3. 画出下列二重积分的积分区域并计算之：

   (1) $\int_0^4 e^{x-y} d\sigma, D: |x| \leqslant 1, |y| \leqslant 1$； (2) $\iint_D \left(\frac{x}{y}\right)^2 d\sigma, D$ 由 $y=x, xy=1, x=2$ 所围成；
   (3) $\iint_D \left(\frac{x}{y}\right)^2 d\sigma, D: |x|+|y| \leqslant 1$； (4) $\iint_D \frac{\sin y}{y} d\sigma, D$ 是由 $y=x, x=0, y=\frac{\pi}{2}, y=\pi$ 围成.

4. 画出下列积分区域 D，把二重积分 $I = \iint_D f(x,y)d\sigma$ 化为极坐标中的累次积分[先对 r 积分（内积分）后对 θ 积分（外积分）].

   (1) D 由 $x^2+y^2 \leqslant 2x$ 所围成的区域； (2) D 由 $y=\sqrt{R^2-x^2}, y=\pm x$ 围成的区域；

(3) D 由 $2x \leqslant x^2+y^2 \leqslant 4$ 所围成的区域.

5. 画出下列二重积分积分区域 D，并计算之：

(1) $\iint\limits_{D} \ln(1+x^2+y^2)\mathrm{d}\sigma, D: x^2+y^2 \leqslant R^2, x \geqslant 0, y \geqslant 0$；

(2) $\iint\limits_{D} \sin\sqrt{x^2+y^2}\mathrm{d}\sigma, D: x^2+y^2 \leqslant 1$；

(3) $\iint\limits_{D} \sqrt{R^2-x^2-y^2}\mathrm{d}\sigma, D: x^2+y^2 \leqslant Rx$；

(4) $\iint\limits_{D} \arctan\dfrac{y}{x}\mathrm{d}\sigma, D: 1 \leqslant x^2+y^2 \leqslant 4, y \geqslant 0, y \leqslant x$；

(5) $\iint\limits_{D} \dfrac{x+y}{x^2+y^2}\mathrm{d}\sigma, D: x^2+y^2 \leqslant 1, x+y \geqslant 1$.

*第三节　二重积分的应用

根据二重积分的几何意义，可以知道，当 $f(x,y) \geqslant 0$ 时，以 D 为底，曲面 $z=f(x,y)$ 为顶的曲顶柱体的体积等于 $\iint\limits_{D} f(x,y)\mathrm{d}\sigma$；当 $f(x,y) \leqslant 0$ 时，该曲顶柱体的体积为 $-\iint\limits_{D} f(x,y)\mathrm{d}\sigma$，现用上述结论解决以下问题.

【例 8】 求由旋转抛物面 $z=6-x^2-y^2$ 与 xOy 坐标平面所围的立体的体积.

解 由图 9-21 可见，该立体是以曲面 $z=6-x^2-y^2$ 为顶，$x^2+y^2=6$ 为底的曲顶柱体，再利用对称性，得

$$V = 4\iint\limits_{D}(6-x^2-y^2)\mathrm{d}\sigma$$

其中积分区域 D 见图 9-22，用极坐标计算较为方便

$$V = 4\int_{0}^{\frac{\pi}{2}}\mathrm{d}\theta\int_{0}^{\sqrt{6}}(6-r^2)r\mathrm{d}r = 18\pi$$

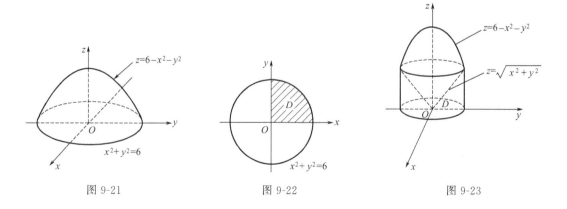

图 9-21　　　　图 9-22　　　　图 9-23

【例 9】 求由锥面 $z = \sqrt{x^2 + y^2}$ 及旋转抛物面 $z = 6 - x^2 - y^2$ 所围成的立体的体积.

解 画出该立体的图形(图 9-23)，求出这两个曲面的交线 $\begin{cases} z = \sqrt{x^2 + y^2} \\ z = 6 - x^2 - y^2 \end{cases}$ 在 xOy 坐标面上的投影曲线为 $\begin{cases} x^2 + y^2 = 4 \\ z = 0 \end{cases}$.

它是所求立体在 xOy 坐标面上的投影区域 D 的边界曲线，由图 9-23 可见，所求立体的体积 V 可以看作以 $z = 6 - x^2 - y^2$ 为顶、以 D 为底的曲顶柱体的体积 V_2 减去以 $z = \sqrt{x^2 + y^2}$ 为顶、在同一底上的曲顶柱体的体积 V_1 所得，即

$$V = V_2 - V_1$$
$$= \iint_D (6 - x^2 - y^2) d\sigma - \iint_D \sqrt{x^2 + y^2} d\sigma$$
$$= \iint_D (6 - x^2 - y^2 - \sqrt{x^2 + y^2}) d\sigma$$

显然，这个二重积分放在极坐标系中计算比较简单，即有

$$V = \iint_D (6 - r^2 - r) r \, dr \, d\theta = \int_0^{2\pi} d\theta \int_0^2 (6 - r^2 - r) r \, dr$$
$$= 2\pi \int_0^2 (6r - r^3 - r^2) dr = \frac{32}{3}\pi$$

【思考题】 举例说明二重积分在几何或实际当中的具体应用.

【习题 9-3】

1. 求下列曲面所围成的立体的体积：
   (1) $x = 0, y = 0, z = 0, z = 2, y = 3, x + y + z = 4$；
   (2) $z = \frac{1}{4}(x^2 + y^2), z = 6 - 2x^2 - y^2$；
   (3) $z = x^2 + 2y^2, z = 6 - 2x^2 - y^2$；
   (4) $z^2 = x^2 + y^2, z = \sqrt{8 - x^2 - y^2}$.

2. 一个半径为 a 的金属球，中心被对称地钻上一个半径为 b 的圆柱形洞孔（$a > b$），求金属球被钻掉部分的体积.

【复习题九】

一、填空题

1. 设 D 为闭区域：$x^2 + y^2 \leqslant a^2$，当 $a = $ _____ 时，$\iint_D \sqrt{a^2 - x^2 - y^2} d\sigma = \pi$.

2. 交换累次积分的积分次序，则 $\int_0^1 dx \int_0^{1-x} f(x, y) dy = $ _____.

3. 把二重积分 $I = \int_0^2 dy \int_0^{\sqrt{2y - y^2}} f(x, y) dx$ 化为极坐标下的形式，则 $I = $ _____.

4. 设有平面 $x = 1, x = -1, y = 1, y = -1$ 围成的柱面，被坐标平面 $z = 0$ 及平面 $x + y + z = 3$ 所截，则截得的立体体积为 _____.

5. 设环形域 $D: 4 \leqslant x^2 + y^2 \leqslant 16$，则 $\iint_D x \, dx \, dy = $ _____.

6. 交换积分次序 $\int_0^1 dx \int_0^{x^2} f(x, y) dy + \int_1^2 dx \int_0^{\sqrt{1-(x-1)^2}} f(x, y) dy$ 为 _____.

二、选择题

1. 设 $I = \iint\limits_{D} \sqrt[3]{x^2+y^2-1}\,d\sigma$，其中 D 是圆环：$1 \leqslant x^2+y^2 \leqslant 2$ 所确定的闭区域，则必有（　　）.

   A. $I>0$ 　　B. $I<0$ 　　C. $I=0$ 　　D. $I\neq 0$，但符号不确定

2. 设积分区域 D 是由曲线 $y=0, y=\sqrt{2-x^2}$ 所围成的平面区域，则 $\iint\limits_{D} 2\,d\sigma = (\quad)$.

   A. π 　　B. 2π 　　C. $\dfrac{\pi}{2}$ 　　D. 4π

3. 交换累次积分 $\int_0^1 dy \int_0^{\sqrt{1-y}} f(x,y)\,dx$ 的积分次序后的结果（　　）.

   A. $\int_0^1 dx \int_0^{\sqrt{1-x}} f(x,y)\,dy$　　　　B. $\int_0^{\sqrt{1-y}} dx \int_0^1 f(x,y)\,dy$

   C. $\int_0^1 dx \int_0^{1-x^2} f(x,y)\,dy$　　　　D. $\int_0^1 dx \int_0^{1+x^2} f(x,y)\,dy$

4. 设区域 $D = \{(x,y) \mid x^2+y^2 \leqslant a^2, a>0, y \geqslant 0\}$，则 $\iint\limits_{D}(x^2+y^2)\,dxdy$ 等于（　　）.

   A. $\int_0^{\pi} d\theta \int_0^a r^3\,dr$ 　　B. $\int_0^{\pi} d\theta \int_0^a r^2\,dr$ 　　C. $\int_{-\frac{\pi}{2}}^{\frac{\pi}{2}} d\theta \int_0^a r^3\,dr$ 　　D. $\int_{-\frac{\pi}{2}}^{\frac{\pi}{2}} d\theta \int_0^a r^2\,dr$

5. 二重积分 $\iint\limits_{D} xy\,dxdy$（其中 $D: 0 \leqslant y \leqslant x^2, 0 \leqslant x \leqslant 1$）的值为（　　）.

   A. $\dfrac{1}{6}$ 　　B. $\dfrac{1}{12}$ 　　C. $\dfrac{1}{2}$ 　　D. $\dfrac{1}{4}$

三、计算下列二重积分

1. $\iint\limits_{D} xy\,dxdy$，$D$：由 $y = \dfrac{1}{2}x^2 - 1, y = -x+3$ 围成的区域；

2. $\iint\limits_{D} \sqrt{1-x^2-y^2}\,dxdy$，$D$：由 $x \geqslant 0, y \geqslant 0, x^2+y^2 \leqslant 1$ 所围成的区域；

3. $\iint\limits_{D} \arctan\dfrac{y}{x}\,dxdy$，$D$：由 $1 \leqslant x^2+y^2 \leqslant 4$ 和 $y=x, x=0$ 所围成的区域；

4. $\int_0^1 dx \int_x^1 e^{y^2}\,dy$；

5. $\iint\limits_{D} \dfrac{y^2}{x^2}\,dxdy$，其中 D 是由 $xy=1, y^2=x, y=2$ 所围成的区域.

第十章 无穷级数

无穷级数的理论是在生产实践和科学实验的推动下形成和发展起来的. 它是研究函数及进行数值计算的一种重要工具. 本章主要学习数项级数和函数项级数. 首先研究数项级数的一些基本内容, 然后讨论函数项级数的基本理论, 再给出幂级数的一些基本结论.

第一节 数项级数的概念及其基本性质

一、数项级数的概念

定义 设给定一个数列
$$u_1, u_2, \cdots, u_n, \cdots,$$
则用加号连接所得的式子
$$u_1 + u_2 + \cdots + u_n + \cdots$$
称为常数项无穷级数, 简称数项级数, 记为 $\sum_{n=1}^{\infty} u_n$, 即
$$\sum_{n=1}^{\infty} u_n = u_1 + u_2 + \cdots + u_n + \cdots$$
其中 u_n 称为级数的第 n 项, 也称一般项或通项.

例如,
$$\sum_{n=1}^{\infty} \frac{1}{3^n} = \frac{1}{3} + \frac{1}{3^2} + \frac{1}{3^3} + \cdots + \frac{1}{3^n} + \cdots$$
$$\sum_{n=1}^{\infty} (-1)^{n-1} = 1 + (-1) + 1 + (-1) + \cdots + (-1)^{n-1} + \cdots$$
$$\sum_{n=1}^{\infty} (-1)^{n-1} \frac{1}{n} = 1 - \frac{1}{2} + \frac{1}{3} - \frac{1}{4} + \cdots + (-1)^{n-1} \frac{1}{n} + \cdots$$ 都是数项级数.

简单地说, 数项级数就是无穷多个数相加的和式. 有限多个数相加, 其和是确定的, 但无穷多个数相加与有限多个数相加有本质的不同, 无穷多个数相加是否也有和数呢? 为此下面可以从有限项的和出发再经过极限过程来讨论无限项的情形.

级数前 n 项的和
$$S_n = u_1 + u_2 + u_3 + \cdots + u_n$$
称为级数的前 n 项部分和. 当 n 依次取 $1, 2, 3\cdots$ 时, 则得到级数部分和数列 $\{S_n\}$:
$$S_1 = u_1$$
$$S_2 = u_1 + u_2$$
$$\cdots\cdots\cdots\cdots\cdots$$
$$S_n = u_1 + u_2 + u_3 + \cdots + u_n$$
$$\cdots\cdots\cdots\cdots\cdots\cdots\cdots$$

定义 如果 $n \to \infty$ 时，级数 $\sum_{n=1}^{\infty} u_n$ 的部分和数列 $\{S_n\}$ 有极限 S，即 $\lim_{n \to \infty} S_n = S$，则称级数 $\sum_{n=1}^{\infty} u_n$ 收敛，并称 S 为级数 $\sum_{n=1}^{\infty} u_n$ 的和．即

$$S = u_1 + u_2 + \cdots + u_n + \cdots = \sum_{n=1}^{\infty} u_n$$

如果 $n \to \infty$ 时，级数 $\sum_{n=1}^{\infty} u_n$ 的部分和数列 $\{S_n\}$ 没有极限，则称级数 $\sum_{n=1}^{\infty} u_n$ 发散，发散的级数，其和不存在．

当级数收敛时，其和 S 与前 n 项部分和 S_n 之差称为级数 $\sum_{n=1}^{\infty} u_n$ 的余项，记为 r_n，即

$$r_n = S - S_n = u_{n+1} + u_{n+2} + \cdots$$

用级数的部分和 S_n 作为级数的和 S 的近似值时，其误差是 $|r_n|$．这是能借助级数作近似计算的依据．

【例1】 讨论等比级数（又称几何级数）．

$$\sum_{n=1}^{\infty} aq^n = a + aq + aq^2 + \cdots + aq^{n-1} + \cdots \quad (a \neq 0 \text{ 且是与 } n \text{ 无关的常数})$$

的敛散性，其中 $a \neq 0$，q 叫做等比级数公比．

解 由于 $S_n = a + aq + aq^2 + \cdots + aq^{n-1}$，

所以，当 $q = 1$ 时，$S_n = na \to \infty (n \to \infty)$，级数发散；

当 $q = -1$ 时，$S_n = \begin{cases} 0, & n \text{ 为偶数} \\ a, & n \text{ 为奇数} \end{cases}$，因 $a \neq 0$，数列 $\{S_n\}$ 的极限不存在，级数发散；

当 $|q| < 1$ 时，$\lim_{n \to \infty} S_n = \lim_{n \to \infty} \dfrac{a(1-q^n)}{1-q} = \dfrac{a}{1-q}$，级数收敛，且以 $\dfrac{a}{1-q}$ 为和；

当 $|q| > 1$ 时，因为 $\lim_{n \to \infty} q^n = \infty$，所以 $\lim_{n \to \infty} S_n = \lim_{n \to \infty} \dfrac{a(1-q^n)}{1-q} = \infty$，级数发散．

综合上面的讨论，等比级数 $\sum_{n=1}^{\infty} aq^n$（$a \neq 0$ 且是与 n 无关的常数）当 $|q| < 1$ 时收敛，其和为 $\dfrac{a}{1-q}$；当 $|q| \geq 1$ 时发散．

【例2】 判断级数 $\sum_{n=1}^{\infty} \dfrac{1}{n(n+1)}$ 的敛散性．

解 由于 $\dfrac{1}{n(n+1)} = \dfrac{1}{n} - \dfrac{1}{n+1}$，因此部分和

$$\begin{aligned} S_n &= \dfrac{1}{1 \cdot 2} + \dfrac{1}{2 \cdot 3} + \dfrac{1}{3 \cdot 4} + \cdots + \dfrac{1}{n(n+1)} \\ &= \left(1 - \dfrac{1}{2}\right) + \left(\dfrac{1}{2} - \dfrac{1}{3}\right) + \left(\dfrac{1}{3} - \dfrac{1}{4}\right) + \left(\dfrac{1}{4} - \dfrac{1}{5}\right) + \cdots + \left(\dfrac{1}{n} - \dfrac{1}{n+1}\right) \\ &= 1 - \dfrac{1}{n+1} \end{aligned}$$

而 $\lim_{n \to \infty} S_n = \lim_{n \to \infty} \left(1 - \dfrac{1}{n+1}\right) = 1$

所以级数 $\sum_{n=1}^{\infty} \dfrac{1}{n(n+1)}$ 收敛，其和为 1．

二、无穷级数的基本性质

性质 1 一个级数的各项同乘以一个不为零的常数得到的新级数,其敛散性与原级数的敛散性相同.

即 $\sum_{n=1}^{\infty} u_n$ 与 $\sum_{n=1}^{\infty} ku_n$(k 为不为零的常数)具有相同的敛散性.特别是当 $\sum_{n=1}^{\infty} u_n = S$ 时,$\sum_{n=1}^{\infty} ku_n = kS$.

性质 2 两个收敛的级数逐项相加(或相减)所得的级数仍收敛,且其和为原两个收敛级数的和(或差).

即若 $\sum_{n=1}^{\infty} u_n$ 收敛于 S,$\sum_{n=1}^{\infty} v_n$ 收敛于 σ,则 $\sum_{n=1}^{\infty} (u_n \pm v_n) = S \pm \sigma$.

性质 3 一个级数增加或减少有限项,得到的新级数与原级数有相同的敛散性.

性质 4 (级数收敛的必要条件) 若级数 $\sum_{n=1}^{\infty} u_n$ 收敛,则当 $n \to \infty$ 时,它的通项 u_n 一定趋于零.即

$$\lim_{n \to \infty} u_n = 0.$$

【例 3】 判断级数的敛散性:$\sum_{n=1}^{\infty} \frac{2n}{3n+1}$.

解 因为 $\lim_{n \to \infty} u_n = \lim_{n \to \infty} \frac{2n}{3n+1} = \frac{2}{3} \neq 0$,所以根据性质 4 知,级数 $\sum_{n=1}^{\infty} \frac{2n}{3n+1}$ 发散.

【习题 10-1】

1. 写出下列级数的前五项.

    (1) $\sum_{n=1}^{\infty} \frac{1 \cdot 3 \cdot 5 \cdots (2n-1)}{2 \cdot 4 \cdot 6 \cdots (2n)}$; (2) $\sum_{n=2}^{\infty} \frac{1+n}{1+n^2}$.

2. 写出下列级数的通项.

    (1) $\frac{2}{1} - \frac{3}{2} + \frac{4}{3} - \frac{5}{4} + \frac{6}{5} - \cdots$;

    (2) $\frac{1}{1 \times 4} + \frac{a}{4 \times 7} + \frac{a^2}{7 \times 10} + \frac{a^3}{10 \times 13} + \frac{a^4}{13 \times 16} + \cdots$.

第二节 数项级数的审敛法

判断级数是否收敛,可以根据定义看部分和数列是否有极限,这种方法不仅能判断级数是否收敛同时也能求出收敛级数的和.但是部分和的极限一般很难求,况且有时只需了解级数的敛散性,并不一定需要求出级数的和.因此,需要找出一些较简单的判断级数敛散性的方法.

定义 如果级数 $\sum_{n=1}^{\infty} u_n$ 中的每一项都是非负的,即 $u_n \geq 0 (n \in N)$,则称级数 $\sum_{n=1}^{\infty} u_n$ 为正项级数.

正项级数是一类特殊的级数,显然正项级数 $\sum_{n=1}^{\infty} u_n$ 的部分和数列 $\{S_n\}$ 是单调增加的,

于是有两种可能情形：

(1) $\{S_n\}$ 无界，即 $\lim\limits_{n\to\infty} S_n = +\infty$，此时级数 $\sum\limits_{n=1}^{\infty} u_n$ 发散；

(2) $\{S_n\}$ 有界，因为单调有界数列必有极限，即 $\lim\limits_{n\to\infty} S_n$ 存在，所以级数 $\sum\limits_{n=1}^{\infty} u_n$ 收敛.

反之如果级数 $\sum\limits_{n=1}^{\infty} u_n$ 收敛，即 $\lim\limits_{n\to\infty} S_n$ 存在，则 $\{S_n\}$ 有界.

因此得到正项级数收敛的充要条件.

定理 1 正项级数 $\sum\limits_{n=1}^{\infty} u_n$ 收敛的充要条件是它的部分和数列 $\{S_n\}$ 有界.

需要指出的是部分和数列 $\{S_n\}$ 有界仅是一般项级数收敛的必要而不充分条件. 例如级数 $\sum\limits_{n=1}^{\infty} (-1)^{n-1}$ 的部分和数列有界，但该级数是发散的.

虽然定理 1 给出了正项级数收敛的充要条件，但是直接应用定理 1 来判定正项级数是否收敛，仍需要求出级数的部分和数列，并需要判断部分和数列是否是有界的，这往往也不太方便. 但是根据定理 1，可以得到如下常用且简便的正项级数的审敛法.

一、比较审敛法

定理 2 （第一比较审敛法）设有两个正项级数 $\sum\limits_{n=1}^{\infty} u_n$ 和 $\sum\limits_{n=1}^{\infty} v_n$. 如果 $u_n \leqslant v_n (n=1,2,3\cdots)$ 成立，那么：(1) 若级数 $\sum\limits_{n=1}^{\infty} v_n$ 收敛，则级数 $\sum\limits_{n=1}^{\infty} u_n$ 也收敛；

(2) 若级数 $\sum\limits_{n=1}^{\infty} u_n$ 发散，则级数 $\sum\limits_{n=1}^{\infty} v_n$ 也收敛.

这个定理叫做比较审敛法. 由定理 1 容易证得定理 2，这里不具体证明了. 定理 2 的要点是要把判断的级数与已知敛散性的级数利用通项加以比较.

定理 3 （第二比较审敛法）设有正项级数 $\sum\limits_{n=1}^{\infty} u_n$ 和 $\sum\limits_{n=1}^{\infty} v_n$. 如果 $\lim\limits_{n\to\infty} \dfrac{u_n}{v_n} = l$，$(0 < l < +\infty, v_n \neq 0)$，那么这两个级数的敛散性相同.

证明从略.

【例 4】 判断级数 $\sum\limits_{n=1}^{\infty} \dfrac{n+1}{n^3+n+3}$ 的敛散性.

解 因为 $u_n = \dfrac{n+1}{n^3+n+3}$，取 $v_n = \dfrac{1}{n^2}$，于是 $\lim\limits_{n\to\infty} \dfrac{u_n}{v_n} = \lim\limits_{n\to\infty} \dfrac{n^3+n^2}{n^3+n+3} = 1$，又因为级数 $\sum\limits_{n=1}^{\infty} \dfrac{1}{n^2}$ 是 $p=2>1$ 的 p-级数，是收敛的，所以，由比较审敛法知级数 $\sum\limits_{n=1}^{\infty} \dfrac{n+1}{n^3+n+3}$ 收敛.

上面介绍的比较审敛法，它的基本思想是通常把 p-级数或已知敛散性的级数作为比较对象，通过比较对应项的大小，来判断给定级数的敛散性，但有时不易找到作比较的 p-级数或已知敛散性的级数. 下面介绍的比值审敛法就是从正项级数本身出发判断级数的敛散性，不再需要找出已知敛散性的级数，这对于判断某些正项级数的敛散性有很大方便.

二、比值审敛法

定理 4（比值审敛法） 设有正项级数 $\sum\limits_{n=1}^{\infty} u_n$，如果极限

$$\lim_{n\to\infty}\frac{u_{n+1}}{u_n}=l$$

存在，那么（1）当 $l<1$ 时，级数 $\sum_{n=1}^{\infty}u_n$ 收敛；（2）当 $l>1$ 时，级数 $\sum_{n=1}^{\infty}u_n$ 发散；（3）当 $l=1$ 时，级数 $\sum_{n=1}^{\infty}u_n$ 可能收敛，也可能发散.

【例 5】 判断级数 $\sum_{n=1}^{\infty}\frac{n}{2^n}$ 的收敛性.

解 因为 $u_n=\frac{n}{2^n}$，于是

$$\lim_{n\to\infty}\frac{u_{n+1}}{u_n}=\lim_{n\to\infty}\left[\frac{n+1}{2^{n+1}}\Big/\frac{n}{2^n}\right]=\lim_{n\to\infty}\frac{n+1}{2n}=\frac{1}{2}<1，由比值审敛法知，级数 \sum_{n=1}^{\infty}\frac{n}{2^n} 收敛.$$

一般地，当正项级数的通项中出现 a^n 或 $n!$ 等形式时，采用比值审敛法来判断其敛散性比较方便.

【习题 10-2】

1. 用比较审敛法判断下列级数的敛散性.

   (1) $\sum_{n=1}^{\infty}\frac{1}{n\sqrt{n+1}}$； (2) $\sum_{n=1}^{\infty}\frac{1}{n^2+a^2}$（$a$ 为常数）； (3) $\sum_{n=1}^{\infty}\frac{1}{(n+1)(n+2)}$.

2. 用比值审敛法判断下列级数的敛散性.

   (1) $\sum_{n=1}^{\infty}\frac{3^n}{n2^n}$； (2) $\sum_{n=1}^{\infty}\frac{5^n}{n!}$； (3) $\sum_{n=1}^{\infty}\frac{n^2}{3^n}$； (4) $\sum_{n=1}^{\infty}\frac{1}{(2n-1)2^{2n-1}}$.

第三节 幂 级 数

一、函数项级数的概念

在本章第一节，已经讨论过等比级数 $\sum_{n=1}^{\infty}aq^{n-1}$（$a\neq 0$ 且是与 n 无关的常数）的收敛性，即等比级数 $\sum_{n=1}^{\infty}aq^n$ 当 $|q|<1$ 时收敛，其和为 $\frac{a}{1-q}$. 这里实际上是将 q 看成是在区间 $(-1,1)$ 内取值的变量. 若令 $a=1$，且用自变量 x 记公比 q，即可得到级数

$$1+x+x^2+\cdots+x^{n-1}+\cdots$$

它的每一项都是以 x 为自变量的函数. 一般地，给出下列定义：

定义 设 $u_1(x),u_2(x),\cdots,u_n(x),\cdots$ 是定义在数集 I 上的函数列，则表达式

$$u_1(x)+u_2(x)+\cdots+u_n(x)+\cdots=\sum_{n=1}^{\infty}u_n(x) \tag{10-1}$$

称为定义在数集 I 的函数项级数.

例如 $1+x+2x^2+\cdots+nx^{n-1}+\cdots$

$$\sin x+\frac{1}{3}\sin 3x+\frac{1}{5}\sin 5x+\cdots+\frac{1}{2n-1}\sin(2n-1)x+\cdots$$

都是定义在 $(-\infty,+\infty)$ 上的函数项级数.

如果令 $x=x_0\in I$，代入函数项级数（10-1）中，则得到一个数项级数

$$u_1(x_0)+u_2(x_0)+\cdots+u_n(x_0)+\cdots=\sum_{n=1}^{\infty}u_n(x_0) \tag{10-2}$$

若级数（10-2）收敛，则 x_0 称为函数项级数（10-1）的收敛点；若级数（10-2）发散，则 x_0 称为函数项级数（10-1）的发散点．函数项级数（10-1）所有收敛点的集合称为函数项级数（10-1）的收敛域．

设函数项级数（10-1）的收敛域为 D，则对任意的 $x_0 \in D$，必有一个和 $S(x_0)$ 与之相对应，即

$$S(x_0)=u_1(x_0)+u_2(x_0)+\cdots+u_n(x_0)+\cdots \tag{10-3}$$

因此得到一个定义在收敛域 D 的函数 $S(x)$，称之为函数项级数（10-1）的和函数．即

$$S(x)=u_1(x)+u_2(x)+\cdots+u_n(x)+\cdots=\sum_{n=1}^{\infty}u_n(x)$$

则 $(-1,1)$ 就是函数项级数 $1+x+x^2+\cdots+x^{n-1}+\cdots$ 的收敛域，且该级数的和函数为 $\dfrac{1}{1-x}$．

由函数项级数的和函数的定义可知，对于函数项级数（10-1）的收敛域 D 中的任一个 x，设级数（10-1）的前 n 项的部分和为 $S_n(x)$，则有

$$\lim_{n\to\infty}S_n(x)=S(x)$$

若以 $r_n(x)$ 记余项，则有

$$r_n(x)=S(x)-S_n(x)$$

则在收敛域内同样有

$$\lim_{n\to\infty}r_n(x)=0$$

这一节介绍的幂级数就是一种有着广泛应用的函数项级数．

二、幂级数及其收敛性

定义 形如

$$a_0+a_1(x-x_0)+a_2(x-x_0)^2+\cdots+a_n(x-x_0)^n+\cdots \tag{10-4}$$

的函数项级数，称为 $(x-x_0)$ 的幂级数，简记为 $\sum_{n=0}^{\infty}a_n(x-x_0)^n$，其中 $a_0,a_1,a_2,\cdots,a_n,\cdots$ 称为幂级数的系数．

特别的，当 $x_0=0$ 时，级数（10-4）变为

$$a_0+a_1x+a_2x^2+\cdots+a_nx^n+\cdots \tag{10-5}$$

称为 x 的幂级数．

如果作变换 $t=x-x_0$，则级数（10-4）变为级数（10-5）的形式，因此下面主要讨论形式为级数（10-5）的幂级数．

一般地，幂级数（10-5）收敛性有如下三种情形：

① 仅在点 $x=0$ 处收敛；

② 在 $(-\infty,+\infty)$ 内处处收敛；

③ 存在一个正数 R，当 $|x|<R$ 时收敛；当 $|x|>R$ 时发散．

上述正数 R 称为幂级数（10-5）的收敛半径．

如果幂级数（10-5）在点 $x=0$ 处收敛，规定 $R=0$；如果在 $(-\infty,+\infty)$ 内处处收敛，规定 $R=\infty$，收敛区间为 $(-\infty,+\infty)$．

需要指出的是，当 $|x|=R$，幂级数（10-5）可能收敛，也可能发散，须将 $x=\pm R$ 分别代入幂级数，按常数项级数的审敛法来判断其敛散性．因此幂级数的收敛域可能是 $(-R,R)$、$[-R,R)$ 或 $[-R,R]$．

求幂级数的收敛半径如下：

定理 对幂级数 $\sum_{n=0}^{\infty} a_n x^n$，若其系数满足 $\lim\limits_{n\to\infty}\left|\dfrac{a_{n+1}}{a_n}\right|=\rho$，则所给幂级数的收敛半径 $R=\dfrac{1}{\rho}$，即 $R=\lim\limits_{n\to\infty}\left|\dfrac{a_n}{a_{n+1}}\right|$.

特别地，当 $\rho=0$ 时，$R=+\infty$；$\rho=+\infty$ 时，$R=0$.

证明从略.

必须指出，利用本定理求幂级数的收敛半径只适用于式(10-5)中 $a_n\neq 0$ 的情形.

【例 6】 求幂级数 $\sum_{n=1}^{\infty}(-1)^{n-1}\dfrac{x^n}{n}$ 的收敛半径及收敛域.

解 因为 $\lim\limits_{n\to\infty}\left|\dfrac{a_{n+1}}{a_n}\right|=\lim\limits_{n\to\infty}\dfrac{1}{(n+1)}\Big/\dfrac{1}{n}=1$，

所以收敛半径 $R=1$，

当 $x=1$ 时，所给级数为 $\sum_{n=1}^{\infty}(-1)^n\dfrac{1}{n}$，是收敛的交错级数；

当 $x=-1$ 时，所给级数为 $\sum_{n=1}^{\infty}\dfrac{1}{n}$，是发散级数，所以，所给幂级数的收敛区间为 $(-1,1]$.

【例 7】 求幂级数 $\sum_{n=0}^{\infty}(-1)^n\dfrac{x^n}{n!}$ 的收敛区间.

解 因为 $\lim\limits_{n\to\infty}\left|\dfrac{a_{n+1}}{a_n}\right|=\lim\limits_{n\to\infty}\left|\dfrac{n!}{(n+1)!}\right|=0$，

所以 $R=+\infty$，原级数的收敛区间为 $(-\infty,+\infty)$.

三、幂级数的运算

性质 1 设幂级数 $\sum_{n=0}^{\infty}a_n x^n$ 和 $\sum_{n=0}^{\infty}b_n x^n$ 的收敛半径分别为 R_1 和 R_2，和函数分别为 $S_1(x)$ 和 $S_2(x)$，取 $R=\min\{R_1,R_2\}$，则在 $(-R,R)$ 内，幂级数 $\sum_{n=0}^{\infty}(a_n\pm b_n)x^n$ 收敛，且有

$$\sum_{n=0}^{\infty}(a_n\pm b_n)x^n = \sum_{n=0}^{\infty}a_n x^n \pm \sum_{n=0}^{\infty}b_n x^n = S_1(x)\pm S_2(x)$$

性质 2 设幂级数 $\sum_{n=0}^{\infty}a_n x^n$ 的收敛半径为 R，和函数为 $S(x)$，则在 $(-R,R)$ 内

$$\sum_{n=0}^{\infty}ca_n x^n = c\sum_{n=0}^{\infty}a_n x^n = cS(x)$$

性质 3 设幂级数 $\sum_{n=0}^{\infty}a_n x^n$ 的收敛半径为 R，和函数为 $S(x)$，则 $S(x)$ 在 $(-R,R)$ 内可导，且

$$S'(x) = \left(\sum_{n=0}^{\infty}a_n x^n\right)' = \sum_{n=0}^{\infty}na_n x^{n-1}$$

即幂级数在收敛区间内可以逐项求导，且逐项求导后所得幂级数的收敛半径仍为 R，但在 $x=R,x=-R$ 处的敛散性可能改变.

性质 4 设幂级数 $\sum_{n=0}^{\infty} a_n x^n$ 的收敛半径为 R，和函数为 $S(x)$，则 $S(x)$ 在 $(-R,R)$ 内可积，且

$$\int_0^x S(x) = \int_0^x (\sum_{n=0}^{\infty} a_n x^n) \mathrm{d}x = \sum_{n=0}^{\infty} \int_0^x a_n x^n \mathrm{d}x = \sum_{n=0}^{\infty} \frac{a_n}{n+1} x^{n+1}$$

即幂级数在收敛区间内可以逐项积分，且逐项积分后所得幂级数的收敛半径仍为 R，但在 $x=R, x=-R$ 处的敛散性可能改变.

由幂级数的性质可见，幂级数在它的收敛区间内，就像通常的多项式函数一样，可以相加、相减、逐项求导和积分.

以上结论证明从略.

【例 8】 求幂级数 $\sum_{n=1}^{\infty} \frac{(-1)^{n-1}}{n} x^n$ 的和函数.

解 令所给级数的和函数为 $S(x)$，即 $S(x) = \sum_{n=1}^{\infty} \frac{(-1)^{n-1}}{n} x^n$.

因为

$$S'(x) = \sum_{n=0}^{\infty} (-1)^n x^n = 1 - x + x^2 - x^3 + \cdots + (-1)^{n-1} x^{n-1} + \cdots$$

$$= \frac{1}{1+x}, x \in (-1,1)$$

两端积分，有 $\int_0^x S'(x) \mathrm{d}x = \int_0^x \frac{1}{1+t} \mathrm{d}t$，于是，$S(x) - S(0) = \ln(1+x)$，又 $S(0) = 0$，故

$$S(x) = \ln(1+x), x \in (-1,1)$$

即

$$\sum_{n=1}^{\infty} \frac{(-1)^{n-1}}{n} x^n = \ln(1+x), x \in (-1,1)$$

【习题 10-3】

1. 求下列幂级数的收敛半径和收敛域.

   (1) $\sum_{n=1}^{\infty} \frac{(-1)^n}{\sqrt{n}} x^n$； (2) $\sum_{n=1}^{\infty} \frac{3^n}{n!} x^n$； (3) $\sum_{n=1}^{\infty} \frac{n}{3^n} x^n$； (4) $\sum_{n=1}^{\infty} \frac{2^n}{n^2+1} x^n$.

2. 求下列函数的和函数：

   (1) $\sum_{n=1}^{\infty} 2n x^{2n-1} (|x|<1)$； (2) $\sum_{n=1}^{\infty} (n+1) x^n (|x|<1)$.

第四节 函数的幂级数展开

幂级数是以最简单的函数 $(a_n x^n)$ 为通项，具有收敛域结构简单，可逐项求导和逐项积分等重要性质的函数项级数. 如果能把一个函数 $f(x)$ 在某区间 (a,b) 内表示为某幂级数的和函数，那么，就可以利用幂级数研究该函数.

一、麦克劳林展开式

定义 如果一个函数 $f(x)$ 在 $x=0$ 的一个邻域内各阶导数均存在，我们把

$$f(0)+f'(0)x+\frac{f''(0)}{2!}x^2+\cdots+\frac{f^{(n)}(0)}{n!}x^n+\cdots$$

称之为函数 $f(x)$ 的麦克劳林级数.

那么,函数 $f(x)$ 的麦克劳林级数在 $x=0$ 的邻域内是否收敛于 $f(x)$ 呢?

令麦克劳林级数的前 $(n+1)$ 项的和为 $S_{n+1}(x)$,于是

$$S_{n+1}(x)=f(0)+f'(0)x+\frac{f''(0)}{2!}x^2+\cdots+\frac{f^{(n)}(0)}{n!}x^n$$

由级数收敛的概念可知,要使此级数收敛于 $f(x)$,需使数列 $S_{n+1}(x)$ 收敛于 $f(x)$,也就是使 $R_n(x)=f(x)-S_{n+1}(x)$ 当 $n\to\infty$ 趋于零.

可以证明

$$R_n(x)=\frac{f^{(n+1)}(\xi)}{(n+1)!}x^{n+1}$$

其中 ξ 是介于 0 到 x 之间的一个数.

因此,引出下列定理:

定理 如果函数 $f(x)$ 在 $x=0$ 的某个邻域内有 $(n+1)$ 阶导数,那么函数 $f(x)$ 可以表示为

$$f(x)=f(0)+f'(0)x+\frac{f''(0)}{2!}x^2+\cdots+\frac{f^{(n)}(0)}{n!}x^n+\frac{f^{(n+1)}(\xi)}{(n+1)!}x^{n+1}$$

(其中 ξ 是介于 0 到 x 之间的一个数).

上式为麦克劳林公式,$R_n(x)=\frac{f^{(n+1)}(\xi)}{(n+1)!}x^{n+1}$ 称为拉格朗日型余项.

证明从略.

定义 如果函数 $f(x)$ 在 $x=0$ 的某个邻域内有任意阶导数,且拉格朗日型余项 $R_n(x)$ 当 $n\to\infty$ 时趋于零,那么函数 $f(x)$ 可以表示为

$$f(x)=f(0)+f'(0)x+\frac{f''(0)}{2!}x^2+\cdots+\frac{f^{(n)}(0)}{n!}x^n+\cdots$$

此式为函数 $f(x)$ 的麦克劳林级数展开式,又称为函数 $f(x)$ 的幂级数展开式.

二、函数展开成幂级数的方法

把函数展开成幂级数有直接展开法和间接展开法.

1. 直接展开法

用直接展开法把函数 $f(x)$ 展开成 x 的幂级数,可按下列步骤进行:

(1) 求出 $f(x)$ 的各阶导数及其在 $x=0$ 处的各阶导数值以及 $f(0)$;

(2) 写出 $f(x)$ 的麦克劳林级数

$$f(0)+f'(0)x+\frac{f''(0)}{2!}x^2+\cdots+\frac{f^{(n)}(0)}{n!}x^n+\cdots$$

并求出收敛半径 R;

(3) 考察收敛区间 $(-R,R)$ 上的余项 $R_n(x)$ 当 $n\to\infty$ 的极限.如果 $\lim_{n\to\infty}R_n(x)=0$,则 $f(x)$ 的麦克劳林级数就是函数 $f(x)$ 的麦克劳林级数展开式,即

$$f(x)=f(0)+f'(0)x+\frac{f''(0)}{2!}x^2+\cdots+\frac{f^{(n)}(0)}{n!}x^n+\cdots,\quad x\in(-R,R)$$

【例 9】 将函数 $f(x)=e^x$ 展开成 x 的幂级数.

解 因为 $f^{(n)}(x)=e^x,(n=1,2,3\cdots)$,所以 $f^{(n)}(0)=1,(n=1,2,3\cdots)$;又 $f(0)=1$,于是函数 e^x 的麦克劳林级数为

$$1+x+\frac{x^2}{2!}+\cdots+\frac{x^n}{n!}+\cdots$$

容易算出它的收敛半径为 $R=+\infty$.

对于任意的实数 x，余项的绝对值

$$|R_n(x)| = \left|\frac{f^{(n+1)}(\xi)}{(n+1)!}x^{n+1}\right| = \left|\frac{e^\xi}{(n+1)!}x^{n+1}\right| \leqslant e^{|x|} \cdot \frac{|x|^{n+1}}{(n+1)!}$$

（其中 ξ 是介于 0 到 x 之间的一个数）.

由于 $\frac{|x|^{n+1}}{(n+1)!}$ 为收敛级数 $\sum_{n=0}^{\infty}\frac{|x|^n}{n!}$ 的一般项，而级数 $\sum_{n=0}^{\infty}\frac{|x|^n}{n!}$ 是收敛的，由级数收敛的必要条件知 $\lim_{n\to\infty}\frac{|x|^{n+1}}{(n+1)!}=0$，且 $e^{|x|}$ 又是与 n 无关的一个有限数，所以当 $n\to\infty$ 时 $e^{|x|}\frac{|x|^{n+1}}{(n+1)!}\to 0$，即 $\lim_{n\to\infty}R_n(x)=0$.

因此函数 e^x 的幂级数展开式为

$$e^x = 1 + x + \frac{x^2}{2!} + \cdots + \frac{x^n}{n!} + \cdots \quad x\in(-\infty,\infty)$$

用直接展开法还可以推出以下函数的幂级数展开式：

$$\sin x = x - \frac{x^3}{3!} + \frac{x^5}{5!} - \cdots + (-1)^{n-1}\frac{x^{2n-1}}{(2n-1)!} + \cdots \quad x\in(-\infty,\infty)$$

$$(1+x)^\alpha = 1 + \alpha x + \frac{\alpha(\alpha-1)}{2!}x^2 + \cdots + \frac{\alpha(\alpha-1)\cdots(\alpha-n+1)}{n!}x^n + \cdots \quad x\in(-1,1)$$

此公式称为二项展开式，当 α 为自然数时，上式包含有限项，即为以前学过的二项式定理。公式右端的级数在区间端点 $x=\pm 1$ 处是否收敛要根据 α 的具体数值而定.

当 $\alpha=-1$、$\alpha=\frac{1}{2}$、$\alpha=-\frac{1}{2}$ 时，有如下三个常用的二项展开式：

$$\frac{1}{1+x} = 1 - x + x^2 - x^3 + \cdots + (-1)^n x^n + \cdots \quad x\in(-1,1)$$

$$\frac{1}{\sqrt{1+x}} = 1 + \frac{1}{2}x - \frac{1}{2\cdot 4}x^2 + \frac{1\cdot 3}{2\cdot 4\cdot 6}x^3 - \frac{1\cdot 3\cdot 5}{2\cdot 4\cdot 6\cdot 8}x^4 + \cdots \quad x\in[-1,1)$$

$$\frac{1}{\sqrt{1+x}} = 1 - \frac{1}{2}x + \frac{1}{2\cdot 4}x^2 - \frac{1\cdot 3}{2\cdot 4\cdot 6}x^3 + \frac{1\cdot 3\cdot 5}{2\cdot 4\cdot 6\cdot 8}x^4 + \cdots \quad x\in(-1,1]$$

2. 间接展开法

一般说来，在直接展开法中求函数 $f(x)$ 的任意阶导数是比较麻烦的，而研究余项 $R_n(x)$ 在某个区间 $(-R,R)$ 内当 $n\to\infty$ 是否趋于零更是困难，因此在可能的情况下，通常采用间接展开法.

间接展开法是以一些已知的函数幂级数展开式为基础，利用幂级数的性质，以及变量变换等方法，求函数的幂级数展开式.

【例 10】 求函数 $f(x)=\cos x$ 展开成 x 的幂级数.

解 因为 $(\sin x)'=\cos x$，已知

$$\sin x = x - \frac{x^3}{3!} + \frac{x^5}{5!} - \cdots + (-1)^{n-1}\frac{x^{2n-1}}{(2n-1)!} + \cdots \quad x\in(-\infty,\infty)$$

故在上述的收敛区间内，利用幂级数可逐项求导的性质，得到函数 $\cos x$ 的幂级数展开式

$$\cos x = 1 - \frac{x^2}{2!} + \frac{x^4}{4!} - \cdots + (-1)^n \frac{x^{2n}}{(2n)!} + \cdots \quad x\in(-\infty,\infty)$$

【例 11】 求函数 $f(x)=\ln(1+x)$ 展开成 x 的幂级数.

解 因为 $\ln(1+x) = \int_0^x \dfrac{1}{1+t} dt$，已知

$$\dfrac{1}{1+x} = 1 - x + x^2 - x^3 + \cdots + (-1)^n x^n + \cdots \quad x \in (-1,1)$$

故在上述的收敛区间内，利用幂级数可逐项求积的性质，得到函数 $\ln(1+x)$ 的幂级数展开式

$$\ln(1+x) = \int_0^x [1 - t + t^2 - t^3 + \cdots + (-1)^n t^n + \cdots] dt$$

$$= x - \dfrac{x^2}{2} + \dfrac{x^3}{3} - \cdots + (-1)^{n-1} \dfrac{x^n}{n} + \cdots \quad x \in (-1,1].$$

几个常用的函数的幂级数展开式如下：

(1) $e^x = 1 + x + \dfrac{x^2}{2!} + \cdots + \dfrac{x^n}{n!} + \cdots$ $\quad\quad\quad\quad\quad\quad\quad\quad\quad\quad x \in (-\infty, \infty)$

(2) $\sin x = x - \dfrac{x^3}{3!} + \dfrac{x^5}{5!} - \cdots + (-1)^{n-1} \dfrac{x^{2n-1}}{(2n-1)!} + \cdots$ $\quad\quad x \in (-\infty, \infty)$

(3) $\cos x = 1 - \dfrac{x^2}{2!} + \dfrac{x^4}{4!} - \cdots + (-1)^n \dfrac{x^{2n}}{(2n)!} + \cdots$ $\quad\quad\quad x \in (-\infty, \infty)$

(4) $\ln(1+x) = x - \dfrac{x^2}{2} + \dfrac{x^3}{3} - \cdots + (-1)^{n-1} \dfrac{x^n}{n} + \cdots$ $\quad\quad x \in (-1, 1]$

(5) $\dfrac{1}{1-x} = 1 + x + x^2 + x^3 + \cdots + x^n + \cdots$ $\quad\quad\quad\quad\quad\quad x \in (-1, 1)$

(6) $(1+x)^\alpha = 1 + \alpha x + \dfrac{\alpha(\alpha-1)}{2!} x^2 + \cdots + \dfrac{\alpha(\alpha-1)\cdots(\alpha-n+1)}{n!} x^n + \cdots$ $\quad x \in (-1, 1)$

利用这六个公式可帮助求某些较复杂的函数的幂级数展开式，因此读者必须熟记这六个公式．

【习题 10-4】

将下列函数展开成 x 的幂级数．

(1) $f(x) = e^{-2x}$； $\quad\quad$ (2) $f(x) = \sin \dfrac{x}{2}$； $\quad\quad$ (3) $f(x) = \ln(2+x)$．

【复习题十】

一、选择题

1. 如果 $\lim\limits_{n\to\infty} u_n = 0$，那么数项级数 $\sum\limits_{n=1}^{\infty} u_n$（ ）．

　　A．一定收敛，且和为零 $\quad\quad\quad\quad\quad\quad$ B．一定收敛，且和不为零
　　C．一定发散 $\quad\quad\quad\quad\quad\quad\quad\quad\quad\quad$ D．可能收敛，也可能发散

2. 如果数项级数 $\sum\limits_{n=1}^{\infty} u_n$ 收敛，则（ ）．

　　A. $\lim\limits_{n\to\infty} S_n = 0$，$(S_n = u_1 + u_2 + \cdots + u_n)$ $\quad\quad$ B. $\lim\limits_{n\to\infty} u_n \ne 0$

　　C. $\lim\limits_{n\to\infty} S_n$ 存在，$(S_n = u_1 + u_2 + \cdots + u_n)$ $\quad\quad$ D. $\lim\limits_{n\to\infty} \sum\limits_{k=1}^{n} u_k = 0$

3. $\sum\limits_{n=1}^{\infty} \left(\dfrac{1}{n}\right)^2$ 是（ ）．

　　A. 等比级数 $\quad\quad$ B. p-级数 $\quad\quad$ C. 调和级数 $\quad\quad$ D. 等差级数

4. 若正项级数 $\sum\limits_{n=1}^{\infty} a_n$ 和 $\sum\limits_{n=1}^{\infty} b_n$ 满足 $a_n \le b_n (n=1,2,3,\cdots)$，则下面结论正确的是（ ）．

A. 若 $\sum\limits_{n=1}^{\infty}a_n$ 收敛，则 $\sum\limits_{n=1}^{\infty}b_n$ 收敛

B. 若 $\sum\limits_{n=1}^{\infty}a_n$ 发散，则 $\sum\limits_{n=1}^{\infty}b_n$ 发散

C. 若 $\sum\limits_{n=1}^{\infty}b_n$ 收敛，则 $\sum\limits_{n=1}^{\infty}a_n$ 收敛

D. 若 $\sum\limits_{n=1}^{\infty}b_n$ 发散，则 $\sum\limits_{n=1}^{\infty}a_n$ 发散

5. 已知 $\sum\limits_{n=1}^{\infty}u_n$ 是正项级数，下列命题成立的是（　　）．

A. 如果 $\lim\limits_{n\to\infty}\dfrac{u_{n+1}}{u_n}=\rho<1$，那么级数 $\sum\limits_{n=1}^{\infty}u_n$ 收敛

B. 如果 $\lim\limits_{n\to\infty}\dfrac{u_n}{u_{n+1}}=\rho\leqslant 1$，那么级数 $\sum\limits_{n=1}^{\infty}u_n$ 收敛

C. 如果 $\lim\limits_{n\to\infty}\dfrac{u_{n+1}}{u_n}=\rho\leqslant 1$，那么级数 $\sum\limits_{n=1}^{\infty}u_n$ 收敛

D. 如果 $\lim\limits_{n\to\infty}\dfrac{u_n}{u_{n+1}}=\rho<1$，那么级数 $\sum\limits_{n=1}^{\infty}u_n$ 收敛

二、填空题

1. 级数 $1-\dfrac{1}{2}+\dfrac{1}{4}-\dfrac{1}{8}+\dfrac{1}{16}-\dfrac{1}{32}+\cdots$ 的通项 $u_n=$ _____．

2. 已知级数 $\sum\limits_{n=1}^{\infty}u_n$ 的部分和 $S_n=\dfrac{n}{2n+1}$，则 $\sum\limits_{n=1}^{\infty}u_n=$ _____，$u_n=$ _____．

3. 级数 $\sum\limits_{n=1}^{\infty}ar^n$（$a,r$ 为常数），当 $|r|<1$ 时，级数的敛散性为 _____．

4. 级数 $\sum\limits_{n=1}^{\infty}\dfrac{1}{n^p}$（$p>0$），当 p 满足 _____ 时，级数收敛．

5. 级数 $\sum\limits_{n=1}^{\infty}a_n$ 收敛，$\sum\limits_{n=1}^{\infty}b_n$ 发散，那么级数 $\sum\limits_{n=1}^{\infty}(a_n+b_n)$ 的敛散性为 _____．

习题参考答案

【习题1-1】

1. (1)不同； (2)不同； (3)相同； (4)相同.

2. $f\left(-\dfrac{1}{2}\right)=0, f\left(\dfrac{1}{3}\right)=\dfrac{2}{3}$.

3. (1) $(-\infty,-1]\cup\left[-\dfrac{1}{3},+\infty\right)$； (2) $(-1,0)\cup(0,+\infty)$； (3) $[-1,3]$；
   (4) $(0,2)$.

【习题1-2】

1. (1) 单增； (2) 单增； (3) 单减； (4) 单减.

2. (1) 偶函数； (2) 非奇非偶函数； (3) 偶函数； (4) 奇函数； (5) 偶函数；
   (6) 奇函数.

3. 函数 (1) 有界.

【习题1-3】

1. (1) $y=\sqrt{x^2-1}$ 是由 $y=\sqrt{u}, u=x^2-1$ 复合而成的；
   (2) $y=\cos^3(2x+1)$ 是由 $y=u^3, u=\cos v, v=2x+1$ 复合而成的；
   (3) $y=\sin 3x$ 是由 $y=\sin u, u=3x$ 复合而成的；
   (4) $y=\sin e^{3x}$ 是由 $y=\sin u, u=e^v, v=3x$ 复合而成的；
   (5) $y=\ln\arctan\sqrt{1+x^2}$ 是由 $y=\lg u, u=\arctan v, v=\sqrt{w}, w=1+x^2$ 复合而成的；
   (6) $y=\arctan 2^{\sqrt{x}}$ 是由 $y=\arctan u, u=2^v, v=\sqrt{x}$ 复合而成的.

2. C.

3. $y=\sqrt{d^2-x^2},\ x\in(0,d)$.

4. $f=-2\times 10^{-2}v(\mathrm{N}), f$ 表示阻力，v 表示速度.

【习题1-4】

1. (1) 1； (2) 0^+； (3) $k\pi+\dfrac{\pi}{2}, k\in\mathbf{Z}$.

2. (1) $+\infty$； (2) 0； (3) 不存在； (4) $+\infty$； (5) 0； (6) 不存在； (7) 0； (8) 1.

3. (1) 错； (2) 错； (3) 错； (4) 错； (5) 对； (6) 错； (7) 对； (8) 对； (9) 错.

4. (1) 0； (2) $+\infty$（不存在）； (3) $-\dfrac{1}{2}$； (4) 0.

【习题1-5】

1. (1) 错； (2) 错； (3) 错； (4) 错； (5) 错； (6) 错.

2. (1) -1； (2) $\dfrac{1}{4}$； (3) $-\dfrac{2}{5}$； (4) 2； (5) $\dfrac{1}{2}$； (6) 0； (7) ∞；
   (8) $-\infty$； (9) $\dfrac{2\sqrt{5}}{3}$； (10) 1.

【习题1-6】

1. (1) 2; (2) $\frac{2}{3}$; (3) 1; (4) $\frac{1}{2}$; (5) 1; (6) 1; (7) 1;

   (8) 1; (9) $\frac{1}{2}$; (10) $\frac{1}{4}$; (11) $\frac{1}{3}$; (12) $2\sqrt{2}$.

2. (1) $e^{\frac{1}{2}}$; (2) 1; (3) e^{-2}; (4) e^{-2}; (5) e^{mn}; (6) e^2; (7) e^3;

   (8) e^2; (9) e.

【习题 1-7】

1. (1) 高阶无穷小量; (2) 同阶无穷小量; (3) 同阶无穷小量.

2. 略.

3. (1) $\frac{\alpha}{\beta}$; (2) $\frac{m^2}{2}$; (3) $\frac{1}{3}$; (4) 2.

【习题 1-8】

1. $x=1$; $x=0$; $x=0$.

2. (1) C; (2) D.

3. (1) 0; (2) $\frac{1}{\cos^2\alpha}$; (3) 0; (4) e^5.

【复习题一】

一、1. D; 2. B; 3. C; 4. D; 5. C; 6. B; 7. B; 8. B.

二、1. $\frac{1+x}{2+x}$; 2. 9; 3. $(-\infty,+\infty)$, $(-\infty,+\infty)$, -1; 4. 2; 5. -2;

6. 0; 7. 1.

三、1. $(-\infty,0)\cup(0,1)$.

2. $\left(\frac{k\pi}{2},\frac{(k+1)\pi}{2}\right), k\in\mathbf{Z}$ 或 $\left\{x\,\Big|\,x\in\mathbf{R},\text{且}\,x\neq\frac{1}{2}k\pi, k\in\mathbf{Z}\right\}$.

四、(1) $f(2x+1)=4(x+1)^2$; (2) $f(x)+f\left(\frac{1}{x}\right)=x+\frac{1}{x}+\left(1+\frac{1}{x}\right)\sqrt{x^2+1}$.

五、1. 0. 2. $\frac{1}{2}$. 3. $\frac{1}{4}$. 4. $\frac{1}{7}$. 5. -1. 6. e^{-2}. 7. 1. 8. $\frac{1}{2}$.

六、2; -2; 不存在.

七、不连续.

八、-1; -1; 当 $A=-1$ 时函数连续.

九、$V=\pi\left[r^2-\left(\frac{h}{2}\right)^2\right]h, 0<h<2r$.

十、$y=a(x^2+4xh)=ax^2+\frac{2000}{x}a$（元） $x\in(0,+\infty)$.

十一、$R=(10000-200x)(40+x)$（元）, $x\in\mathbf{Z}$.

【习题 2-1】

1. (1) D;

   (2) B;

   (3) D. 因为 $\lim\limits_{x\to 0}x\sin x=0=f(0)$ 所以连续; $f'(0)=\lim\limits_{x\to 0}\frac{x\sin x-0}{x-0}=0$, $f(x)$ 在点 $x=1$ 可导. 故选择 D.

   (4) D. 分段函数的分界点的导数应用左导数、右导数求:
   $$f'_-(1)=\lim_{x\to 1^-}\frac{f(x)-f(1)}{x-1}=\lim_{x\to 1^-}\frac{(x-1)-0}{x-1}=1;$$

$$f'_+(1)=\lim_{x\to 1^+}\frac{f(x)-f(1)}{x-1}=\lim_{x\to 1^+}\frac{\ln x-0}{x-1}=1$$

因为 $f'_-(1)=f'_+(1)$ 所以 $f'(1)=1$,正确答案是 D.

2. (1) $11x^{10}$;　$\dfrac{1}{2\sqrt{x}}$;　$\dfrac{3}{2}x^{\frac{1}{2}}$.　(2) $y-1=\dfrac{\sqrt{3}}{2}\left(x-\dfrac{\pi}{6}\right)$;　$y-1=-\dfrac{2\sqrt{3}}{3}\left(x-\dfrac{\pi}{6}\right)$.

3. $x=2$.

4. (1) 对;　(2) 错.

5. (1) 连续,不可导;　(2) 连续,可导;　(3) 不连续,不可导.

【习题 2-2】

1. (1) $2x+2^x\ln 2+\dfrac{1}{2\sqrt{x}}$;　(2) $\dfrac{1}{2\sqrt{x}}-\dfrac{1}{2x^{\frac{3}{2}}}$;　(3) $2\sec^2 x+\sec x\tan x$;

   (4) $-\dfrac{1}{x^2}+1$;　(5) $1+\dfrac{x}{\sqrt{x^2-1}}$;　(6) $\dfrac{1}{(1+x)^2}$;

   (7) $a^x\tan x+xa^x\ln a\tan x+xa^x\sec^2 x$

2. (1) $-\dfrac{4}{\pi^2}$;　(2) 16; 0.

3. $x+y+3=0$.

4. $-\dfrac{2\pi A}{T}$; 0

【习题 2-3】

1. (1) $\dfrac{\sin\frac{1}{x}}{x^2}$;　(2) $2\tan x\sec^2 x$;　(3) $2x\cos x^2$;　(4) $\dfrac{1}{2\sqrt{x(1-x)}}$.

   (5) $\dfrac{1}{2(1+x^2)\sqrt{\arctan x}}$;　(6) $\dfrac{1}{2x\sqrt{1+\ln x}}$;

   (7) $\dfrac{1}{2\sqrt{\ln x+\sqrt{\ln\sqrt{x}}}}\left(\dfrac{1}{x}+\dfrac{1}{4x\sqrt{\ln\sqrt{x}}}\right)$;　(8) $\dfrac{1}{\sqrt{1+x^2}}$.

2. $f'(x)=-x^2$

【习题 2-4】

1. (1) $\left(-\dfrac{2}{\sqrt{1-4x^2}}\right)$;　(2) $\left(\arcsin x+\dfrac{x}{\sqrt{1-x^2}}\right)$;

   (3) $\left(\dfrac{2\arcsin\frac{x}{3}}{\sqrt{9-x^2}}\right)$;　(4) $\dfrac{-2x\cot\sqrt{1+x^2}\csc^2\sqrt{1+x^2}}{\sqrt{1+x^2}}$.

2. (1) $2f(x)f'(x)$; (2) $2xf'(x^2)$.

3. (1) $y'=f'[f(\sin x)]f'(\sin x)\cos x$;

   (2) $y'=[f'(\sin^2 x)-f'(\cos^2 x)]\sin 2x$;

   (3) $y'=n[f(x)]^{n-1}f'(x)$;

   (4) $y'=nf'(x^n)x^{n-1}$;

   (5) $y'=e^x f'(e^x)e^{f(x)}+f(e^x)e^{f(x)}f'(x)$;

   (6) $y'=\dfrac{f'(x)}{f(x)}$.

【习题 2-5】

1. (1) $\dfrac{2}{x^3}+2^x\ln^2 2$;　　(2) $2\arctan x+\dfrac{2x}{1+x^2}$;

   (3) $-\dfrac{x}{(1+x^2)^{\frac{3}{2}}}$;　　(4) $e^{-t}(4\sin 2t-3\cos 2t)$;

   (5) $-\dfrac{1+x^2}{(x^2-1)^2}$;　　(6) $\dfrac{1}{x}+2^{\sin x}\cos^2 x\ln^2 2-2^{\sin x}\sin x\ln 2$.

2. $24+e^x$.

3. $-24; 24; 0$.

4. $2^n e^{2x-1}$.

5. $\dfrac{(-1)^n n!}{x^{n+1}}+\dfrac{n!}{(1-x)^{n+1}}$.

6. $(n+1)!\ (1+x)$.

【习题 2-6】

1. (1) $\dfrac{y-e^{x+y}}{e^{x+y}-x}$;　(2) $\dfrac{y-xy}{xy-x}$;　(3) $\dfrac{y^2-4xy}{2x^2-2xy+3y^2}$;　(4) $-\dfrac{\sqrt{y}}{\sqrt{x}}$;

   (5) $\dfrac{x+y}{x-y}$;　(6) $\dfrac{y^2}{y-xy-1}$;　(7) $-\dfrac{1}{2}$;　(8) $-\dfrac{\pi}{4}+\dfrac{1}{2}$.

2. (1) $(\sin x)^x(\ln\sin x+x\cot x)$;

   (2) $(x-1)\sqrt[3]{\dfrac{(x-2)^2}{x-3}}\left(\dfrac{1}{x-1}+\dfrac{2}{3}\times\dfrac{1}{x-2}-\dfrac{1}{3(x-3)}\right)$;

   (3) $\dfrac{xy\ln y-y^2}{xy\ln x-x^2}$;　(4) $x^{e^x}\left(e^x\ln x+\dfrac{e^x}{x}\right)$.

3. (1) $-\dfrac{2}{3(1+t)}$;　(2) $\dfrac{\sin t}{1-\cos t}$;　(3) 2;　(4) 0.

4. $x+3y+4=0$.

5. $3x-y-2=0$.

*6. (1) $\dfrac{12(3y^2+x^2)}{(3y^2-x^2)^3}$;　(2) $\dfrac{-2(1+y^2)}{y^5}$;　(3) $\dfrac{e^{2y}(3-y)}{(2-y)^3}$;

   (4) $\dfrac{1}{3a\sin t\cos^4 t}$;　(5) $\dfrac{1+t^2}{4t}$;　(6) $\dfrac{2+t^2}{a(\cos t-t\sin t)^3}$.

【习题 2-7】

1. $0.51, 0.5$;　$0.0501, 0.05$;　$0.005001, 0.005$.

2. (1) $\dfrac{1}{(1-x)^2}dx$;　(2) $\dfrac{\sin x-x\cos x}{\sin^2 x}dx$;　(3) $\dfrac{1}{2}\cot\dfrac{x}{2}dx$;

   (4) $\begin{cases}-\dfrac{1}{\sqrt{1-x^2}}dx, & x>0 \\ \dfrac{1}{\sqrt{1-x^2}}dx, & x<0\end{cases}$;　(5) $(4e^{-x}\cos 4x-e^{-x}\sin 4x)dx$;

   (6) $(-2\cot x\csc^2 x-2\sin x\cos x)dx$;　(7) $3e^{\sin 3x}\cos 3x\,dx$;　(8) $\dfrac{e^y}{1-xe^y}dx$;

   (9) $-\dfrac{y\sin xy+1}{1+x\sin xy}dx$;　(10) $\dfrac{y-e^{xy}}{e^{xy}-x}dx$.

3. 略

4. $\dfrac{(x-y)^2}{2+(x-y)^2}$

5. 略.

6. (1) 0.99； (2) 1.01； (3) 0.01； (4) $\frac{\pi}{4}+0.01$； (5) $1+\frac{\pi}{360}$；

(6) 9.998.

7. $-43.63\pi(\text{cm}^2), 104.72(\text{cm}^2)$.

8. 0.0022.

【复习题二】

一、1. 对； 2. 对； 3. 对； 4. 错.

二、1. 1； 2. 2； 3. -1； 4. 6； 5. $\frac{2x}{1+x^4}$； 6. $a^x\ln^n a$； 7. 0.02； 8. 0；

9. $2xf(x^2)$； 10. $x-y+\frac{p}{2}=0$； 11. $\frac{2\ln x}{x}+\frac{5}{x}$； 12. $4\pi R^2 \Delta R$.

三、1. C； 2. B； 3. D； 4. C； 5. B； 6. C； 7. B； 8. C； 9. C； 10. D； 11. C； 12. B.

四、1. $(\arcsin x)^2$. 2. $\frac{1}{2\sqrt{x}}\ln(1+x)$. 3. $x(\arctan x)^2$. 4. $-e^{-x}\arctan e^x$.

5. $\frac{y^2-e^x}{\cos y-2xy}$. 6. $\frac{y}{x^2+y^2+x}dx$. 7. $x^{2x}(2\ln x+2)+1$. 8. $-2\sin t$. 9. $\frac{3t^2-1}{2t}$.

*五、(1) $y'=e^x f'(e^x)e^{f(x)}+f(e^x)e^{f(x)}f'(x)$； (2) $y'=\frac{f'(x)}{f(x)}$.

*六、1. 可导； 2. 不可导.

七、$(3,1)$.

八、$x+y+1=0$.

九、$\sqrt{2}x+y-2=0; x-\sqrt{2}y-\sqrt{2}=0$.

*十、$\frac{\sqrt{10}}{10}$.

*十一、$720\pi\text{nm}^2$.

*十二、$(-1)^n 2^n e^{-2x}$.

【习题 3-1】

1. 不满足；有.

2. 是.

3. 略.

4. $2x+y=\frac{2}{9}\sqrt{3}, 2x+y=\frac{2}{9}\sqrt{3}$.

【习题 3-2】

1. 不一定有.

2. (1) 1； (2) $\frac{1}{2}$； (3) $\frac{\sqrt{2}}{4}$； (4) $+\infty$； (5) $-\frac{3}{5}$； (6) 1；

(7) $\frac{m}{n}a^{m-n}$； (8) 1； (9) $\frac{1}{2}$； (10) 0； (11) a； (12) $\frac{1}{2}$；

(13) -1； (14) $+\infty$； (15) 1； (16) 0.

【习题 3-3】

1. (1) 在 $(-\infty,+\infty)$ 内单调增加；

(2) 在 $(0,+\infty)$ 内单调减少；

(3) 在 $(0,1)$ 内单调增加，在 $(1,+\infty)$ 内单调减少；

(4) 在 $(-\infty,-1]$，$[3,+\infty)$ 内单调增加；在 $[-1,3]$ 内单调减少；

(5) 在 $(-\infty,-1)$，$(0,1)$ 内单调增加；在 $(-1,0)$，$(1,+\infty)$ 内单调减少；

(6) 在 $\left(-\infty,\dfrac{3}{4}\right)$ 内单调增加；在 $\left(\dfrac{3}{4},1\right)$ 内单调减少．

2. (1) $f(x)=\begin{cases}\text{单增},&(-\infty,1)\\ \text{单减},&(1,2)\\ \text{单增},&(2,+\infty)\end{cases}$；

(2) $(-\infty,-1)\cup(0,1)$ 单调减少；$(-1,0)\cup(1,+\infty)$ 单调增加；

(3) $\left(-\infty,\dfrac{3}{4}\right)$ 单调增加；$\left(\dfrac{1}{2},+\infty\right)$ 单调减少；

(4) $\left(0,\dfrac{1}{2}\right)$ 单调减少；$\left(\dfrac{1}{2},+\infty\right)$ 单调增加；

(5) $(-\infty,+\infty)$．

3. 略．

4. 略．

5. 极大值点 $x=-1$，极大值 $y(-1)=3$；极小值点 $x=3$，极小值 $y(3)=-61$．

6. 极大值为：$f\left(2n\pi+\dfrac{\pi}{4}\right)=\mathrm{e}^{2n\pi+\frac{\pi}{4}}\cos\left(2n\pi+\dfrac{\pi}{4}\right)=\dfrac{\sqrt{2}}{2}\mathrm{e}^{2n\pi+\frac{\pi}{4}}$．

7. $x=5$ 是极小值点，极小值为 $f(5)=0$．

8. $a=-\dfrac{2}{3}$，$b=-\dfrac{1}{6}$．

9. (1) 极小值点 $x=0$，极小值 $f(0)=0$；

(2) 极大值点 $x=1$，极大值 $f(1)=\dfrac{\pi}{4}-\dfrac{1}{2}\ln 2$；

(3) 极小值点 $x=-\dfrac{1}{2}\ln 2$，极小值为 $2\sqrt{2}$；

(4) 极大值点 $x=1$，极大值 $f(1)=\dfrac{1}{2}$；极小值点 $x=-1$，极小值 $f(-1)=-\dfrac{1}{2}$；

(5) 极大值点 $x=\dfrac{3}{4}$，极大值 $\dfrac{5}{4}$．

【习题 3-4】

1. (1) 最大值为 5，最小值为 -15；　(2) 最大值为 e^{-1}；　(3) 最大值为 8，最小值为 0；

(4) 最大值为 3，最小值为 1；　(5) 最小值为 $\mathrm{e}^{-\frac{1}{\mathrm{e}}}$；　(6) 最大值为 1，最小值为 0；

(7) 最大值为 $\dfrac{\pi}{4}$，最小值为 0；　(8) 最大值为 $\dfrac{5}{4}$，最小值为 $-5+\sqrt{6}$．

2. $(2,3)$．

3. $\dfrac{a\pi}{4+\pi}$，$\dfrac{4a}{4+\pi}$．

4. $\sqrt{\dfrac{2A}{3\pi}}$，$\dfrac{A}{\pi}$．

5. $r=\sqrt[3]{\dfrac{V}{2\pi}}$，$h=2r$．

6. 宽为 $\dfrac{l}{4+\pi}$，高为 $\dfrac{l}{4+\pi}$.

【习题 3-5】

1. (1) $(-\infty,2)$ 内凸，$(2,+\infty)$ 内凹，$(2,-15)$ 为拐点；
   (2) $(-\infty,1)$ 内凸，$(1,+\infty)$ 内凹，无拐点；
   (3) $(-\infty,2)$ 内凸，$(2,+\infty)$ 内凹，$(2,2\mathrm{e}^{-2})$ 为拐点；
   (4) $(-\infty,b)$ 内凸，$(b,+\infty)$ 内凹，(b,a) 为拐点；
   (5) $(-\infty,-1)$、$(1,+\infty)$ 内凸，无拐点；
   (6) 曲线是凸的.

2. (1) 水平渐近线 $y=1$；   (2) 水平渐近线 $y=1$，垂直渐近线 $x=0$.

3. $a=1, b=3, c=0, d=2$.

4. 略

【复习题三】

一、1. 驻点，导数不存在的点.   2. 1.   3. $(1,1)$.   4. $y=0, x=0$.   5. 0.   6. $(2,2\mathrm{e}^{-2})$.   7. -4.   8. $(0,+\infty)$.   9. $(2,1)$.   10. $y=-3$.   11. $(-\infty,0)\bigcup(0,+\infty)$.   12. 3.   13. $a=2$.

二、1. C   2. B   3. B   4. B   5. A   6. B   7. D   8. B   9. A   10. C

三、1. $\dfrac{1}{3}$.   2. 1.   3. $a=-\dfrac{2}{3}, b=-\dfrac{1}{6}$.   4. $a=2, b=3$.

5. 在 $\left(-\infty,-\dfrac{1}{2}\right]$ 上单调减少；在 $\left[-\dfrac{1}{2},+\infty\right]$ 上单调增加.

6. $a=1, b=-3$.   7. $a=1, b=3, c=0, d=2$. 图略

【习题 4-1】

1. 略

2. (1) $\dfrac{1}{2}x^2-2x+\dfrac{2}{x}+m|x|+C$；   (2) $\dfrac{2}{5}x^{\frac{5}{2}}+x+C$；   (3) $-\dfrac{1}{x}+\arctan x+C$；

   (4) $-\dfrac{1}{4}(\tan\theta+\cot\theta)+C$；   (5) $\dfrac{a^x\mathrm{e}^x}{1+ma}+a$.

3. $y=2\sqrt{x}-1$.

4. $y=x(x^2+x-2)$.

【习题 4-2】

1. $\dfrac{m}{n+m}x^{\frac{n+m}{m}}+C$.

2. $2\sqrt{x}+\dfrac{2}{3}x\sqrt{x}+C$.

3. $2\sqrt{x}-\dfrac{4}{3}x\sqrt{x}+\dfrac{2}{5}x^2\sqrt{x}+C$.

4. e^x+x+C.

5. $\dfrac{a}{3}x^3+\dfrac{b}{2}x^2+cx+C$.

205

6. $\frac{1}{g}\sqrt{2gh}+C$.

7. $3x-2\ln x-\frac{1}{x}-\frac{1}{2x^2}+C$.

8. $\frac{1}{3}x^3+\frac{3}{2}x^2+9x+C$.

9. $x+4\ln x-\frac{4}{x}+C$.

10. $\frac{1}{\ln 5}5^x-2\arcsin x-2\cos x+C$.

11. $\sin x+C$.

12. $-\cot x-2x+C$.

13. $\arcsin x+C$.

14. $\tan x-\sec x+C$.

【习题 4-3】

(1) $-\frac{1}{16}(2x+3)^{-8}+C$; (2) $-\frac{2}{9}(1-3x)^{\frac{3}{2}}+C$; (3) $-\frac{1}{\omega}\cos(\omega t+\varphi)+C$;

(4) $-2e^{-\frac{x}{2}}+C$; (5) $\frac{1}{2}\cot\left(\frac{\pi}{4}-2x\right)+C$; (6) $\frac{10^{2x}}{2\ln 10}+C$; (7) $\frac{1}{\sqrt{3}}\arcsin\sqrt{\frac{3}{2}}x+C$;

(8) $-\frac{1}{6}(1+3x^2)^{-1}+C$; (9) $\ln|x^2-3x+8|+C$; (10) $\frac{1}{4}\arctan\frac{x^2}{2}+C$;

(11) $\frac{1}{4}\arcsin\frac{2x^2}{\sqrt{2}}+C$; (12) $\frac{3}{8}(1+x^2)^{\frac{4}{3}}+C$; (13) $\ln|1+\tan x|+C$;

(14) $-\frac{1}{4}\cos^4\theta+C$; (15) $-\frac{1}{\sqrt{2}}\arctan\frac{\cos x}{\sqrt{2}}+C$; (16) $-\frac{1}{3}e^{-x^3}+C$;

(17) $\frac{2}{3}(\ln x)^{\frac{3}{2}}+C$; (18) $\frac{1}{2}\arctan\frac{e^x}{2}+C$; (19) $\frac{2}{3}(\arctan x)^{\frac{3}{2}}+C$;

(20) $\sqrt{2}\arctan\sqrt{2x}+C$; (21) $\sqrt{x^2-a^2}+a\arcsin\frac{a}{x}+C$; (22) $-\frac{\sqrt{1+x^2}}{x}+C$;

(23) $-\frac{1}{4}\ln|x|+\frac{1}{24}\ln(x^6+4)+C$; (24) $\ln(\sqrt{1+e^x}-1)-\ln(\sqrt{1+e^x}+1)+C$.

【习题 4-4】

(1) $x\arccos x-\sqrt{1-x^2}+C$; (2) $\frac{1}{4}[x\sqrt{1+x^2}+(2x^2-1)\arcsin x]+C$;

(3) $\ln x[\ln(\ln x)-1]+C$; (4) $x(\ln x)^2-2x\ln x+2x+C$; (5) $-e^{-x}(x^2+2x+2)+C$;

(6) $2(\sin\sqrt{x}-\sqrt{x}\cos\sqrt{x})+C$; (7) $2x\sqrt{e^x-1}-4(\sqrt{e^x-1}-\arctan\sqrt{e^x-1})+C$;

(8) $-\frac{1}{x}\text{arccot}\,x-\frac{1}{2}(\text{arccot}\,x)^2+\ln|x|-\frac{1}{2}\ln(1+x^2)+C$; (9) $-\sqrt{1-x^2}\arcsin x+x+C$;

(10) $\sqrt{1+x^2}\arctan x-\ln(x+\sqrt{1+x^2})+C$; (11) $\frac{1}{10}e^x[5-(\cos 2x+2\sin 2x)]+C$;

(12) $\frac{1}{n}\sin^n x\sin nx+C$; (13) $x\tan x+\ln|\cos x|-\frac{1}{2}x^2+C$;

(14) $\frac{3}{8}x+\frac{1}{4}\sin 2x+\frac{1}{32}\sin 4x+C$;

(15) $I_1=\frac{x}{2}[\sin(\ln x)-\cos(\ln x)]+C$;

$I_2 = \dfrac{x}{2}[\sin(\ln x) + \cos(\ln x)] + C$.

【习题 4-5】

(1) $\ln\dfrac{(x-3)^6}{(x-2)^5} + C$.

(2) $\dfrac{1}{2}\ln(x^2+2x+3) - \dfrac{3}{\sqrt{2}}\arctan\dfrac{x+1}{\sqrt{2}} + C$.

(3) $\ln\dfrac{x}{x-1} - \dfrac{1}{x-1} + C$.

(4) $\ln\dfrac{x}{\sqrt{1+x^2}} + C$.

【复习题四】

一、1. D; 2. C; 3. D; 4. D; 5. B.

二、1. $f(2x)$. 2. $\dfrac{f(x)}{1+x^2}$. 3. $\arcsin x + \dfrac{3}{2}\pi$. 4. $\dfrac{-2x}{(1+x)^2}$. 5. $-\dfrac{x^2}{2} + 2x + 3$.

6. $-\dfrac{1}{2}(1-x^2)^2 + C$.

三、(1) $\ln|\tan\theta| + C$; (2) $\arcsin x + \sqrt{1-x^2} + C$;

(3) $-\dfrac{\sqrt{a^2+x^2}}{x} + \ln|x + \sqrt{a^2+x^2}| + C$;

(4) $-\dfrac{2}{9}(1+3\cos^2 x)^{\frac{3}{2}} + C$; (5) $2(x-1)^{\frac{3}{2}}\left[\dfrac{1}{3} + \dfrac{2}{5}(x-1) + \dfrac{1}{7}(x-1)^2\right] + C$;

(6) $\dfrac{1}{6}x^3 + \dfrac{x^2}{4}\sin 2x + \dfrac{x}{4}\cos 2x - \dfrac{1}{8}\sin 2x + C$; (7) $-2x - 3\ln|\sin x + \cos x| + C$;

(8) $-\dfrac{1}{4}\cos 2x - \dfrac{1}{16}\cos 8x + C$; (9) $\dfrac{1}{3}\sec x^3 + C$; (10) $\dfrac{1}{2}\sec^2 x + \ln\cos^2 x - \dfrac{1}{2}\cos^2 x + C$;

(11) $\tan(\ln x) + C$; (12) $\dfrac{3}{2}x^{\frac{2}{3}} + \dfrac{3}{2}x^{\frac{1}{3}} + \dfrac{3}{2}\ln|\sqrt[3]{x} + 1| + C$;

(13) $\dfrac{1}{4}e^x(\sin 2x - \cos 2x) + C$; (14) $\dfrac{1}{5}\ln|5x + \sqrt{25x^2-9}| + C$;

(15) $\tan x\ln\cos x + \tan x - x + C$; (16) $x\tan x + \ln|\cos x| - \dfrac{1}{2}x^2 + C$;

(17) $\dfrac{1}{2}(\tan x + \ln|\tan x|) + C$; (18) $\ln(e^x + e^{-x}) + C$; (19) $\dfrac{1}{8}\ln\left|\dfrac{2x-1}{2x+1}\right| + C$;

(20) $\dfrac{1}{3}(x^3+1)\ln(1+x) - \dfrac{1}{9}x^3 + \dfrac{1}{6}x^2 - \dfrac{1}{3}x + C$; (21) $-\dfrac{1}{2}x\cos 2x + \dfrac{1}{4}\sin 2x + C$;

(22) $x\ln x - x + C$; (23) $x\arctan x - \dfrac{1}{2}\ln(1+x^2) + C$; (24) $-\dfrac{1}{2}\left(\dfrac{1}{x^2}\ln x + \dfrac{1}{2x^2}\right) + C$;

(25) $\ln\left|\dfrac{x}{x-1}\right| - \dfrac{1}{x-1} + C$.

四、证明略.

【习题 5-1】

1. $A = \displaystyle\int_2^3 x^3 \,dx$.

2. 答案略.

3. (1) <；　(2) >；　(3) >；　(4) >.

4. (1) 4；　(2) $\dfrac{\pi}{4}$；　(3) $-\dfrac{1}{2}$；　(4) 0.

【习题 5-2】

1. (1) $\sin x^2$；　(2) $\dfrac{-1}{\sqrt{1+x^2}}$.

2. (1) $\dfrac{29}{6}$；　(2) $\dfrac{\pi}{3}$；　(3) $2-\dfrac{\pi}{2}$；　(4) $\dfrac{\pi}{6}-\dfrac{\sqrt{3}}{8}$.

【习题 5-3】

1. (1) $2\left(1-\dfrac{1}{e}\right)$；　(2) $\dfrac{\pi^2}{4}$；　(3) $2(\cos 1-\cos 2)$；　(4) $\dfrac{a^2}{4}\pi$；　(5) $\dfrac{1}{6}$；
(6) $2-\dfrac{\pi}{2}$；　(7) $\dfrac{31}{5}$；　(8) $\dfrac{\pi}{2}$；　(9) $\dfrac{1}{6}$；　(10) $\dfrac{4}{5}$；　(11) $\sqrt{3}-\dfrac{\pi}{3}$；
(12) $\dfrac{13}{2}$.

2. (1) π；　(2) $\dfrac{\pi-2}{4}$；　(3) 2；　(4) $\dfrac{1}{2}[e(\sin 1-\cos 1)+1]$；　(5) $\dfrac{e^2+1}{4}$；
(6) $\dfrac{\pi}{12}+\dfrac{\sqrt{3}}{2}-1$.

【习题 5-4】

1. (1) 1；　(2) $+\infty$；　(3) ∞；　(4) $-\infty$.

2. (1) $\dfrac{\pi}{2}$；　(2) 1.

【习题 5-5】

1. (1) $\dfrac{8}{3}$；　(2) $\dfrac{1}{6}$.

2. 18.

【习题 5-6】

1. $\dfrac{\pi}{2}(e^2-1)$.

2. $\dfrac{64}{5}\pi$.

3. 8π.

4. $\dfrac{\pi}{2}$.

【复习题五】

一、1. $4x\cos^2 2x$；　2. $-\sqrt{1+x^2}$；　3. >；　4. 0；　5. $3\left(1-\dfrac{\pi}{4}\right)$；　6. $\dfrac{3}{2}-\ln 2$.

二、1. C；　2. C；　3. C；　4. C.

三、1. $\dfrac{4}{3}$.　2. 1.　3. 1.　4. 1.　5. $+\infty$.　6. $2-\dfrac{\pi}{4}$.　7. $2\sqrt{3}-2$.　8. $\dfrac{\pi}{16}$.

9. $4-\pi$.　10. 发散.　11. $\dfrac{5}{3}$.　12. $2\sqrt{2}$.

四、1. $\dfrac{9}{2}$.　2. $\dfrac{3}{2}-\ln 2$.　3. πab.

【习题 6-1】
1. (1) 一阶；　(2) 二阶；　(3) 二阶；　(4) 二阶.
2. (1) 通解；　(2) 通解；　(3) 通解.

【习题 6-2】
1. $y = Ce^{x^2} - 1$.
2. $x^2 = C(1+y^2) + 1$.
3. $x^2 + y^2 = 25$.
4. $y = e^{-3x} + e^{-2x}$.

【习题 6-3】
1. (1) $y = Ce^{-4x} - \dfrac{5}{4}$；　(2) $y = Cx^3 - x^2$；　(3) $y = x(C - \cos x)$；

   (4) $y = \dfrac{x(\ln x - 1 + C)}{\ln x}$；　(5) $y = (x+C)e^{-\sin x}$；

   (6) $y = (x-3)e^x + C_1 x^2 + C_2 x + C_3$；

   (7) $y = C_1 e^x - \dfrac{1}{2}x^2 - x + C_2$；

   (8) $y = 2\ln|y-1| = C_1 + C_2$.

2. (1) $y = x^2(1 - e^{\frac{1}{x}-1})$；　(2) $y = -\dfrac{1}{2}x(\ln x)^2 + 3x^2 - 2x - 1$.

3. (1) $y = \left(\dfrac{1}{2}x^2 + C\right)e^{-x^2}$；　(2) $y = (x+C)e^{-x}$；　(3) $y = \dfrac{C - \sin x}{1 - x^2}$；

   (4) $y = -\ln|\cos(x + C_1)| + C_2$.

4. (1) $y = \left(-\ln|\sin x| + \dfrac{2}{\sqrt{3}} - \ln 2\right)\cos x$；　(2) $y = 1 + \dfrac{1}{x+1}$.

【复习题六】
1. 略.　2. 略.
3. (1) $y = e^{Cx}$；　(2) $y = \dfrac{1}{5}x^3 + \dfrac{1}{2}x^2 + C$；

   (3) $\arcsin y - \arcsin x = C$；　(4) $\dfrac{y}{1 - ay} = C(a + x)$；

   (5) $y = x \arcsin \dfrac{x}{C}$；　(6) $\sqrt{x^2 + y^2} = Ce^{-\arctan \frac{y}{x}}$.

4. $y = 1 + x^2 + \sqrt{1+x^2}\left(\arcsin x - \dfrac{1}{2}\right)$.

【习题 7-1】
1. (1) $(1, -3, -2)$, $(-1, 3, -2)$, $(-1, -3, 2)$, $(2, -1, 3)$, $(-2, 1, -3)$, $(-2, -1, -3)$；

   (2) $(-1, -3, -2)$, $(-2, -1, 3)$；

   (3) $(1, 3, -2)$, $(-1, 3, 2)$, $(1, -3, 2)$, $(2, 1, 3)$, $(-2, 1, -3)$, $(2, -1, -3)$.

2. (1) $\sqrt{29}$；　(2) $2\sqrt{5}$；5；$\sqrt{13}$；　(3) 4；3；2.

3. 略.

【习题 7-2】
1. $\overrightarrow{CA} = -\boldsymbol{a} - \boldsymbol{b}$；$\overrightarrow{DB} = \boldsymbol{a} - \boldsymbol{b}$；$\overrightarrow{OA} = -\dfrac{1}{2}\boldsymbol{a} - \dfrac{1}{2}\boldsymbol{b}$；$\overrightarrow{OB} = \dfrac{1}{2}\boldsymbol{a} - \dfrac{1}{2}\boldsymbol{b}$；$\overrightarrow{OC} = \dfrac{1}{2}\boldsymbol{a} + \dfrac{1}{2}\boldsymbol{b}$；$\overrightarrow{OD} =$

$-\frac{1}{2}\boldsymbol{a}+\frac{1}{2}\boldsymbol{b}.$

2. 略.

3. (1) $(14, 0, -18)$; (2) $(2k+t, 3k+2t, t-2k)$.

4. $|\boldsymbol{a}|=\sqrt{17}$; $|\boldsymbol{b}|=\sqrt{6}.$

$\boldsymbol{a}°=\left\{\frac{3}{\sqrt{17}},\frac{2}{\sqrt{17}},\frac{2}{\sqrt{17}}\right\}$; $\boldsymbol{b}°=\left\{\frac{1}{\sqrt{6}},\frac{2}{\sqrt{6}},\frac{1}{\sqrt{6}}\right\}.$

5. $\overrightarrow{AB}=\{3, -5, 2\}$; $\overrightarrow{BC}=\{-2, 2, 2\}$; $\overrightarrow{CA}=\{-1, 3, -4\}.$

6. $\cos\alpha=\frac{\sqrt{5}-1}{2}$; $\cos\beta=\frac{\sqrt{5}-1}{2}$; $\cos\gamma=2-\sqrt{5}.$

【习题 7-3】

1. (1) 9; (2) $3\sqrt{3}$; (3) $46-3\sqrt{3}.$

2. (1) 9; (2) 5; (3) $-33.$

3. 略.

4. $-\frac{\sqrt{3}}{9}.$

5. 略.

6. (1) 19; (2) $\frac{19}{\sqrt{406}}.$

7. $\left\{\frac{5\sqrt{2}}{2}, -\frac{5\sqrt{2}}{4}, \frac{5\sqrt{6}}{4}\right\}$ 或 $\left\{-\frac{5\sqrt{2}}{2}, \frac{5\sqrt{2}}{4}, -\frac{5\sqrt{6}}{4}\right\}.$

8. $3\boldsymbol{i}-3\boldsymbol{k}.$

9. $\pm\frac{\sqrt{3}}{3}(\boldsymbol{i}-\boldsymbol{j}-\boldsymbol{k}).$

10. $\pm\frac{\sqrt{5}}{5}(2\boldsymbol{j}-\boldsymbol{k}).$

11. $\frac{\sqrt{2}}{2}.$

【习题 7-4】

1. $2x-y+2z+2=0$

2. $2x-y+3z-11=0$

3. $4x-y+z-7=0$

4. $\frac{x}{a}+\frac{y}{b}+\frac{z}{c}=1$

5. (1) yoz 坐标面; (2) 平行于 xoz 面的平面; (3) 平行于 z 轴的平面;
   (4) 通过 z 轴的平面; (5) 通过原点的平面; (6) 平面在坐标轴上的截距均为 2

6. (1) $y+1=0$; (2) $y+3z=0$

【习题 7-5】

1. (1) $\begin{cases} x=3+3t \\ y=-1+2t \\ z=2+t \end{cases}$ $\begin{cases} y-2z+5=0 \\ 2x-3y-9=0 \end{cases}$ (2) $\begin{cases} x=\frac{2}{3}+3t \\ y=2-t \\ z=\frac{1}{3}t \end{cases}$ $\begin{cases} 3x+y-4=0 \\ y+3z-2=0 \end{cases}$

(3) $\begin{cases} x=-2+2t \\ y=1 \\ z=3+3t \end{cases}$ $\begin{cases} y-1=0 \\ 3x-2z+12=0 \end{cases}$ (4) $\begin{cases} x=2+t \\ y=-1 \\ z=3 \end{cases}$ $\begin{cases} y+1=0 \\ z-3=0 \end{cases}$

2. (1) $\dfrac{x-3}{1}=\dfrac{y+1}{7}=\dfrac{z}{8}$, $\begin{cases} x=3+t \\ y=-1+7t \\ z=8t \end{cases}$ (2) $\dfrac{x-\dfrac{5}{2}}{1}=\dfrac{y-3}{2}=\dfrac{z}{4}$; $\begin{cases} x=\dfrac{5}{2}+t \\ y=3+2t \\ z=4t \end{cases}$

(3) $\dfrac{x-1}{1}=\dfrac{y}{3}=\dfrac{z-2}{0}$, $\begin{cases} x=1+t \\ y=3t \\ z=2 \end{cases}$ (4) $\dfrac{x-7}{3}=\dfrac{y+3}{-2}=\dfrac{z}{1}$, $\begin{cases} x=7+3t \\ y=-3-2t \\ z=t \end{cases}$

3. $\dfrac{x-2}{3}=\dfrac{y-3}{2}=\dfrac{z+1}{2}$

4. $\dfrac{x-1}{3}=\dfrac{y-3}{2}=\dfrac{z-2}{-1}$

5. $\dfrac{x-1}{3}=\dfrac{y+2}{-1}=\dfrac{z-5}{3}$

【习题 7-6】

1. $(b^2-a^2)x^2+b^2y^2+b^2z^2-b^2(b^2-a^2)=0$ 是旋转椭圆面

2. $(x+2)^2+(y+3)^2+(z-1)^2=13$

3. $x^2+(y+1)^2+z^2=5$.

4. (1) $(-1, 2, 3)$, $R=3$; (2) $\left(-\dfrac{1}{2}, 0, \dfrac{1}{2}\right)$, $R=1$

5. $\dfrac{x^2}{2}+\dfrac{y^2}{5}+\dfrac{z^2}{5}=1, \dfrac{x^2}{2}+\dfrac{y^2}{2}+\dfrac{z^2}{5}=1$.

【复习题七】

一、1. $2\boldsymbol{i}-11\boldsymbol{j}+10\boldsymbol{k}$

2. $\cos\alpha=\dfrac{3}{\sqrt{41}}$, $\cos\beta=\dfrac{4}{\sqrt{41}}$, $\cos\gamma=-\dfrac{4}{\sqrt{41}}$

3. -1;   4. -32;   5. $-\boldsymbol{i}+3\boldsymbol{j}+5\boldsymbol{k}$;

6. $-12\boldsymbol{i}-4\boldsymbol{j}-6\boldsymbol{k}$;   7. $3x+y-2z-7=0$;   8. $\dfrac{\pi}{3}$;   9. $(-3, 6, -5)$;   10. $\dfrac{2\pi}{3}$

二、1. $\{-2,0,2\}$;   2. 6;   3. $2\boldsymbol{a}\times\boldsymbol{c}$;   4. $\boldsymbol{a}\times\boldsymbol{c}$

三、1. $l_1 \parallel l_2$;   2. $l_1 \perp l_2$;

四、1. $l \parallel \pi$;   2. l 在 π 上;   3. $l \perp \pi$

【习题 8-1】

1. (1) $-\dfrac{12}{13}$;   (2) $\dfrac{4xy}{4x^2+y^2}$;   (3) $\dfrac{2x(x^2-y^2-yh)}{(x^2+y^2)[x^2+(y+h)^2]}$;   (4) $\dfrac{2xy}{x^2+y^2}$

2. $x^2-y^2-\left(\dfrac{x}{y}\right)^{2y}$

3. (1) $x \geqslant 0$;   (2) $\dfrac{x^2}{a^2}+\dfrac{y^2}{b^2} \leqslant 1$;   (3) $|x| \leqslant |y|$ 且 $y \neq 0$;   (4) $x \leqslant x^2+y^2 < 2x$

4. $x>y$ 且 $x>0$ 或 $x<y$ 且 $x<0$, 不是

5. $f(x)=x^2+x, z=(x+y)^2+2x$

6. 略

7. (1) 3;   (2) $-\dfrac{1}{4}$;   (3) 1;   (4) $\dfrac{\pi}{4}$

211

【习题 8-2】

1. (1) $\dfrac{\partial z}{\partial x}=2\ln y \cdot y^{2x}$, $\dfrac{\partial z}{\partial y}=2x \cdot y^{2x-1}$; (2) $\dfrac{\partial z}{\partial x}=1+\ln(xy)$, $\dfrac{\partial z}{\partial y}=\dfrac{x}{y}$;

(3) $\dfrac{\partial z}{\partial x}=3x^2+6x-9$, $\dfrac{\partial z}{\partial y}=-3y^2+6y$; (4) $\dfrac{\partial z}{\partial x}=\dfrac{3}{3x-2y}$, $\dfrac{\partial z}{\partial y}=\dfrac{-2}{3x-2y}$;

(5) $\dfrac{\partial z}{\partial x}=\dfrac{y^2}{(x^2+y^2)\sqrt{x^2+y^2}}$, $\dfrac{\partial z}{\partial y}=\dfrac{-xy}{(x^2+y^2)\sqrt{x^2+y^2}}$;

(6) $\dfrac{\partial z}{\partial x}=\cos y\cos x \cdot (\sin x)^{\cos y-1}$, $\dfrac{\partial z}{\partial y}=-\sin y(\sin x)^{\cos y}\ln\sin x$;

(7) $\dfrac{\partial z}{\partial x}=\dfrac{2x^2-y}{x(2x^2+y)}$, $\dfrac{\partial z}{\partial y}=\dfrac{1}{2x^2+y}$;

(8) $\dfrac{\partial u}{\partial x}=\sec^2(1+x+y^2+z^3)$, $\dfrac{\partial u}{\partial y}=2y\cdot\sec^2(1+x+y^2+z^3)$, $\dfrac{\partial u}{\partial z}=3z^2\cdot\sec^2(1+x+y^2+z^3)$;

(9) $\dfrac{\partial z}{\partial x}=\dfrac{-y}{x^2+y^2}$, $\dfrac{\partial z}{\partial y}=\dfrac{x}{x^2+y^2}$;

(10) $\dfrac{\partial u}{\partial x}=\dfrac{x}{u}$, $\dfrac{\partial u}{\partial y}=\dfrac{y}{u}$, $\dfrac{\partial u}{\partial z}=\dfrac{z}{u}$.

2. (1) $\dfrac{1}{5}$, $\dfrac{1}{5}$; (2) 1, $\dfrac{\pi}{6}$.

3. (1) $\dfrac{\partial^2 z}{\partial x^2}=e^x(\cos y+x\sin y+2\sin y)$, $\dfrac{\partial^2 z}{\partial x\partial y}=e^x(-\sin y+x\cos y+\cos y)$,

$\dfrac{\partial^2 z}{\partial y^2}=-e^x(\cos y+x\sin y)$;

(2) $\dfrac{\partial^2 z}{\partial x^2}=\dfrac{-e^{x+y}}{(e^x+e^y)^2}$, $\dfrac{\partial^2 z}{\partial x\partial y}=\dfrac{e^{x+y}}{(e^x+e^y)^2}$, $\dfrac{\partial^2 z}{\partial y^2}=\dfrac{e^{x+y}}{(e^x+e^y)^2}$;

(3) $\dfrac{\partial^2 z}{\partial x^2}=\dfrac{-2x}{(1+x^2)^2}$, $\dfrac{\partial^2 z}{\partial x\partial y}=0$, $\dfrac{\partial^2 z}{\partial y^2}=\dfrac{-2y}{(1+y^2)^2}$;

(4) $\dfrac{\partial^2 z}{\partial x^2}=2a^2\cos2(ax+by)$, $\dfrac{\partial^2 z}{\partial x\partial y}=2ab\cos2(ax+by)$, $\dfrac{\partial^2 z}{\partial y^2}=2b^2\cos2(ax+by)$;

(5) $\dfrac{\partial^2 z}{\partial x^2}=6xy^2+y^2e^{xy}$, $\dfrac{\partial^2 z}{\partial x\partial y}=6x^2y-1+(1+xy)e^{xy}$, $\dfrac{\partial^2 z}{\partial y^2}=2x^3+x^2e^{xy}$;

(6) $\dfrac{\partial^2 z}{\partial x^2}=\dfrac{-x}{(x^2+y^2)^{\frac{3}{2}}}$, $\dfrac{\partial^2 z}{\partial x\partial y}=\dfrac{-y}{(x^2+y^2)^{\frac{3}{2}}}$, $\dfrac{\partial^2 z}{\partial y^2}=\dfrac{\sqrt{x^2+y^2}(x^2-y^2)+x^3}{\sqrt{x^2+y^2}(x\sqrt{x^2+y^2}+x^2+y^2)}$

4. (1) 2, 3, 2; (2) 2, 2, 0

5. 略 6. 略

【习题 8-3】

1. $dz=14.8, \Delta z=15.07$

2. $dz=0.027766, \Delta z=0.028252$

3. (1) $e^x[\sin(x+y)+\cos(x+y)]dx+e^x\cos(x+y)dy$;

(2) $\dfrac{2}{x^2+y^2}(xdx+ydy)$; (3) $\dfrac{y}{\sqrt{1-x^2y^2}}dx+\dfrac{x}{\sqrt{1-x^2y^2}}dy$;

(4) $\dfrac{-ydx+xdy}{x^2+y^2}$; (5) $y^2(1+xy)^{y-1}dx+(1+xy)^y\left[\ln(1+xy)+\dfrac{xy}{1+xy}\right]dy$;

(6) $x^{yz-1}(yzdx+xz\ln xdy+xy\ln xdz)$

4. (1) 2.95; (2) 0.502

【习题 8-4】

1. (1) $\dfrac{\partial z}{\partial x}=e^{xy}y\cos(2x-y)-2e^{xy}\sin(2x-y)$，$\dfrac{\partial z}{\partial y}=e^{xy}x\cos(2x-y)+e^{xy}\sin(2x-y)$；

(2) $\dfrac{\partial z}{\partial x}=\dfrac{2u}{u^2+v}(ue^{x+y^2}+x)$，$\dfrac{\partial z}{\partial y}=\dfrac{1}{u^2+v}(4uye^{x+y^2}+1)$，其中 $u=e^{x+y^2}$，$v=x^2+y$；

(3) $\dfrac{\partial z}{\partial x}=\dfrac{2x}{1+(1+x^2-y^2)^2}$，$\dfrac{\partial z}{\partial y}=\dfrac{-2y}{1+(1+x^2-y^2)^2}$；

(4) $\dfrac{\partial z}{\partial x}=\dfrac{2(x-2y)(x+3y)}{(2x+y)^2}$，$\dfrac{\partial z}{\partial y}=\dfrac{-(x-2y)(9x+2y)}{(2x+y)^2}$；

(5) $\dfrac{\partial z}{\partial x}=u^{v-1^2}(v+2u\ln u)$，$\dfrac{\partial z}{\partial y}=u^{v-1^2}(2v+u\ln u)$，其中 $u=x+2y$，$v=2x+y$；

(6) $\dfrac{\partial z}{\partial x}=x^{x^y+y-1}(1+y\ln x)$，$\dfrac{\partial z}{\partial y}=x^{x^y+y}\ln^2 x$； (7) $\dfrac{\partial u}{\partial s}=\dfrac{\partial u}{\partial t}=4e^{x+y+z}$.

2. (1) $\dfrac{\partial u}{\partial x}=\dfrac{1+y\cos(xy)}{\sqrt{1-[x+y+\sin(xy)]^2}}$，$\dfrac{\partial u}{\partial y}=\dfrac{1+x\cos(xy)}{\sqrt{1-[x+y+\sin(xy)]^2}}$；

(2) $\dfrac{\partial u}{\partial x}=2y(x+y)^{x-y-1}[x-y+(x+y)\ln(x+y)]$

$\dfrac{\partial u}{\partial y}=2(x+y)^{x-y-1}[y(x-y)-y(x+y)\ln(x+y)+x+y]$

3. (1) $\dfrac{\partial u}{\partial x}=(3x^2+y+yz)f'$，$\dfrac{\partial u}{\partial y}=(x+xz)f'$，$\dfrac{\partial u}{\partial z}=xyf'$；

(2) $\dfrac{\partial z}{\partial x}=2xf'_1+ye^{xy}f'_2$，$\dfrac{\partial z}{\partial y}=-2yf'_1+xe^{xy}f'_2$；

(3) $\dfrac{\partial z}{\partial x}=2xf'_1+(y\sec^2 xy)f'_2$，$\dfrac{\partial z}{\partial y}=-2yf'_1+(x\sec^2 xy)f'_2$；

(4) $\dfrac{\partial u}{\partial x}=\dfrac{1}{y}f'_1$，$\dfrac{\partial u}{\partial y}=-\dfrac{x}{y^2}f'_1+\dfrac{1}{z}f'_2$，$\dfrac{\partial u}{\partial z}=-\dfrac{y}{z^2}f'_2$；

(5) $\dfrac{\partial z}{\partial x}=yf(x+y,x-y)+xy(f'_1+f'_2)$， $\dfrac{\partial z}{\partial y}=xf(x+y,x-y)+xy(f'_1-f'_2)$；

(6) $\dfrac{\partial z}{\partial x}=2xyf(x^2-y^2,xy)+2x^3yf'_1+x^2y^2f'_2$，$\dfrac{\partial z}{\partial y}=x^2f(x^2-y^2,xy)-2x^2y^2f'_1+x^3yf'_2$

4. (1) $\dfrac{dz}{dx}=(\sin 2x)^{\sqrt{x^2-1}}\left(2\sqrt{x^2-1}\cot 2x+\dfrac{x\ln(\sin 2x)}{\sqrt{x^2-1}}\right)$；

(2) $\dfrac{dz}{dx}=\dfrac{y+x\sec^2 x}{1+x^2y^2}$； (3) $\dfrac{dz}{dx}=\dfrac{12t^2-3}{\sqrt{1-(3t-4t^3)^2}}$； (4) $\dfrac{dz}{dx}=2e^t\sin t$

【复习题八】

一、1. $|x|<1$； 2. $x^2+y^2\leqslant 2$； 3. 除 $y=x$ 和 $y=-x$ 外的平面区域； 4. $x^2\geqslant y\geqslant 0$，$x\geqslant 0$

二、1. (1) 31; (2) $3t^2x^2-2t^2xy+t^3y^3$; (3) $\dfrac{12}{x^2}-\dfrac{4}{xy}+\dfrac{1}{y^3}$;

(4) $3xy-2(x-y)\sqrt{xy}+(x-y)^3$; (5) $6x-2y+3\Delta x$

2. $\dfrac{(x-y)(x+y)^2+2(x-y)^2}{8}$

3. $\dfrac{x^2(1+y)}{1-y}$

三、1. 0; 2. e; 3. $\dfrac{1}{2}$; 4. 0; 5. e^{-1}; 6. $\dfrac{\pi}{2}$

四、1. $\dfrac{\partial z}{\partial x}=y+\dfrac{1}{y},\ \dfrac{\partial z}{\partial y}=x-\dfrac{x}{y^2}$; 2. $\dfrac{\partial z}{\partial x}=\dfrac{1}{\sqrt{y^2-x^2}},\ \dfrac{\partial z}{\partial y}=\dfrac{-x}{y\sqrt{y^2-x^2}}$;

3. $\dfrac{\partial z}{\partial x}=y\cos(xy)\tan\dfrac{y}{x}-\dfrac{y}{x^2}\sin(xy)\sec^2\dfrac{y}{x},\ \dfrac{\partial z}{\partial y}=x\cos(xy)\tan\dfrac{y}{x}+\dfrac{1}{x}\sin(xy)\sec^2\dfrac{y}{x}$;

4. $\dfrac{\partial z}{\partial x}=e^{x+y}\sin y(\cos x-\sin x),\ \dfrac{\partial z}{\partial y}=e^{x+y}\cos x(\cos y+\sin y)$; 5. $\dfrac{\partial z}{\partial x}=\dfrac{-2y}{(x-y)^2},\ \dfrac{\partial z}{\partial y}=\dfrac{2x}{(x-y)^2}$;

6. $\dfrac{\partial z}{\partial x}=\dfrac{1}{1+x^2},\ \dfrac{\partial z}{\partial y}=\dfrac{1}{1+y^2}$; 7. $\dfrac{\partial u}{\partial x}=\dfrac{2x}{x^2+y^2+z^2},\ \dfrac{\partial u}{\partial y}=\dfrac{2y}{x^2+y^2+z^2},\ \dfrac{\partial u}{\partial z}=\dfrac{2z}{x^2+y^2+z^2}$;

8. $\dfrac{\partial u}{\partial x}=\dfrac{y}{z}x^{\frac{y}{z}-1},\ \dfrac{\partial u}{\partial y}=-\dfrac{1}{z}x^{\frac{y}{z}}\ln x,\ \dfrac{\partial u}{\partial z}=-\dfrac{y}{z^2}x^{\frac{y}{z}}\ln x$

【习题 9-1】

1. $P=\iint\limits_{D}p(x+y)d\sigma$

2. $Q=\iint\limits_{D}u(x,y)d\sigma$

3. (1) $V=\iint\limits_{D}4\left(1-\dfrac{x}{2}-\dfrac{y}{3}\right)d\sigma, D: 0\leqslant x\leqslant 2, 0\leqslant y\leqslant 3\left(1-\dfrac{x}{2}\right)$;

(2) $V=\iint\limits_{D}(2x^2+y^2)d\sigma, D: -2\leqslant x\leqslant 2, x^2\leqslant y\leqslant 4$;

(3) $V=\iint\limits_{D}\sqrt{4-x^2-y^2}d\sigma, D: -1\leqslant x\leqslant 1, -\sqrt{1-x^2}\leqslant y\leqslant\sqrt{1-x^2}$

4. (1) π; (2) $\dfrac{2}{3}\pi R^3$.

5. (1) 0; (2) $\iint\limits_{D_1}f(x,y)d\sigma=\dfrac{1}{2}\iint\limits_{D}f(x,y)d\sigma$.

【习题 9-2】

1. (1) $I=\displaystyle\int_1^2 dx\int_0^{\frac{\pi}{2}}f(x,y)dy=\int_0^{\frac{\pi}{2}}dx\int_1^2 f(x,y)dx$;

(2) $I=\displaystyle\int_0^4 dx\int_1^{2\sqrt{x}}f(x,y)dy=\int_0^4 dy\int_{\frac{y^2}{4}}^{y}f(x,y)dx$;

(3) $I=\displaystyle\int_{-1}^1 dx\int_{1-\sqrt{1-x^2}}^{1+\sqrt{1-x^2}}f(x,y)dy=\int_0^2 dy\int_{-\sqrt{2y-y^2}}^{\sqrt{2y-y^2}}f(x,y)dx$;

(4) $I=\displaystyle\int_0^1 dx\int_{\pi}^{2x}f(x,y)dy+\int_1^{\sqrt{2}}dx\int_x^{\frac{2}{x}}f(x,y)dy=\int_0^{\sqrt{2}}dy\int_{\frac{y}{2}}^{y}f(x,y)dx+\int_{\sqrt{2}}^2 dy\int_{\frac{y}{2}}^{\frac{2}{y}}f(x,y)dx$.

2. (1) $\int_0^a dy \int_{-\sqrt{a^2-y^2}}^{-\sqrt{a^2-y^2}} f(x,y)dx$;　(2) $\int_0^{\frac{1}{2}} dy \int_0^y f(x,y)dx + \int_{\frac{1}{2}}^1 dy \int_0^{1-y} f(x,y)dx$;

(3) $\int_{-2}^0 dx \int_{2x+4}^{4-x^2} f(x,y)dy$;　(4) $\int_0^2 dx \int_{\frac{x}{2}}^{3-x} f(x,y)dy$

3. (1) $(e-1)^2$;　(2) $\dfrac{9}{4}$;　(3) $\dfrac{2}{3}$;　(4) 1

4. (1) $I = \int_{-\frac{\pi}{2}}^{\frac{\pi}{2}} d\theta \int_0^{2\cos\theta} f(r\cos\theta, r\sin\theta)rdr$;　(2) $I = \int_{\frac{\pi}{4}}^{\frac{3\pi}{4}} d\theta \int_0^R f(r\cos\theta, r\sin\theta)rdr$;

(3) $I = \int_{-\frac{\pi}{2}}^{\frac{\pi}{2}} d\theta \int_{2\cos\theta}^2 f(r\cos\theta, r\sin\theta)rdr + \int_{\frac{\pi}{2}}^{\frac{3\pi}{2}} d\theta \int_0^2 f(r\cos\theta, r\sin\theta)rdr$

5. (1) $\dfrac{\pi}{4}[(1+R^2)\ln(1+R^2) - R^2]$; (2) $2\pi(\sin 1 - \cos 1)$; (3) $\dfrac{1}{3}R^3(\pi - \dfrac{4}{3})$; (4) $\dfrac{3}{64}\pi^2$;

(5) $2 - \dfrac{\pi}{2}$.

【习题 9-3】

1. (1) $9\dfrac{1}{6}$; (2) 96π; (3) 6π; (4) $4\sqrt{3}\pi(\sqrt{2}-1)$

2. $V = \dfrac{4}{3}\pi[a^3 - (a^2-b^2)^{\frac{3}{2}}]$

【复习题九】

一、1. $\sqrt[3]{\dfrac{3}{2}}$;　2. $\int_0^1 dy \int_0^{1-y} f(x,y)dx$;　3. $\int_0^{\frac{\pi}{2}} d\theta \int_0^{2\sin\theta} f(r\cos\theta, r\sin\theta)rdr$;

4. 12.　5. 0.　6. $\int_0^1 dy \int_{\sqrt{y}}^{1+\sqrt{1-y^2}} f(x,y)dx$.

二、1. A;　2. B;　3. C;　4. A;　5. A

三、1. 2;　2. $-\dfrac{\pi}{6}$;　3. $\dfrac{9}{64}\pi^3$;　4. $\dfrac{1}{2}(e-1)$;　5. $\dfrac{11}{4}$.

【习题 10-1】

1. (1) $\dfrac{1}{2}, \dfrac{3}{8}, \dfrac{15}{48}, \dfrac{105}{384}, \dfrac{945}{3840}$;　(2) $\dfrac{3}{5}, \dfrac{4}{10}, \dfrac{5}{17}, \dfrac{6}{26}, \dfrac{7}{37}$

2. (1) $(-1)^{n-1}\dfrac{n+1}{n} (n \in N)$;　(2) $\dfrac{a^{n-1}}{(3n-2)(3n+1)}$

【习题 10-2】

1. (1) 收敛;　(2) 收敛;　(3) 收敛

2. (1) 发散;　(2) 收敛;　(3) 收敛;　(4) 收敛

【习题 10-3】

1. (1) 收敛半径 $R=1$, 收敛域 $(-1,1]$;　(2) 收敛半径 $R=0$, 收敛域 $x=0$;

(3) 收敛半径 $R=3$, 收敛域 $(-3,3)$;　(4) 收敛半径 $R=\dfrac{1}{2}$, 收敛域 $\left[-\dfrac{1}{2}, \dfrac{1}{2}\right]$

2. (1) $\dfrac{2x}{(1-x^2)^2}$ ($|x|<1$);　(2) $\dfrac{2x-x^2}{(1-x)^2}$ ($|x|<1$)

【习题 10-4】

(1) $e^{-2x} = 1 - 2x + 2x^2 - \dfrac{4}{3}x^3 + \cdots + (-1)^n \dfrac{2^n}{n!}x^n + \cdots \quad x \in (-\infty, \infty)$

(2) $\sin\dfrac{x}{2} = \dfrac{x}{2} - \dfrac{x^3}{3! \times 2^3} + \dfrac{x^5}{5! \times 2^5} - \cdots + (-1)^n \dfrac{x^{2n+1}}{(2n+1)! \times 2^{2n+1}} + \cdots \quad x \in (-\infty, \infty)$

(3) $\ln(2+x) = \ln 2 + \dfrac{x}{2} - \dfrac{x^2}{2\times 2^2} + \dfrac{x^3}{3\times 2^2} - \dfrac{x^4}{4\times 2^2} + \cdots + (-1)^n \dfrac{x^n}{(n+1)\times 2^{n+1}} + \cdots$ $x \in (-2,2)$

【复习题十】

一、1. D； 2. C； 3. B； 4. D； 5. A.

二、1. $\dfrac{(-1)^{n-1}}{2^{n-1}}$； 2. $\dfrac{1}{2}$；$\dfrac{1}{4n^2-1}$； 3. 收敛； 4. >1； 5. 发散

参 考 文 献

[1] 仉志余编著. 大学数学应用教程. 第2版. 北京：北京大学出版社，2009.
[2] 盛祥耀主编. 高等数学. 北京：高等教育出版社，2003.
[3] 陈仲主编. 大学数学典型题解析. 南京：南京大学出版社，2006.
[4] 同济大学应用数学系. 高等数学（本科少学时类型）下册. 第3版. 北京：高等教育出版社，2006.
[5] 丁大公. 专升本《高等数学》（二）教程. 第3版. 上海：华东师范大学出版社，2006.
[6] 阎章杭，李月清，杨惟建主编. 高等应用数学. 北京：化学工业出版社，2005.
[7] 邓俊谦. 应用数学基础. 上海：华东师范大学出版社，2005.
[8] 王文波编著. 数学建模及其基础知识详解. 武汉：武汉大学出版社，2006.
[9] 李景龙，杜晓梅，陈玄令主编. 高等数学. 北京：化学工业出版社，2012.
[10] 陈玄令编著. 高等数学. 北京：化学工业出版社，2013.

高职高专"十二五"规划教材

高等数学练习册

于兴甲　冯大雨　主编

·北京·

第一章 函数、极限与连续

第一节 函数的概念
第二节 函数的几种性质

一、填空题

1. $y=\dfrac{\sqrt{x-1}}{1-\ln x}$ 的定义域是_____.

2. $y=\sqrt{x^2-4}+\sqrt{\log_3(x-1)}+\arcsin\dfrac{2x-1}{7}$ 的定义域是_____.

3. 设 $f\left(\dfrac{1}{x}\right)=x+\sqrt{1+x^2}\,(x>0)$,则 $f(x)=$_____.

二、单项选择题

1. 函数 $y=\sin\left(x+\dfrac{3\pi}{2}\right)$ 是( ).

　A. 奇函数　　B. 偶函数　　C. 非周期函数　　D. 单调函数

2. 下列各对函数中表示相同函数的是( ).

　A. $f(x)=\sqrt{x^2},\ g(x)=x$　　B. $f(x)=\ln x^2,\ g(x)=2\ln x$

　C. $f(x)=\ln x^3,\ g(x)=3\ln x$　　D. $f(x)=\dfrac{x^2-1}{x+1},\ g(x)=x-1$

三、求下列函数的定义域

1. $y=\sqrt{16-x^2}+\arcsin\dfrac{2x-1}{7}+\dfrac{\sqrt{\ln(x-1)}}{x(x-3)}$

2. $y=\sqrt{x^2-x-6}+\arcsin\dfrac{2x-1}{5}$

四、求函数 $f(x)=\begin{cases} x^2, & -1\leqslant x<0 \\ x^2-1, & 0<x\leqslant 1 \end{cases}$ **的反函数.**

五、证明

1. $f(x)=\ln(x+\sqrt{x^2+1})$ 为奇函数.

2. $f(x)=\left(\dfrac{1}{a^x+1}-\dfrac{1}{2}\right)F(x)$ [其中 $a>0$ 且 $a\neq 1$,$F(x)$ 是奇函数] 为偶函数.

第三节　初等函数

一、填空题

1. 由 $y=\cos u$,$u=\sqrt{v}$,$v=x+2$ 复合而成的函数为_____.

2. $f(x)=x^3$,$\phi(x)=\ln x$,则 $f[\phi(x)]=$_____,$\phi[f(x)]=$_____.

3. $f(x)=\begin{cases} x+1, & x>0 \\ \pi, & x=0 \\ 0, & x<0 \end{cases}$,则 $f\{f[f(-1)]\}=$_____.

4. 函数 $y=e^{\arccos(3x-1)}$,是由_____复合而成的.

二、判断下列函数能否构成复合函数,并说明理由

1. $y=\arcsin u$,$u=\dfrac{1}{1+x^2}$

2. $y=\sqrt{\dfrac{1}{2}u-1}$,$u=\cos x$

3. $y=\ln u$,$u=x-\sqrt{1+x^2}$

三、下列函数可以看成哪些简单函数的复合

1. $y=\log_a \sin 2^{x+1}$

2. $y = \arcsin \sqrt{\lg(x-1)}$

3. $y = \cos(e^x - 1)^2$

4. $y = \cos^2 \ln(x^2 - 2x + 1)$

5. $y = \lg(2 + \tan^2 x)$

6. $y = \ln\left(\dfrac{1-2\sin x}{3+2\sin x}\right)$

第四节　函数的极限

数列的极限

一、填空题

1. 数列 $\dfrac{1}{2}$，$-\dfrac{3}{4}$，$\dfrac{5}{8}$，$-\dfrac{7}{16}$，$\dfrac{9}{32}$，…的通项公式为_____．

2. $\lim\limits_{n \to \infty} \dfrac{2}{3n} = $ _____．

3. 等比数列 $\dfrac{1}{3}$，$\dfrac{1}{9}$，$\dfrac{1}{27}$，$\dfrac{1}{81}$，…的和 $S = $ _____．

二、单项选择题

求极限 $\lim\limits_{n \to \infty}(\sqrt{n+2} - \sqrt{n+1})$ 过程正确的是（　　）．

A. $\lim\limits_{n\to\infty}(\sqrt{n+2}-\sqrt{n+1})=\lim\limits_{n\to\infty}\sqrt{n+2}-\lim\limits_{n\to\infty}\sqrt{n+1}=\infty-\infty=0$

B. $\lim\limits_{n\to\infty}(\sqrt{n+2}-\sqrt{n+1})=\lim\limits_{n\to\infty}\sqrt{n}\left(\sqrt{1+\dfrac{2}{n}}-\sqrt{1+\dfrac{1}{n}}\right)$
$=\lim\limits_{n\to\infty}\sqrt{n}\lim\limits_{n\to\infty}\left(\sqrt{1+\dfrac{2}{n}}-\sqrt{1+\dfrac{1}{n}}\right)=\infty(1-1)=0$

C. $\lim\limits_{n\to\infty}(\sqrt{n+2}-\sqrt{n+1})=\lim\limits_{n\to\infty}\left[\sqrt{n+2}\left(1-\sqrt{\dfrac{n+1}{n+2}}\right)\right]=\infty(1-1=0)$

D. $\lim\limits_{n\to\infty}(\sqrt{n+2}-\sqrt{n+1})=\lim\limits_{n\to\infty}\dfrac{1}{\sqrt{n+2}+\sqrt{n+1}}=0$

三、求下列极限

1. $\lim\limits_{n\to\infty}\dfrac{1+2+\cdots+(n-1)}{n^2}$

2. 已知 $\lim\limits_{n\to\infty}x_n=\dfrac{1}{4}$，$\lim\limits_{n\to\infty}y_n=\dfrac{1}{5}$，求 $\lim\limits_{n\to\infty}(4x_n+5y_n)$

3. $\lim\limits_{n\to\infty}\dfrac{1+\dfrac{1}{2}+\dfrac{1}{4}+\cdots+\dfrac{1}{2^n}}{1+\dfrac{1}{3}+\dfrac{1}{9}+\cdots+\dfrac{1}{3^n}}$

4. $\lim\limits_{n\to\infty}\left[\dfrac{1}{1\cdot3}+\dfrac{1}{3\cdot5}+\dfrac{1}{5\cdot7}+\cdots+\dfrac{1}{(2n-1)(2n+1)}\right]$

四、将下列循环小数化成分数

1. $0.\dot{5}$

2. $1.\dot{3}\dot{2}$

函数的极限

一、填空题

1. $\lim\limits_{x \to -\infty} \arctan x =$ _____ , $\lim\limits_{x \to +\infty} \arctan x =$ _____ .

2. $\lim\limits_{x \to 0^+} \sin x =$ _____ .

二、单项选择题

1. 设 $f(x) = \begin{cases} 2, & x \neq 2 \\ 0, & x = 2 \end{cases}$,则 $\lim\limits_{x \to 2} f(x) = ($ $)$.

    A. 不存在　　　　　B. 0 或 2　　　　　C. 0　　　　　D. 2

2. $\lim\limits_{x \to \infty} \sin x = ($ $)$.

    A. 1　　　　　B. ∞　　　　　C. ± 1　　　　　D. 不存在

3. 若 $f(x_0 - 0) = A_1, f(x_0 + 0) = A_2$,下列结论正确的是 ($\quad$).

    A. $\lim\limits_{x \to x_0} f(x) = \begin{cases} A_1 \\ A_2 \end{cases}$　　　　　B. $\lim\limits_{x \to x_0} f(x)$ 不存在

    C. 当 $A_1 = A_2$ 时,$\lim\limits_{x \to x_0} f(x)$ 存在　　　　　D. 以上结论都不对

三、画出下列函数图像,考察函数变化趋势,并写出其极限

1. $y = \dfrac{x^2 - 4}{x - 2}$,当 $x \to 4$ 时

2. $y = \log_{\frac{1}{3}} x$,当 $x \to 1$ 时

3. $y = 6^x$,当 $x \to -\infty$ 时

四、下列函数是否存在

1. 设 $f(x) = \begin{cases} x^2 + 1, & x < 0 \\ x, & x \geq 0 \end{cases}$,作出函数图形,并说明 $\lim\limits_{x \to 0} f(x)$ 是否存在.

2. 求 $\varphi(x)=\dfrac{|x|}{x}$ 当 $x\to 0$ 时的左、右极限，并说明当 $x\to 0$ 时 $\varphi(x)=\dfrac{|x|}{x}$ 的极限是否存在.

无穷小量与无穷大量

一、填空题

1. 有界函数与无穷小的乘积是_____.

2. 当 $x\to\infty$ 时 x^4 是无穷大，则 $\dfrac{1}{x^4}$ 是_____.

3. $\lim\limits_{x\to\infty}\dfrac{x^2-1}{x+1}=$_____.

二、单项选择题

1. 函数 $f(x)=x\sin\dfrac{1}{x}$ 在点 $x=0$ 处（　　）.

   A. 有定义且有极限　　　　　　B. 无定义但有极限
   C. 有定义但无极限　　　　　　D. 无定义且无极限

2. 当 $x\to 0^+$ 时，下列函数中（　　）为无穷小量.

   A. $xe^{-\frac{1}{x}}$　　　B. $e^{\frac{1}{x}}$　　　C. $\ln x$　　　D. $\dfrac{1}{x}\sin x$

三、求下列极限

1. $\lim\limits_{x\to\infty}\dfrac{3x+1}{2x}$

2. $\lim\limits_{x\to+\infty}\left(\dfrac{1}{5}\right)^x$

3. $\lim\limits_{x\to 0^+}\log_5 x$

4. $\lim\limits_{x\to 0}x^3\arcsin x$

5. $\lim\limits_{x\to\infty}\dfrac{\cos 2x}{x^2}$

四、讨论函数 $y=\dfrac{x-4}{x+4}$ 在什么情况下是无穷小？在什么情况下是无穷大？

第五节　极限的四则运算法则

第六节　两个重要极限

*第七节　无穷小量的比较

一、填空题

1. $\lim\limits_{x\to\infty}\dfrac{x^n+a_1x^{n-1}+\cdots+a_n}{x^m+b_1x^{m-1}+\cdots+b_m}=$ _____.

2. $\lim\limits_{x\to 0}\dfrac{\sin kx}{x}=3$，则 $k=$ _____.

3. $\lim\limits_{x\to 0}\dfrac{1-\cos x}{x^2}=$ _____.

二、单项选择题

1. $\lim\limits_{y\to\infty}\left(1-\dfrac{1}{y}\right)^y=$ （　　）.

   A. e^{-1} 　　　　B. e 　　　　C. $-e$ 　　　　D. 1

2. 下列各式中正确的是（　　）.

   A. $\lim\limits_{x\to\infty}(1+x)^{\frac{1}{x}}=e$ 　　　　B. $\lim\limits_{x\to 0}(1+x)^x=e$

   C. $\lim\limits_{x\to\infty}\left(1+\dfrac{1}{x}\right)^x=e$ 　　　　D. $\lim\limits_{x\to\infty}\left(1+\dfrac{1}{x}\right)^{\frac{1}{x}}=e$

三、求下列极限

1. $\lim\limits_{x\to 2}\dfrac{x^2-4}{x^2-6x+8}$ 　　　　2. $\lim\limits_{x\to 3}\dfrac{4x^2+7}{x^2-9}$

3. $\lim\limits_{x\to\infty}\dfrac{2x^3+x^2-2}{3x^3+2x+5}$ 　　　　4. $\lim\limits_{x\to 0}\dfrac{3x-\sin x}{4x+\sin 2x}$

5. $\lim\limits_{x\to\infty} x\tan\dfrac{1}{x}$

6. $\lim\limits_{x\to 0}(1-x^2)^{\frac{1}{x}}$

7. $\lim\limits_{x\to\infty}\left(1+\dfrac{5}{x}\right)^{x+2}$

8. $\lim\limits_{x\to\infty}\left(\dfrac{x}{1+x}\right)^x$

四、用等价无穷小代换求极限 $\lim\limits_{x\to 0}\dfrac{\tan 4x^2}{1-\cos x}$.

第八节　函数的连续性

一、填空题

1. 函数 $f(x)$ 在点 x_0 连续，则 $\lim\limits_{x\to x_0}f(x)=$ ＿＿＿＿＿．

2. 函数 $f(x)=\dfrac{4x+8}{x^2-4}+1$ 的连续区间为＿＿＿＿＿．

3. 函数 $y=f(x)$ 在 $x=x_0$ 有定义，且 $\lim\limits_{x\to x_0}f(x)$ 存在，但 $\lim\limits_{x\to x_0}f(x)\neq f(x_0)$，则函数 $y=f(x)$ 在点 x_0 处＿＿＿＿＿．

二、单项选择题

1. $f(x)=\begin{cases} x, & 0<x<1 \\ 2, & x=1 \\ 2-x, & 1<x\leq 2 \end{cases}$ 的连续区间为（　　）.

　　A. $[0,2]$　　B. $(0,2]$　　C. $[0,1)\cup(1,2]$　　D. $(0,1)\cup(1,2]$

2. 已知函数 $f(x)=\begin{cases}\dfrac{1}{x}, & x\neq 0 \\ 1, & x=0\end{cases}$，则下面结论错误的是（　　）.

　　A. $\lim\limits_{x\to 0^-}f(x)=-\infty$　　　　B. $\lim\limits_{x\to 0^+}f(x)=+\infty$

　　C. 在点 $x=0$ 间断　　　　D. 定义域区间为 $(-\infty,0)\cup(0,+\infty)$

3. 函数 $f(x)$ 在点 x_0 连续，则 $\lim\limits_{\Delta x\to 0}\Delta y=$（　　）.

　　A. 0　　　　B. ∞　　　　C. 1　　　　D. e

三、计算下列函数的极限

1. $\lim\limits_{x\to 0}\dfrac{\ln(1+x)+x^2}{e^x+2}$

2. $\lim\limits_{x\to \frac{\pi}{6}}\ln(2\sin 3x)$

3. $\lim\limits_{x\to 0}\dfrac{x}{\sqrt{x+9}-3}$

4. $\lim\limits_{x\to 0}\dfrac{\ln(1+3x)}{x}$

5. $\lim\limits_{x\to 0}\dfrac{1-\sqrt{1+x^2}}{x^2}$

四、已知极限 $\lim\limits_{x\to 3}\dfrac{x^2-2x+k}{x-3}$ 存在，求 k 的值，并求这个极限.

五、证明 $f(x)=x^3-x-1$ 在区间 (0, 2) 内至少有一个实根.

第二章 导数与微分

第一节 导数的概念

一、填空题

1. 设 $f(x)$ 在 x_0 可导，用 $f'(x_0)$ 表示下列极限：

(1) $\lim\limits_{\Delta x \to 0} \dfrac{f(x_0-\Delta x)-f(x_0)}{\Delta x} = $ _____ ；

(2) $\lim\limits_{\Delta x \to 0} \dfrac{f(x_0+3\Delta x)-f(x_0)}{\Delta x} = $ _____ ．

2. $y = \log_2 x + \ln 2$，则 $y' = $ _____ ．

二、单项选择题

1. 函数 $f(x)$ 在 x_0 处的导数 $f'(x_0)$ 可定义为（　　）．

   A. $\dfrac{f(x_0+\Delta x)-f(x_0)}{\Delta x}$　　　B. $\lim\limits_{x \to x_0} \dfrac{f(x_0+\Delta x)-f(x_0)}{\Delta x}$

   C. $\lim\limits_{x \to x_0} \dfrac{f(x)-f(x_0)}{\Delta x}$　　　D. $\lim\limits_{x \to x_0} \dfrac{f(x)-f(x_0)}{x-x_0}$

2. 若函数 $f(x)$ 在点在 x_0 处的导数 $f'(x_0)=0$，则曲线 $y=f(x)$ 在点 $(x_0, f(x_0))$ 处的法线（　　）．

   A. 与 x 轴平行　　　　　　B. 与 x 轴垂直
   C. 与 y 轴垂直　　　　　　D. 与 x 轴既不平行也不垂直

3. 若函数 $f(x)$ 在点在 x_0 处不连续，则 $f(x)$ 在 x_0（　　）．

   A. 必不可导　　B. 必定可导　　C. 不一定可导　　D. 必无定义

三、求下列函数的导数

1. $y = \dfrac{1}{x^3}$

2. $y = \dfrac{x\sqrt{x}}{\sqrt[3]{x}}$

3. $y = \sin x$，求 $y' \Big|_{x=\frac{\pi}{3}}$

4. $y = \ln x$，求 $y' \Big|_{x=3}$

四、物体的运动方程为 $s=t^3+3$，求物体在 $t=3$ 时的速度.

五、已知抛物线 $y=x^2$，求：
1. 在点 $M(2,4)$ 处的切线方程和法线方程；
2. 求这样一点，在该点的切线和直线 $2x-6y+5=0$ 垂直.

第二节　导数的四则运算法则

一、填空题

1. $y=\sec x$，则 $y'\Big|_{x=\frac{\pi}{3}}=$ _____ .

2. $(u \cdot v \cdot w)' = u'vw +$ _____ $+$ _____ .

3. $y=x\left(x^2+\dfrac{1}{x}+\dfrac{1}{x^2}\right)$，则 $y'=$ _____ .

二、单项选择题

1. 下面求导正确的是（　　）.

　　A. $\left(\sin x+\cos\dfrac{\pi}{3}\right)'=\cos x-\sin\dfrac{\pi}{3}$

　　B. $(\sqrt{x}\ln x)'=\dfrac{1}{2\sqrt{x}}\cdot\dfrac{1}{x}$

　　C. $f(x)=xe^x$，则 $f'(1)=[f(1)]'=(e)'=1$

　　D. $\left(\sin^2\dfrac{x}{2}\right)'=\left(\dfrac{1-\cos x}{2}\right)'=\dfrac{1}{2}\sin x$

2. 函数 $f(x)=e^x+x^2\cos x-7x$，则 $f'(\pi)=$（　　）.

　　A. $e^x-\pi^2-7$　　B. $e^x-2\pi-7$　　C. e^x-7　　D. $e^x+2\pi-7$

三、求下列函数的导数

1. $y=x^n\sin x+nx^{n-1}\cos x$

2. $y=x^5+3\ln x-\dfrac{3}{x}$

3. $y=(1-2x)^3$

4. $y = \dfrac{x^2 + 2x - 3}{x^2 - x - 12}$ 5. $y = \dfrac{\tan x}{x}$

四、 以初速度为 v_0 上抛一物体，其上升的高度 H 与时间 t 的关系为 $H = v_0 t - \dfrac{1}{2}gt^2$ (m)，求：

1. 上抛物体的速度；
2. 经过多长时间物体开始下降？

第三节　复合函数的求导法则

一、填空题

1. $f(x) = \ln x^2$，则 $f'(2) = $ ＿＿＿＿＿.

2. 函数 $y = \sin^2\left(2x + \dfrac{\pi}{3}\right)$，则 $y' = $ ＿＿＿＿ · ＿＿＿＿ · ＿＿＿＿.

3. 若 $f(u)$ 可导，则 $f(\sin\sqrt{x})$ 的导数为 ＿＿＿＿＿.

二、单项选择题

1. 下列解法正确的是（　　）.

 A. $[\cos(1-x)]' = -\sin(1-x)$

 B. $(\ln\sqrt{1-x^2})' = \dfrac{1}{\sqrt{1-x^2}} \cdot \dfrac{1}{2\sqrt{1-x^2}} = \dfrac{1}{2(1-x^2)}$

 C. $[\tan(1-x)]' = [\sec^2(1-x)](1-x)' = -\sec^2(1-x)$

 D. $(x + \sqrt{3-2x})' = \left(1 + \dfrac{1}{2\sqrt{3-2x}}\right) \cdot (3-2x)' = -2\left(1 + \dfrac{1}{2\sqrt{3-2x}}\right)$

2. 函数 $y = \cos^2(\ln x)$，则 $\dfrac{dy}{dx} = $（　　）.

 A. $-\dfrac{2}{x}\sin(\ln x^2)$　　　　　　　　B. $-\dfrac{2}{x}\ln x \sin(\ln^2 x)$

 C. $-\dfrac{2}{x}\cos(\ln x)\sin(\ln x)$　　　　D. $2\cos(\ln x)[\cos(\ln x)]'(\ln x)'$

3. 设 $f'(x) = g(x)$，则 $\dfrac{d}{dx}f(\sin^2 x) = $（　　）.

 A. $2g(x)\sin x$　　B. $g(x)\sin 2x$　　C. $g(\sin^2 x)$　　D. $g(\sin^2 x)\sin 2x$

三、求下列函数的导数

1. $y=(2+x+x^2)^{60}$

2. $y=\tan x-\dfrac{1}{3}\tan^2 x+\dfrac{1}{5}\tan^5 x$

3. $y=\cos^2 x \sin x^2$

4. $y=\sqrt{x+\sqrt{x}}$

5. $y=\ln(x\sqrt{x^2+3})$

6. $y=\dfrac{\sin 2x}{1-\cos 2x}$

7. $y=\ln(\tan x)$,求 $y'|_{x=\frac{\pi}{6}}$

第四节 初等函数的导数
*第五节 高阶导数

一、填空题

1. $(a^x \arccos x)' =$ _____ .
2. $(e^x + \arctan x)' =$ _____ .
3. $(x^2 \cos x)'' =$ _____ .

二、单项选择题

1. $y = x\ln x$，则 $y^{(10)} =$（   ）.

   A. $-\dfrac{1}{x^9}$ B. $\dfrac{1}{x^9}$ C. $\dfrac{8!}{x^9}$ D. $-\dfrac{8!}{x^9}$

2. 如果 $f(x) = $（   ），那么 $f'(x) = 0$.

   A. $\arcsin 2x + \arccos x$ B. $\sec^2 x + \tan^2 x$
   C. $\sin^2 x - \cos^2 x$ D. $\arctan x + \mathrm{arccot}\, x$

3. 已知 $y = e^{f(x)}$，则 $f''(x) = $（   ）.

   A. $e^{f(x)}$ B. $e^{f(x)} f'(x)$ C. $e^{f(x)}[f'(x) + f''(x)]$ D. $e^{f(x)}\{[f(x)]^2 + f''(x)\}$

三、求下列函数的导数

1. $y = e^{\arctan \sqrt{2x}}$

2. $y = \ln(\arccos 2x)$

3. $y = \ln\left(\tan \dfrac{x}{2}\right) - \cot x \ln(1 + \sin x) - x$

4. $y = \dfrac{x}{2}\sqrt{a^2 - x^2} + \dfrac{a^2}{2}\arcsin \dfrac{x}{a}$ $(a > 0)$

四、求下列函数的二阶导数

1. $y = x^8 + 2x + 3e$ 2. $y = x\arccos x - \sqrt{1 - x^2}$

五、设质点作直线运动，其运动方程为 $s = \dfrac{2}{9}\sin \dfrac{\pi t}{2} + 3$，求质点在 $t = 1$ 时刻的速度和加速度.

第六节　隐函数及参数方程所确定的函数的导数

一、填空题

1. 由方程 $y^3+y^2-y+x=0$ 所确定的隐函数的导数 $\dfrac{dy}{dx}=$ _____.

2. 由方程 $\begin{cases} x=at^2 \\ y=bt^3 \end{cases}$ 所确定的函数的导数 $\dfrac{dy}{dx}=$ _____.

3. 曲线 $x^2+y^2-7=0$ 在点 $(2,\sqrt{3})$ 的切线方程为 _____.

二、单项选择题

1. 函数 $y=x^x\ (x>0)$，则 $y'=$ (　　).
   A. $x\cdot x^{x-1}$　　B. $x^x\ln x$　　C. $x^x(\ln x+1)$　　D. $\ln x+1$

2. 函数 $y=f(x)$ 由方程确定，则 $\dfrac{d^2y}{dx^2}=$ (　　).
   A. $-\dfrac{x^2}{y^3}$　　B. $-\dfrac{R^2}{y^3}$　　C. $\dfrac{x}{y^2}$　　D. $-\dfrac{R^2}{y^2}$

3. 曲线 $\begin{cases} x=\sin t \\ y=\cos 2t \end{cases}$ 在 $t=\dfrac{\pi}{4}$ 处的切线方程为 (　　).
   A. $2\sqrt{2}x+y-2=0$　　B. $\sqrt{2}x-4y-1=0$
   C. $2x-y+1=0$　　D. $x+\sqrt{2}y-2=0$

三、求下列方程所确定的隐函数的导数 $\dfrac{dy}{dx}$

1. $\cos x+y^2 e^x-xy=1$

2. $\ln\sqrt{x^2+y^2}=\arctan\dfrac{y}{x}$

四、求由参数方程 $\begin{cases} x=t(1-\sin t) \\ y=t\cos t \end{cases}$ 所确定的函数的导数 $\dfrac{dy}{dx}$.

五、用对数求导法求函数 $y=\dfrac{\sqrt{x+2}(3-x)^4}{(x+1)^3}$ 的导数.

第七节 微分及其应用

一、填空题

1. $d(\quad)=\sqrt{x}dx$.

2. $d(\quad)=e^{x^2+1}d(x^2)$.

二、单项选择题

1. $\dfrac{de^x}{d\sqrt{x}}=(\quad)$.

   A. $\sqrt{x}e^x$ B. $2\sqrt{x}e^x$ C. $\dfrac{e^x}{\sqrt{x}}$ D. $\dfrac{e^x}{2\sqrt{x}}$

2. 若 $f(u)$ 可导,且 $y=f(e^x)$,则有 ( ).

   A. $dy=f'(e^x)dx$ B. $dy=f'(e^x)e^xdx$ C. $dy=f(e^x)e^xdx$ D. $dy=[f(e^x)]'e^xdx$

三、求下列函数的微分

1. $y=(x+x^2+x^3)^2$

2. $y=e^{3x}\sin 2x$

3. $y=\dfrac{\ln x}{x^3}$

4. $y=\ln^2 x+x$

5. $y=\arctan^2 x$

四、求下列函数在指定点的微分

1. $y=\dfrac{x}{\sqrt{1+x^2}}$,求 $dy|_{x=3}$

2. $y=e^{\arctan\sqrt{x}}$,求 $dy|_{x=1}$

第三章 导数的应用

第一节 微分中值定理
第二节 洛必达法则

一、填空题

1. $f(x)=x^3+2x$ 在 $[0,1]$ 上满足拉格朗日中值定理的条件的 $\xi=$ _____.

2. $\lim\limits_{x\to 0}\dfrac{(\quad)}{x}=\lim\limits_{x\to 0}\dfrac{(\sin x)'}{(\quad)'}=$ _____.

二、单项选择题

1. $\lim\limits_{x\to 0}\dfrac{e^x-e^{-x}-2x}{x-\sin x}=$ (   ).

   A. $\dfrac{1}{2}$ B. $-\dfrac{1}{2}$ C. 2 D. -2

2. 下列函数在 $[1,e]$ 上满足拉格朗日中值定理的条件的是 (   ).

   A. $\ln(\ln x)$ B. $\ln x$ C. $\dfrac{1}{\ln x}$ D. $\ln(x-2)$

三、求下列极限

1. $\lim\limits_{x\to\infty}\dfrac{\ln(1+e^x)}{\sqrt{1+x^2}}$

2. $\lim\limits_{x\to 0}\dfrac{x-\sin x}{x^3}$

3. $\lim\limits_{x\to 1}\dfrac{x^2-1+\ln x}{e^x-e}$

4. $\lim\limits_{x\to\infty}x(e^{\frac{1}{x}}-1)$

5. $\lim\limits_{x\to+\infty}\dfrac{xe^{\frac{x}{2}}}{e^x}$

6. $\lim\limits_{x\to 0}x^2 e^{\frac{1}{x^2}}$

7. $\lim\limits_{x\to 0}\left[\dfrac{1}{x}-\dfrac{1}{\ln(1+x)}\right]$

8. $\lim\limits_{x\to 0}(\cos x)^{\frac{1}{x^2}}$

第三节　函数的单调性及其极值
第四节　函数的最大值和最小值

一、填空题
1. 连续函数可能的极值点有_____点和_____点.
2. $f(x)=x^3+ax^2+bx$ 在 $x=1$ 处取得极小值 -2，则 $a=$_____，$b=$_____．

二、单项选择题
1. 函数 $y=\arctan x$，在 $(-\infty,+\infty)$ 内（　　）．
   A. 单调减少　　B. 单调增加　　C. 不单调　　D. 不连续
2. 函数 $y=f(x)$ 在区间 $[a,b]$ 上的最大值是 M，最小值是 m，若 $M=m$，则 $f'(x)$（　　）．
   A. 等于 0　　B. 大于 0　　C. 小于 0　　D. 以上都不对
3. $f(x)=x-\sin x$ 在 $[0,1]$ 上的最大值为（　　）．
   A. 0　　B. 1　　C. $1-\sin 1$　　D. $\dfrac{\pi}{2}$

三、求下列函数的单调区间
1. $f(x)=x-e^x$

2. $f(x)=\sqrt{2x-x^2}$

四、求函数 $f(x)=2x^3-3x^2-12x+14$ 的单调区间与极值.

五、求函数 $f(x)=x^5-5x^4+5x^3+1$ 在区间 $[-1, 2]$ 上的最大值与最小值.

六、要建造一个圆柱形水池,已知蓄水量为 A,如果底面所用材料的单位面积造价是侧面所用材料的单位面积造价的 2 倍,问底面半径与高怎样的比例才能使蓄水池的造价最低?

*第五节　曲线的凹凸及函数图形的描绘

一、填空题

1. 曲线 $y=2x^3+x$ 的凹区间是_____，凸区间是_____，拐点是_____.

2. 曲线 $y=\dfrac{1}{1-x^2}$ 的水平渐近线是_____，垂直渐近线是_____.

二、单项选择题

1. $f''(x_0)=0$ 是 $y=f(x)$ 的图形在 x_0 处有拐点的（　　）.
   A. 充分条件　　B. 必要条件　　C. 充分必要条件　　D. 以上说法都不对

2. 曲线 $y=\dfrac{x^2+1}{x-1}$（　　）.
   A. 有水平渐近线无垂直渐近线　　B. 无水平渐近线有垂直渐近线
   C. 既无水平渐近线又无垂直渐近线　　D. 既有水平渐近线又有垂直渐近线

三、当 a,b 为何值时，点 $(1,2)$ 为曲线 $y=ax^3+bx^2$ 的拐点？

四、判断曲线 $f(x)=(x-5)^{\frac{5}{2}}+2$ 的凸凹性与拐点.

五、求做下列函数的图形

1. $y=\ln(x^2+1)$

2. $f(x)=xe^{-x}, x\in \mathbf{R}$

3. $y=\dfrac{x}{1+x}$

第四章 不定积分

第一节 不定积分的概念

第二节 不定积分的性质和直接积分法

一、填空题

1. 若 $F(x)$ 是 $f(x)$ 的一个原函数，则 $\int f(x)\mathrm{d}x =$ _____.

2. 如果 $F'(x) = f(x)$，那么不定积分 $\int [f(x)+x]\mathrm{d}x =$ _____.

3. $\int \cot^2 x =$ _____.

二、单项选择题

1. 下列等式成立的是（　　）.

   A. $\mathrm{d}x = \dfrac{1}{a}\mathrm{d}(ax+b)$ 　　　B. $x\mathrm{e}^{x^2} = \mathrm{e}^{x^2}\mathrm{d}(x^2)$

   C. $\dfrac{1}{\sqrt{x}}\mathrm{d}x = \dfrac{1}{2}\mathrm{d}(\sqrt{x})$ 　　　D. $\ln x\mathrm{d}x = \mathrm{d}\left(\dfrac{1}{x}\right)$

2. 下列各式正确的是（　　）.

   A. $\mathrm{d}\int f(x)\mathrm{d}x = f(x)$ 　　　B. $\int f'(x)\mathrm{d}x = f(x)+C$

   C. $\int \mathrm{d}f(x) = f(x)\mathrm{d}x$ 　　　D. $\dfrac{\mathrm{d}}{\mathrm{d}x}\int f(x)\mathrm{d}x = f(x)+C$

3. 曲线 $y = f(x)$ 在点 x 处的切线的斜率为 $-x+2$，且曲线过（2，5）点，则该曲线的方程为（　　）.

   A. $y = -x^2 + 2x$ 　　　B. $y = -\dfrac{1}{2}x^2 + 2x$

   C. $y = -\dfrac{1}{2}x^2 + 2x + 3$ 　　　D. $y = -x^2 + 2x + 5$

三、求下列不定积分

1. $\int \left(\csc^2 x - 6^x + \dfrac{1}{x^2}\right)\mathrm{d}x$ 　　　2. $\int x^3 \sqrt{x}\mathrm{d}x$

3. $\int \dfrac{x^2-1}{x^2+1}dx$

4. $\int \dfrac{(x+1)^2}{x(1+x^2)}dx$

四、一物体以初速度为 $v=3t^2+4t$（m/s）做直线运动，当 $t=2$s，物体经过的路程为 16m，求物体的运动规律.

第三节　换元积分法

一、填空题

1. $x\,dx=$ _____ .

2. $x^2\,dx=$ _____ $d(2-x^2)$.

3. $\dfrac{1}{\sqrt{1-9x^2}}dx=$ _____ $d(\arcsin 3x)$.

4. $xe^{x^2}\,dx=$ _____ $d(e^{x^2})$.

5. $\int f'\left(\dfrac{1}{x}\right)\dfrac{1}{x^2}dx=$ _____ .

二、单项选择题

1. 若 $\int f(x)dx=F(x)+C$，则 $\int f(ax+b)dx=$（　　）.

   A. $F(ax+b)+C$　　　　　　　　B. $\dfrac{1}{a}F(ax+b)+C$

   C. $\dfrac{1}{a}F(ax+b)$　　　　　　　D. $F\left(x+\dfrac{b}{a}\right)+C$

2. 求下列不定积分用到公式 $\int\dfrac{1}{1+x^2}dx=\arctan x+C$ 的是（　　）.

   A. $\int\dfrac{1}{x^2-2x+1}dx$　B. $\int\dfrac{1}{x^2-4x+1}dx$　C. $\int\dfrac{1}{x^2-2x+2}dx$　D. $\int\dfrac{1}{1-x-x^2}dx$

3. $\int\dfrac{x+2}{x^2+4x+8}dx=$（　　）.

A. $\ln\dfrac{x^2+4x+8}{2}+C$
B. $\ln(x^2+4x+8)+C$
C. $2\ln(x^2+4x+8)+C$
D. $\ln\sqrt{x^2+4x+8}+C$

三、求下列不定积分

1. $\displaystyle\int\dfrac{2}{x(1+\ln x)}\mathrm{d}x$

2. $\displaystyle\int\dfrac{\sin\sqrt{x}}{\sqrt{x}}\mathrm{d}x$

3. $\displaystyle\int e^{f(x)}f'(x)\mathrm{d}x$

4. $\displaystyle\int\dfrac{x}{\sqrt{9-x^4}}\mathrm{d}x$

5. $\displaystyle\int\dfrac{x}{\sin^2(1+x^2)}\mathrm{d}x$

6. $\displaystyle\int\dfrac{x}{\sqrt{x+2}}\mathrm{d}x$

7. $\displaystyle\int\dfrac{1}{x\sqrt{a^2-x^2}}\mathrm{d}x\,(a>0)$

第四节　分部积分法

一、填空题

1. $\displaystyle\int\ln x\,\mathrm{d}x=$ _____.

2. $\displaystyle\int x\cos x\,\mathrm{d}x=$ _____.

3. $\int x e^{-2x} dx = $ _____ .

二、单项选择题

1. $\int x f''(x) dx = ($) .

   A. $xf'(x) - \int f(x) dx$ B. $xf'(x) - f(x) + C$
   C. $xf'(x) - f'(x) + C$ D. $xf(x) - f(x) + C$

2. 设 $\ln f(x) = \cos x$，则 $\int \dfrac{xf'(x)}{f(x)} dx = ($) .

   A. $x\cos x - \sin x + C$ B. $x\sin x - \cos x + C$
   C. $x(\cos x + \sin x) + C$ D. $x\sin x + C$

3. 下列不定积分中，用分部积分求解的有（ ）.

   A. $\int \sin(2x+1) dx$ B. $\int \dfrac{1}{4x^2+9} dx$ C. $\int x\ln x dx$ D. $\int x e^{x^2} dx$

三、求下列不定积分

1. $\int (x-2)\ln x \, dx$

2. $\int e^{\sqrt{x}} dx$

3. $\int \dfrac{x\arcsin x}{\sqrt{1-x^2}} dx$

4. $\int x^2 \sin 2x \, dx$

5. $\int \cos(\ln x) dx$

第五章 定积分及其应用

第一节 定积分的概念与性质（一）

一、填空题

1. 设函数 $f(x)$ 在区间 $[a,b]$ 上连续，则 $f(x)$ 在 $[a,b]$ 上_____．

2. $\int_{-\frac{\pi}{2}}^{\frac{\pi}{2}} \sin x \, dx =$ _____．

3. 由曲线 $y = x^2 + \frac{1}{2}$、$x = -1$、$x = 1$ 和 $y = 0$ 围成的图形的面积用定积分表示_____．

二、单项选择题

1. 根据定积分的几何意义，下列各式正确的是（　　）．

   A. $\int_{-1}^{1} x^3 \, dx = 0$　　　　B. $\int_{-1}^{1} x^3 \, dx = 2$

   C. $\int_{-1}^{1} x^3 \, dx = -2$　　　D. $\int_{-1}^{1} x^3 \, dx = 1$

2. 求曲线 $y = \ln x$、$y = 0$ 和 $x = 2$ 围成的图形面积时，取 x 为积分变量，则积分区间为（　　）．

   A. $[0, \ln 2]$　　　　B. $[1, \ln 2]$

   C. $[1, 2]$　　　　　　D. $[\ln 2, 2]$

三、画出下列定积分表示的曲边梯形面积的图形

1. $\int_0^1 x^2 \, dx$　　　　　　　　2. $\int_1^2 \ln x \, dx$

3. $\int_{-1}^1 e^x \, dx$　　　　　　　　4. $\int_{-3}^3 \sqrt{9 - x^2} \, dx$

定积分的概念与性质（二）

一、填空题

1. $\int_{-1}^{2} 3\,dx = $ _____.

2. $\int_{-3}^{3} f(x)\,dx + \int_{3}^{-3} f(x)\,dx = $ _____.

3. 设 $\int_{0}^{1} f(x)\,dx = 2$，$\int_{0}^{1} g(x)\,dx = 3$，则 $\int_{0}^{1} [3f(x) + 4g(x)]\,dx = $ _____.

二、单项选择题

1. 下列定积分不成立的是（　　）.

   A. $\int_{-1}^{1} x^2\,dx$ B. $\int_{-1}^{-2} \sqrt[3]{x}\,dx$ C. $\int_{-1}^{0} e^{3x}\,dx$ D. $\int_{-1}^{-2} \ln x\,dx$

2. $\int_{-r}^{r} \sqrt{r^2 - x^2}\,dx = $（　　）.

   A. πr^2 B. $\dfrac{1}{2}\pi r^2$ C. $\dfrac{1}{4}\pi r^2$ D. $2\pi r^2$

3. 设 $k \in Z$，则 $\int_{-2k\pi}^{2k\pi} (\cos x + \sin x)\,dx = $（　　）.

   A. 0   B. 1   C. 2   D. $2k$

三、计算题

1. 求 $\int_{-1}^{1} |x|\,dx$.

2. 已知 $\int_{0}^{1} x^3\,dx = \dfrac{1}{4}$，$\int_{0}^{1} x^2\,dx = \dfrac{1}{3}$，$\int_{0}^{1} x\,dx = \dfrac{1}{2}$，求：

   (1) $\int_{0}^{1} (4x^2 + 3x)\,dx$

   (2) $\int_{0}^{1} (ax + b)^3\,dx$

3. 设 $f(x)$ 在区间 $[a,b]$ 上连续，其平均值为 3，求 $\int_{a}^{b} f(x)\,dx$.

第二节 微积分的基本公式

一、填空题

1. 设函数 $f(x)$ 在 $[a,b]$ 上连续，$F(x)$ 是 $f(x)$ 的一个原函数，任选 $t \in [a,b]$，则 $\int_a^t f(x)\mathrm{d}x =$ _____ .

2. $\int_{-2}^{2} x^2 \cos x \mathrm{d}x =$ _____ .

3. $\int_{-1}^{1} \frac{1}{x^2+1} \mathrm{d}x =$ _____ .

二、单项选择题

1. $\int_a^b f'\left(\frac{x}{2}\right) \mathrm{d}x = $ ( ).

   A. $2\left[f\left(\frac{b}{2}\right) - f\left(\frac{a}{2}\right)\right]$ B. $f(b) - f(a)$

   C. $f\left(\frac{b}{2}\right) - f\left(\frac{a}{2}\right)$ D. $2[f(b) - f(a)]$

2. $\lim\limits_{x \to 0} \dfrac{\int_0^x \cos t \mathrm{d}t}{\int_0^x \sin t \mathrm{d}t} = $ ( ).

   A. 0 B. 1 C. -1 D. ∞

三、计算题

1. $\int_1^2 \left(x^2 + \frac{1}{x^2}\right) \mathrm{d}x$

2. $\int_0^{\frac{\pi}{3}} (\sin x - \cos x + 1) \mathrm{d}x$

3. $\int_2^{-1} \left(5^x - \sqrt[3]{x}\right) \mathrm{d}x$

4. 设 $f(x) = \begin{cases} x^2, & -1 \leqslant x \leqslant 0 \\ -x^2, & 0 < x \leqslant 1 \end{cases}$，求 $\int_{-1}^{1} f(x) \mathrm{d}x$.

第三节　定积分的换元积分法与分部积分法

一、填空题

1. 设 $f(x)$ 是 $[-a,a]$ 上的奇函数，则 $\int_{-a}^{a} f(x)dx =$ _____．

2. $\int_{-1}^{0} (x+1)^{10} dx =$ _____．

3. 用换元积分法计算定积分 $\int_{0}^{r} \sqrt{r^2-x^2} dx$，令 $x = r\sin t$，则新的积分区间为 _____．

二、单项选择题

1. 设 $f(x)$ 和 $g(x)$ 分别是 $[-1,1]$ 上的奇函数和偶函数，则 $\int_{-1}^{1} f(x)g(x)dx = ($ 　　$)$．

　　A. 0 　　　　　　　　　　B. $2\int_{0}^{1} f(x)g(x)dx$

　　C. $2\int_{-1}^{0} f(x)g(x)dx$ 　　　D. $-2\int_{-1}^{0} f(x)g(x)dx$

2. 设 $\int_{0}^{x} f(t)dt = \dfrac{x^3}{2}$，则 $\int_{0}^{\frac{\pi}{2}} \sin x f(\cos x)dx = ($ 　　$)$．

　　A. $\dfrac{\pi^3}{16}$ 　　B. $\dfrac{1}{16}$ 　　C. $\dfrac{1}{2}$ 　　D. $\dfrac{\pi^3}{2}$

三、计算题

1. $\int_{1}^{2} \dfrac{x+2}{\sqrt{x+1}} dx$ 　　　　　　2. $\int_{0}^{\frac{\pi}{2}} \cos 2x \sin x dx$

3. $\int_{-\frac{1}{2}}^{\frac{1}{2}} \arcsin(2x) dx$ 　　　　4. $\int_{1}^{2} \left(\dfrac{1}{x^2} + \tan x - \ln x \right) dx$

5. $\int_{1}^{e} x^2 \ln x dx$ 　　　　　　6. $\int_{0}^{1} e^{\sqrt{x}} dx$

*第四节 广义积分

一、填空题

1. 用极限表示函数 $f(x)$ 在 $[a,+\infty)$ 上的广义积分为 $\int_a^{+\infty} f(x)\mathrm{d}x = $ _____ .

2. $\int_0^{+\infty} \dfrac{1}{1+x^2}\mathrm{d}x = $ _____ .

3. $\int_1^{+\infty} \dfrac{1}{x^4}\mathrm{d}x = $ _____ .

二、单项选择题

1. $\int_{-1}^{1} \dfrac{1}{x^2}\mathrm{d}x = ($ $)$.

   A. 2　　　　　B. 0　　　　　C. 该广义积分发散　　　D. 以上均不对

2. $\int_a^b \dfrac{1}{(x-a)^q}\mathrm{d}x$ 的收敛条件是（　　）.

   A. $0<q<1$　　B. $q=1$　　C. $q>1$　　　　　　　D. 该广义积分发散

三、计算题

1. $\int_1^{+\infty} \dfrac{1}{x^3}\mathrm{d}x$　　　　　　2. $\int_0^{+\infty} \mathrm{e}^{-ax}\mathrm{d}x$　$(a>0)$

3. $\int_a^{+\infty} \dfrac{\ln x}{x}\mathrm{d}x$　　　　　　4. $\int_0^{+\infty} \dfrac{1}{\sqrt{(x+1)^3}}\mathrm{d}x$

第五节 平面图形的面积

第六节 旋转体的体积

一、填空题

1. 由 $y=x^2$、$y=1$ 围成的图形的面积是 _____ .

2. 由 $y=x$、$y=1$ 及 y 轴围成的平面图形绕 y 轴旋转形成的旋转体的体积为 _____ .

二、单项选择题

1. 由 $y=e^x$、$y=0$、$x=-1$ 和 $x=1$ 围成的平面图形面积为（　　）.
   A. $e-e^{-1}$　　　　B. $2e$　　　　C. 2　　　　D. 0

2. 由 $y=\sqrt{x}$、$y=0$ 和 $x=1$ 围成的平面图形绕 x 轴旋转而成的旋转体的体积为（　　）.
   A. $\int_0^1 \pi y \, dy$　　　B. $\int_0^1 \pi x^2 \, dx$　　　C. $\int_0^1 \pi y^2 \, dy$　　　D. $\int_0^1 \pi x \, dx$

三、计算题

1. 由 $y=\ln x$、$y=0$ 和 $x=e$ 所围成的图形的面积.

2. 用定积分的方法求单位圆的面积.

3. 用定积分的方法求单位球的表面积.

第六章 微分方程

第一节 微分方程的基本概念

一、填空题

1. 方程 $x\dfrac{d^3 y}{dx^3}+yx\dfrac{d^2 y}{dx^2}+xy=e^x\ln y$ 是_____阶微分方程.

2. 如果微分方程的解中含有任何常数，且_____，则这样的解称为通解. 如果微分方程的解中不含有任意常数，则称此解为_____.

3. 设一沿直线运动的物体的加速度为 $a(t)$，则以 t 为自变量、S 为变量的微分方程为_____.

二、单项选择题

1. 下列方程中（　　）是微分方程.

   A. $y^2+2y+1=0$ B. $s(t)=\dfrac{1}{2}t^2+C$ C. $dy=x^2 dx$ D. $\int e^x dx=\dfrac{1}{2}$

2. （　　）是微分方程 $y''+y=0$ 的解.

   A. e^{-x} B. $3\sin x-4\cos x$ C. $x\ln x$ D. $\sin^2 x$

3. 下列各式中（　　）是方程 $x''(t)=1$ 的解.

   A. $\dfrac{1}{2}t^2+Ct$ B. $\dfrac{1}{2}t^2+C_1 t+C_2$ C. $\dfrac{1}{2}t^2+C$ D. $C_1 t+C_2$

三、验证下列函数是否为所给方程的解

1. $xy'=2y$，$y=5x^2$

2. $y''-2y'=0$，$y=x^2 e^x$

3. $y'''+y''+y'+y=1$，$y=x^4$

四、确定下列函数关系式的参数，使函数满足所给的初始条件

1. $x^3 - y^2 = C$, $y|_{x=1} = 2$

2. $y = (C_1 + C_2 x)e^{2x}$, $y|_{x=0} = 0$, $y'|_{x=0} = 1$

3. $x = C_1 \cos t + C_2 \sin t$, $x|_{t=0} = 2$, $x'|_{t=0} = 1$

第二节　可分离变量的微分方程与齐次方程

一、填空题

1. 形如_____的微分方程称为可分离变量的微分方程．

2. 将 $(x^2+1)dx + \cos y\, dy = 0$ 化为可分离变量的形式为_____．

3. 若一阶微分方程 $\dfrac{dy}{dx} = f(x,y)$ 中的函数 $f(x,y)$ 可化为_____，则称这类方程为齐次微分方程．

二、单项选择题

1. 下列方程中（　　）是可分离变量的微分方程．
   A. $(x^2 - y^2)y' = 2$ 　　　　　　B. $(x+y)y' + \ln x = 3$
   C. $\cos(xy)dx + y\,dy = 1$ 　　　　D. $y' = e^{x+3y}$

2. 微分方程 $x^2 y' = y$ 的通解为（　　）．
   A. $Ce^{\frac{1}{x}}$ 　　　B. $Ce^{-\frac{1}{x}}$ 　　　C. $\ln x + C$ 　　　D. $e^{-\frac{1}{x}} + C$

3. 微分方程 $y' = \dfrac{px^2+1}{qy+1}$（$p,q$ 是常数）满足初始条件 $y|_{x=0} = 1$，则方程的特解为（　　）．
   A. $\dfrac{q}{2}y^2 + y = \dfrac{p}{3}x^3 + x + \dfrac{q}{2} + 1$ 　　　B. $\dfrac{q}{2}y^2 + 1 = \dfrac{p}{3}x^3 + x + q$
   C. $3qy^2 + 6y = 2px^3 + x + 3q + 6$ 　　　D. $3qy^2 + 6y = 2px^3 - x - q$

三、求下列方程的通解

1. $\dfrac{dy}{dx} = 2e^x y^2$ 　　　　　　　　　2. $(y+1)^2 \dfrac{dy}{dx} + e^{2x} = 0$

3. $\sqrt{1-x^2}\, y' = \sqrt{1-y^2}$ 　　　　　　4. $y\,dx + \dfrac{1}{x^2+x+1}dy = 0$

四、求下列微分方程满足所给初始条件的特解

1. $y' = e^{2x-y}$, $y|_{x=0} = 0$.

2. $y' - xy^2 = xy$, $y|_{x=0} = 1$.

*第三节 线性微分方程（一）

一、填空题

1. 形如_____的微分方程称为一阶线性微分方程，形如_____称其为一阶线性非齐次微分方程.

2. 一阶线性微分方程 $\dfrac{dy}{dx} + p(x)y = 0$ 的通解公式为_____.

3. 一阶线性非齐次微分方程 $\dfrac{dy}{dx} + p(x)y = Q(x)$ 的通解公式为_____.

二、单项选择题

1. 下列属于一阶线性非齐次微分方程的是（   ）.
   A. $y' + (x^2 + y^2)e^x = 1$
   B. $y'' + xy = x$
   C. $y' + xy = \dfrac{1}{x+y}$
   D. $\cos x\, dx + \sin y\, dy = 0$

2. 方程 $\dfrac{dy}{dx} - \dfrac{2y}{x+1} = (x+1)^3$ 的通解为（   ）.
   A. $(x^2 + x + C)(x+1)^2$
   B. $\left(\dfrac{1}{2}x^2 + x + C\right)(x+1)^2$
   C. $x^3 + 2x + 1 + C$
   D. $\dfrac{1}{2}x^4 + x^2 + C$

三、解下列微分方程

1. $(x+1)y' - y = 0$

2. $\dfrac{dy}{dx} + y\sin x = e^{\cos x}$

3. $y' + y = e^{-x}$

4. $x(x^2 + 3y)dx = dy$

四、求下列微分方程满足所给初始条件的特解

1. $y' - xy = x$, $y|_{x=0} = 1$

2. $\dfrac{dy}{dx} + \dfrac{2x^3}{x^2 - 1} = \sin x$, $y|_{x=1} = -\dfrac{1}{2}$

线性微分方程（二）

一、填空题
1. 微分方程 $y'' = f(x)$ 的通解为_____．
2. 对于微分方程 $y'' = f(x, y')$，通过设_____，可对方程降阶，从而求得通解．
3. 对于微分方程 $y'' = f(y, y')$，通过设_____，可对方程降阶，从而求得通解．

二、单项选择题
1. 微分方程 $y'' = x^2 + x + 1$ 的通解为（　　）．

  A. $\dfrac{1}{3}x^3 + \dfrac{1}{2}x^2 + C_1 x + C_2$ 　　B. $\dfrac{1}{12}x^4 + \dfrac{1}{6}x^3 + \dfrac{1}{3}x^2 + C_1 x + C_2$

  C. $\dfrac{1}{3}x^3 + \dfrac{1}{2}x^2 + x + C$ 　　D. $\dfrac{1}{12}x^4 + \dfrac{1}{6}x^3 + \dfrac{1}{2}x^2 + C_1 x + C_2$

2. 微分方程 $y'' = e^{nx} + my'$ ($m \neq 0, n \neq 0, m \neq n$) 的通解为（　　）．

  A. $\dfrac{1}{n-m}e^{nx} + C_1 e^{mx} + C_2$ 　　B. $\dfrac{1}{n(n-m)}e^{nx} + \dfrac{C_1}{m}e^{mx} + C_2$

  C. $\dfrac{1}{mn}e^{mx} + C_1 e^{nx} + C_2$ 　　D. $\dfrac{1}{mn}e^{nx} + C_1 e^{mx} + C_2$

3. 微分方程 $y'' = (y')^2 + 1$ 的通解为（　　）．

  A. $\ln|\sin(x + C_1)| + C_2$ 　　B. $\ln|\cos(x + C_1)| + C_2$

  C. $-\ln|\sin(x + C_1)| + C_2$ 　　D. $-\ln|\cos(x + C_1)| + C_2$

三、求下列微分方程的通解

1. $y'' = xe^x$

2. $y'' = \sin x - \ln x$

3. $y'' = \dfrac{2x}{1+x^2} y'$

4. $y'' = y$

四、求下列微分方程满足所给初始条件的特解

1. $y'' = \cos(2x)$, $y|_{x=0} = -\dfrac{1}{4}$, $y'|_{x=0} = 0$

2. $y'' = e^{2y}$, $y|_{x=0} = 0$, $y'|_{x=0} = 1$